제과제빵
기능사

필기

제과제빵기능사 필기

초판 1쇄 발행	2021년 5월 30일
초판 3쇄 발행	2022년 1월 20일

지은이	고석환
펴낸이	한준희
발행처	(주)아이콕스

책임편집	윤혜민
디자인	김보라
영업	김남권, 조용훈, 문성빈
영업지원	김진아, 손옥희

주소	경기도 부천시 조마루로385번길 122 삼보테크노타워 2002호
홈페이지	http://www.icoxpublish.com
이메일	icoxpub@naver.com
전화	032) 674-5685
팩스	032) 676-5685
등록	2015년 07월 09일 제 386-251002015000034호
ISBN	979-11-6426-174-1 (13590)

제과제빵 기능사

필기

고석환 지음

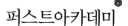퍼스트아카데미

iCox
Education by Sympathy

머리말

우리나라의 제과·제빵 기술은 꾸준히 발전하고 있으며 이에 따라 제과·제빵기능사 자격증을 준비하는 수험생들도 점차 늘어나고 있습니다.

이 책은 제과·제빵기능사 필기시험을 준비하는 수험생들이 보다 쉽게 제과·제빵을 이해하고 접근하기 쉬웠으면 하는 마음으로 집필했습니다. 시험 출제 기준에 맞춰 가장 중요한 핵심만 뽑아 빠르고 정확하게 공부할 수 있도록 했으며, 각 파트마다 기출문제를 삽입해 수험생들이 더 빨리 학습 내용을 파악하고 이해할 수 있도록 했습니다.

무수히 많은 변화를 거친 제과·제빵이지만, 그럼에도 변하지 않는 기초 과정을 탄탄하게 다듬어 기능사뿐 아니라 장차 제과·제빵사의 미래에도 큰 도움이 되는 책이었으면 합니다.

모든 수험생들의 합격을 기원합니다.

저자 **고석환**

시 험 정 보

1. 자격명 : 제과기능사, 제빵기능사

2. 관련 부처 : 식품의약품안전처

3. 시행 기관 : 한국산업인력공단

4. 시험 응시료

   • 필기 : 14,500원

   • 실기 : 제과기능사 _ 29,500원

        제빵기능사 _ 33,000원

5. 시험 과목

   • 필기 : 제과기능사 _ 과자류 재료, 제조 및 위생 관리

        제빵기능사 _ 빵류 재료, 제조 및 위생 관리

   • 실기 : 제과기능사 _ 제과 실무

        제빵기능사 _ 제빵 실무

6. 검정 방법 및 합격 기준

   • 필기 : 객관식 4지 택일형, 60문항(60분), 60점 이상 합격

   • 실기 : 작업형, 품목마다 상이하지만 3~4시간 정도 시험 시간, 60점 이상 합격

7. 시험 일정 : 상반기와 하반기 일정이 홈페이지(http://q-net.or.kr)에 공시된다.

출제 기준

● 제과기능사

필기 과목명	출제 문제 수	주요 항목	세부 항목
과자류 재료, 제조 및 위생 관리	60	과자류 제품 재료 혼합	• 재료 준비 및 계량 • 반죽 및 반죽 관리 • 충전물 및 토핑물 제조
		과자류 제품 반죽 정형	• 팬닝 • 성형
		과자류 제품 반죽 익힘	반죽 익히기
		과자류 제품 포장	과자류 제품의 냉각 및 포장
		과자류 제품 저장 유통	과자류 제품의 저장 및 유통
		과자류 제품 위생 안전 관리	• 식품 위생 관련 법규 및 규정 • 개인위생 관리 • 환경 위생 관리 • 공정 점검 및 관리
		과자류 제품 생산 작업 준비	• 작업 환경 점검 • 기기 안전 관리

● 제빵기능사

필기 과목명	출제 문제 수	주요 항목	세부 항목
빵류 재료, 제조 및 위생 관리	60	빵류 제품 재료 혼합	• 재료 준비 및 계량 • 반죽 및 반죽 관리 • 충전물 및 토핑물 제조
		빵류 제품 반죽 발효	반죽 발효 관리
		빵류 제품 반죽 정형	• 분할하기 • 둥글리기 • 중간 발효 • 성형 • 팬닝
		빵류 제품 반죽 익힘	반죽 익히기
		빵류 제품 마무리	• 빵류 제품의 냉각 및 포장 • 빵류 제품의 저장 및 유통
		빵류 제품 위생 안전 관리	• 식품 위생 관련 법규 및 규정 • 개인위생 관리 • 환경 위생 관리 • 공정 점검 및 관리
		빵류 제품 생산 작업 준비	• 작업 환경 점검 • 기기 안전 관리

CONTENTS

PART 3

제빵 이해하기

PART 4

식품 위생학

PART 5

영양학

PART 6

제과기능사 모의고사

PART 7

제빵기능사 모의고사

재료과학

<table>
<tr><td></td><td>

0 1

</td><td>

탄수화물(당질)

</td></tr>
</table>

탄수화물은 당질이라고 불리며 탄소, 수소, 산소의 3가지 원소로 구성된 유기화합물이다. 지방, 단백질과 함께 3대 영양소를 이루고 있다. 탄수화물은 포도당과 같은 단당류부터 다수의 단당류가 결합된 다당류에 이르기까지 방대한 화합을 포함한다. 탄수화물은 구성단위 당의 수에 따라 분류하면 다음과 같다.

1. 단당류

포도당	• 포도에 많이 들어 있다. • 포유동물의 혈액 내에 0.1% 존재한다. • 동물 체내의 간장에 글리코겐 형태로 저장되어 있다. • 상대적 감미도는 75이다.
과당	• 포도당과 결합하여 자당의 형태로 존재한다. • 과일이나 꿀에 많이 들어 있다. • 단맛이 강하다. • 상대적 감미도는 175이다.
갈락토오스	• 유당의 구성 성분이다. • 젖당을 가수분해하면 갈락토오스가 되며 해조류에 많이 들어 있다. • 체내에서 흡수되는 속도가 가장 빠르다. • 상대적 감미도는 32이다.

2. 이당류

설탕(자당)	• 포도당과 과당의 한 분자씩 결합한 것이다. • 160℃ 이상이 되면 갈변하여 착색제로 이용된다. • 비환원당이며 상대적 감미도는 100이다.
유당(젖당)	• 락타아제에 의하여 포도당과 갈락토오스로 가수분해된다. • 이스트가 분해시키지 못하는 유일한 당이다. • 유일한 동물성 당이다. • 상대적 감미도는 16이다.
맥아당(엿당)	• 말타아제의 의해 포도당과 포도당으로 가수분해된다. • 노화를 방지하는 효과와 보습 효과가 있다. • 상대적 감미도는 32이다.

3. 다당류

❶ 많은 단당류가 결합되어 만들어진 고분자화합물이다.

❷ 종류 : 전분, 섬유질(셀룰로오스), 펙틴, 한천, 이눌린, 글리코겐 등이 다당류에 속한다.

❸ 전분

• 분자구조 : 전분에는 아밀로오스와 아밀로펙틴의 2가지 기본 형태가 있으며 보통의 곡물은 아밀로오스가 17~18%이고 나머지는 아밀로펙틴으로 되어 있다.

아밀로오스	• 요오드 용액에 의한 청색반응이며 β-아밀라아제에 의해 소화되면 거의 맥아당으로 변한다. • 포도당 단위가 직쇄구조로 α-1.4 결합으로 되어 있다.
아밀로펙틴	• 요오드 용액에 의해 적자색반응이다. • 포도당의 α-1.4 결합에 측쇄상 α-1.6 결합으로 되어 있다.

• 전분의 성질

호화	• 수분 존재하에 온도가 높아지면 팽윤하고 점성이 증가하여 반투명한 콜로이드 상태가 된다. 이러한 현상을 젤라틴화 또는 호화라 한다. • 호화된 전분은 α전분, 호화전분이라 한다. • 호화전분이 생전분보다 소화가 더 잘 된다.
노화	• 빵 껍질의 변화, 풍미 저하 • 내부조직의 수분 보유 상태가 변화하는 것으로 α전분이 β전분으로 변화하는데 이것을 노화라고 한다. • 노화의 최적 온도는 0~5℃의 냉장 온도이며 -18℃의 이하 냉동 온도에서는 노화가 거의 정지된다. • 노화 지연 방법은 냉동 보관, 포장 철저, 유화제 사용, 양질의 재료 사용 등 공정 관리를 철저히 하는 것이다.

지방

지방은 탄소, 수소, 산소로 구성된 유기화합물의 하나로 물에 불용성이며 글리세린과 고급 지방산과의 에스테르, 즉 트리글리세라이드들의 혼합물이다.

1. 지방의 종류

단순 지방	• 지방산이 C, H, O로만 구성된 단순한 지방이다. • 중성 지방, 납, 왁스 등이 있다.
복합 지방	• 지방산과 알코올 이외에 다른 분자가 함유된 지방이다. • 인지질, 당지질 등이 있다.
유도 지방	• 천연 지방의 일부가 가수분해되어 2차적으로 생성되는 지방이다. • 콜레스테롤, 그리세린, 에르고스테롤, 지방산 등이 있다.

2. 지방산의 화학적 분류

포화 지방산	• 탄소와 탄소 간에 단일 결합이며 동물성 기름에 많이 들어 있다. • 대표적인 포화 지방산은 팔미트산, 스테아르산이다.
불포화 지방산	• 탄소와 탄소 간에 이중 결합이 1개 이상 있는 지방산이며 식물성 기름에 많이 들어 있다. • 이중 결합 수가 많을수록, 탄소 수가 적을수록 융점이 낮아진다.
글리세린	• 무색, 무취, 감미를 가진 시럽과 같은 액채이며 비중은 물보다 크다. • 수분 보유력이 커서 식품의 보습제로 사용된다. • 물과 기름의 분리를 억제하며 식품에 색을 좋게 하는 용매제다.

3. 지방의 화학적 반응

가수분해	• 유지는 가수분해되면 모노글리세리드, 디글리세리드와 같은 중간산물을 생성하고 결국 지방산과 글리세린이 된다. • 유리지방산 함량이 높아지면 튀김 기름은 거품이 많아지고, 발연점이 낮아진다.
산화	• 유지가 대기 중의 산소와 반응하여 산패되는 것을 자가산화라 한다. • 산화를 가속시키는 요소는 산소, 이중 결합 수, 온도, 자외선, 금속이다.

4. 지방의 안정화

항산화제	• 불포화 지방산의 이중 결합에서 일어나는 산화 반응을 억제하는 물질이다. • 비타민 E, 프로필갈레이트, BHA, NDGA, BHT 등이다. • 보완제는 비타민 C, 구연산, 주석산, 인산이다.
수소 첨가	• 지방산의 이중 결합에 수소를 첨가하면 융점이 높아지고 단단해진다. • 유지의 수소 첨가를 경화라한다. • 촉매제는 니켈, 백금이다.

단백질

단백질은 영양학적으로 중요하며 화학적으로는 가장 복잡하다. 단백질은 50~55%의 탄소, 19~24%의 산소, 15~18%의 질소 외에 수소로 구성되는데, 이 질소가 단백질의 특성을 규정짓는다.

1. 단백질의 분류 : 단백질은 생물학적 방법으로 동물성 단백질과 식물성 단백질로 나누고 화학적 성질에 따라 단순 단백질, 복합 단백질, 유도 단백질로 나눈다.

❶ 단순 단백질 : 가수분해에 의해 아미노산만 생성되는 단백질이다.

알부민	물이나 묽은 염류 용액에 녹고 강한 알코올과 열에 응고된다.
글로불린	물에 잘 용해되지 않으며 묽은 염류 용액에는 용해된다.
글루테닌	중성 용매에는 불용성이나 묽은 산, 염기에는 가용성으로 열에 응고된다.
글리아딘	물과 중성 용매에는 불용성이지만 묽은 산과 알칼리에는 녹는다. 70~80% 알코올에 용해되는 특징이 있다.
알부미노이드	모든 중성 용매에 불용성이다.

❷ 복합 단백질 : 단순 단백질에 다른 물질이 결합되어 있는 단백질이다.

당단백질	탄수화물과 단백질이 결합된 화합물로 동물의 점액성 분비물에 존재한다.
핵단백질	핵산을 함유한 단백질로 세포의 활동을 지배하는 세포핵을 구성하는 단백질이다.
크로모단백질 (색소단백질)	발색단을 가진 단백질 화합물로 포유류와 무척추동물의 혈관과 녹색식물에 존재한다.
인단백질	유기인과 단백질이 결합되어 있으며 우유의 카세인, 달걀노른자의 오보비텔린과 같은 동물성 단백질이다.

❸ 유도 단백질 : 효소, 산, 알칼리, 열 등의 적절한 작용제에 의한 분해로 얻어지는 단백질의 1차, 2차 분해산물이다.

메타단백질	물에는 불용성, 묽은 산과 알칼리액에 가용성이다.
프로테오스	메타단백질보다 가수분해가 더 많이 진행된 분해산물로 수용성이나 열에는 응고되지 않는다.
펩톤	가수분해가 상당히 진행되어 분자량이 적은 분해산물로 실제적으로 교질성이 없다.
펩티드	2개 이상의 α-아미노산이 펩티드 결합으로 연결된 형태의 화합물이다.

| 0 4 | 효소 |

효소는 단백질로 이루어져 있지만 영양소는 아니다. 생물체 속에서 일어나는 유기화학 반응의 촉매 역할을 한다. 단백질로 구성되어 있으므로 온도, pH, 수분 등의 영향을 받는다.

1. 효소의 분류

❶ 탄수화물 분해 효소

이당류 분해 효소	인베르타아제	설탕을 포도당과 과당으로 분해한다.
	말타아제	맥아당을 2개의 포도당으로 분해한다.
	락타아제	유당을 포도당과 갈락토오스로 분해한다.
다당류 분해 효소	아밀라아제	전분이나 글리코겐과 같이 α-결합을 한 다당류를 분해한다.
	셀룰라아제	섬유소를 분해한다.
	이눌라아제	이눌린을 과당으로 분해한다.
산화 효소	치마아제	포도당, 갈락토오스, 과당과 같은 단당류를 알코올과 이산화탄소로 분해시키는 효소로 제빵용 이스트에 있다.
	퍼옥시디아제	카로틴계의 황색 색소를 무색으로 산화시킨다.

❷ 지방 분해 효소

리파아제	지방을 지방산과 글리세린으로 분해한다.
스테압신	췌장에 존재하며 지방을 지방산과 글리세린으로 분해한다.

❸ 단백질 분해 효소

프로테아제	단백질을 펩톤, 폴리펩티드, 펩티드, 아미노산으로 분해한다.
펩신	위액에 존재하는 단백질 분해 효소다.
트립신	췌액의 한 성분으로 분비된다.
레닌	단백질을 응고시켜 반추위 동물 위액에 존재한다.
펩티다아제	췌장에 존재하는 단백질 분해 효소다.
에렙신	장액에 존재하는 단백질 분해 효소다.

2. 효소의 성질 : 어느 특정한 기질에만 작용하는 선택성이 있으며, 온도와 pH에 영향을 받는다.

3. 효소와 이스트

❶ 아밀라아제 : 탄수화물 분해 효소이며 배당체 결합을 분해하는 가수분해 효소이다.

α-아밀라아제	• 액화 효소 • α-1.4~α-1.6 결합에 작용하여 내부 아밀라아제라 한다. • 전분을 덱스트린화한다.
β-아밀라아제	• 당화 효소 • α-1.4 결합에만 작용하여 외부 아밀라아제라 한다. • 맥아당을 직접 생성시킨다.

❷ 효소와 이스트
- 전분을 β-아밀라아제로 분해하면 맥아당이다.
- 전분을 α-아밀라아제로 분해하면 덱스트린이다.
- 포도당을 치마아제로 분해하면 탄산가스와 알코올이다.
- 설탕을 인베르타아제로 분해하면 포도당과 과당이다.

밀가루

밀가루는 모든 빵과 과자류의 주요 성분으로 반죽에 큰 영향을 미치는 원재료이며 최종 제품의 품질에도 상당한 영향을 준다. 밀가루에 함유되어 있는 독특한 단백질들이 구조의 팽창에 강한 특성을 보여주기 때문에 밀가루는 밀의 1차 가공 제품으로 물과 혼합하면 끈끈한 반죽을 형성하는데, 이것을 글루텐이라고 한다.

1. 밀의 구조 : 밀알은 구조적으로 껍질층, 배아, 내배유로 구성되어 있다.

껍질층	밀알 전체의 약 14%를 차지한다.
배아(씨눈)	밀알 전체의 약 3%를 차지한다.
내배유	• 밀알 전체의 약 83%를 차지한다. • 경질밀로 만든 밀가루는 초자질의 내배유 조직을 가지고 있어 모래알 같은 특성을 나타낸다. • 연질밀로 만든 박력분은 시멘트 같은 특성을 나타낸다.

2. 밀가루의 종류 : 단백질 함량에 따라 강력, 중력, 박력으로 분류한다.

강력분	• 경춘밀이라 하며 봄에 파종한다. • 밀알의 색은 적색을 띠고 밀알이 단단하다. • 단백질 함량 : 12~14%, 회분 함량 : 0.4~0.5%
박력분	• 연동밀이라 하며 겨울에 파종한다. • 밀알의 색은 흰색을 띠고 밀알이 부드럽다. • 단백질 함량 : 7~9%, 회분 함량 : 0.4% 이하
중력분	• 제면용으로 많이 사용된다. • 단백질 함량 : 9~10%, 회분 함량 : 9~12%

3. 밀가루의 성분

❶ 밀가루 속 단백질은 빵을 만들 때 품질을 좌우하는 가장 중요한 재료이다. 여러 단백질 중에 글리아딘과 글루테닌이 물과 결합하여 글루텐으로 변형한다.

❷ 탄수화물은 70%를 차지하며 대부분은 전분이나 덱스트린, 셀룰로오스, 당류, 펜토산이다.

❸ 지방과 지방 유사 물질은 밀 전체의 2~4%, 배아에는 8~15%, 껍질에는 6% 정도가 함유되어 있다.

❹ 회분 : 광물질을 회분이라 하며 주로 껍질에 많다. 함유량에 따라 정제 정도를 알 수 있다. 제분율이 동일할 경우 회분 함량은 경질소맥이 연질소맥보다 높으며, 회분 함량이 높을수록 저급 밀가루로 평가된다.

❺ 수분 : 10~14%

4. 밀가루의 물리적 실험

패리노그래프	흡수율, 믹싱 시간, 믹싱 내구성 등을 측정하는 기계
아밀로그래프	밀가루의 α-아밀라아제 활성을 측정하는 기구
익스텐소그래프	반죽의 신장성을 측정하는 기구
믹서트론	새로운 밀가루에 대한 정확한 흡수와 혼합 시간을 신속히 측정
믹카엘 점도계	박력분의 제과 적성 및 점성을 측정하는 기구
레오그래프	반죽이 기계적 발달을 할 때 일어나는 변화를 그래프로 나타내는 기록형 믹서

이스트

단세포인 식물로 자체에 엽록소가 없어 외부로부터 영양분을 공급받아야 한다. 학명은 사카로미세스 세레비시아(Saccharomyces Cerevisiae)이며 효모라고 불린다. 출아증식을 하는 단세포 생물로 반죽 내에서 발효하여 이산화탄소와 에탄올, 유기산을 생성하여 반죽을 팽창시키고 빵의 향미 성분을 부여한다.

1. 구성 성분 : 화학적 관점에서 볼 때 이스트는 70%가 수분이고 나머지 30%가 단백질, 탄수화물, 지방, 광물질 등으로 구성되어 있으며 발육의 최적 온도는 28~32℃이다.

2. 이스트에 들어 있는 효소

프로테아제	단백질 분해 효소
리파아제	지방 분해 효소
인베르타아제	설탕 분해 효소
말타아제	맥아당 분해 효소
치아아제	포도당 분해 효소

3. 종류

생이스트 (압착 효모)	• 수분 65~70%, 고형분 25~30% 정도 함유하고 있다. • 0℃로 냉장 보관한다.
활성 건조 효모	• 수분 7.5~9%로 건조시킨 효모이다. • 이론상 생이스트의 1/3만 사용해도 되지만 건조 공정과 수화 중에 활성세포가 다소 줄기 때문에 실제로는 생이스트의 40~50%를 사용한다. • 이스트 양의 4배 정도 되는 40~45℃ 물에 5~10분 녹여 사용한다. • 장점 : 균일성, 편리성, 정확성, 경제성
불활성 건조 효모	• 높은 건조 온도에서 수분을 증발시켜 이스트 내의 효소가 완전히 불활성화된 것이다. • 빵, 과자 제품에 영양보강제로 사용된다.
인스턴트 건조 이스트	• 다시 물에 녹이는 번거로움과 활성 감소를 줄이기 위해 개발된 제품이다. • 밀가루에 바로 섞어 사용하면 된다.

4. 취급과 저장

❶ 이스트를 사용할 때 높은 온도의 물과 직접 닿지 않도록 해야 하며 세포는 63℃ 전후에서 파괴되기 시작한다.

❷ 소금, 설탕과 직접 닿지 않도록 한다(삼투압 현상).

❸ 사용 후 밀폐용기에 담아 냉장고에 넣어 보관하며 잡균에 오염되지 않도록 깨끗한 곳에 둔다.

❹ 선입, 선출하여 사용한다.

감미제

제과, 제빵에 있어서 빼놓을 수 없는 기본 재료로 주로 단맛을 제공하며 영양소, 안정제, 발효 조절제의 역할을 한다.

1. 설탕 : 자당이라고도 불리며 사탕수수나 사탕무로부터 얻어진다. 사탕수수즙액을 농축하고 결정시킨 원액을 원심분리하면 원당과 제1 당밀로 분리된다.

❶ 정제당 : 불순물과 당밀을 제거하여 만든 설탕을 가리키며 보편적인 품종은 입상형 당과 분설탕으로 나눌 수 있다.

입상형 당	입자가 아주 미세한 제품으로부터 큰 제품에 이르기까지 용도별로 제조 가능하며 커피당, 과립당 등 특수 용도의 제품도 제조할 수 있다.
분설탕	설탕을 고운 입자로 분쇄한 분말로 3%의 전분을 혼합하여 덩어리가 생기는 것을 방지할 수 있으며, x표 앞의 숫자가 클수록 입자가 고운 제품이다.

❷ 액당 : 정제된 설탕 또는 전화당이 물에 녹아 있는 용액 상태이다.

❸ 전화당 : 설탕이 가수분해되어 같은 양의 포도당과 과당이 생성되는데, 이 혼합물을 전화당이라 하며 감미도는 125~135 정도이다.

2. 전분당

❶ 포도당 : 전분을 가수분해하여 만들며 포도당의 감미도는 75 정도이다. 제과용으로는 함수포도당을 사용한다.

❷ 물엿 : 물엿은 전분을 가수분해하여 만든다. 녹말의 분해산물인 포도당, 맥아당, 소당류, 텍스트린이 혼합된 상태의 물질이 물엿에 함유되어 있으며 분해 방법과 정도에 따라 감미도가 다르다. 설탕에 비해 감미는 낮지만 점조성, 보습성이 뛰어나 일반 감미료보다 제품의 조직을 부드럽게 할 목적으로 많이 쓴다.

3. 맥아와 맥아 시럽

맥아	• 발아시킨 보리의 가루 • 탄수화물 분해 효소, 단백질 분해 효소로 구성 • 분해산물인 맥아당은 이스트 먹이로 이용되는 발효성 탄수화물
맥아 시럽	• 맥아분에 물을 넣고 열을 가하여 만든다. • 탄수화물 분해 효소, 단백질 분해 효소, 맥아당, 가용성 단백질, 광물질, 기타 맥아 물질을 추출한 액체로 구성 • 캔디, 젤리 등을 만들 때 넣어 설탕의 재결정화를 방지한다.

4. 당밀

❶ 사탕무나 사탕수수를 정제하는 공정에서 원당을 분리하고 남은 부산물이며 발효시켜 럼주를 만든다.

❷ 고급 당밀에는 오픈케틀이 있다.

❸ 저급 당밀은 식용하지 않고 가축 사료, 이스트 생산 등 제조용 원료로 사용한다.

❹ 당밀이 다른 설탕들과 구분되는 구성 성분은 회분(무기질)이다.

❺ 당 함량, 회분 함량, 색상을 기준으로 등급을 나눈다.

5. 유당 : 우유의 유당은 동물성 당류이므로 단세포 생물인 이스트에 의해 발효되지 않고 잔류당으로 남아 갈변 반응을 일으켜 껍질 색을 진하게 한다. 우유 속에 평균 4.8%를 함유하며 설탕에 비해 감미도와 용해도가 낮고 결정화가 빠르다(감미도 16).

6. 감미제의 기능

발효 제품에서의 기능	• 이스트에 분해되고 남은 당은 밀가루 단백질과 환원당 사이의 메일라드 반응과 캐러멜화를 통해 껍질에 색을 내게 된다. • 속결과 기공을 부드럽게 만든다. • 수분 보유력이 있어 노화 지연 및 보존 기간을 연장시킨다. • 단백질 연화 작용을 한다. • 발효가 진행되는 동안 이스트에 발효성 탄수화물을 공급한다.
과자 제품에서의 기능	• 단맛을 낸다. • 노화를 지연 및 신선도를 오래 지속시킨다. • 캐러멜화를 통해 구운 색을 만든다. • 감미제의 특성에 따라 독특한 향을 낸다. • 밀 단백질 연화 작용을 한다.

우유와 유제품

1. **우유의 성분** : 흰색 액체로 보이는 우유는 실제로 여러 가지 물질이 섞여 구성된 혼합물이다. 평균 성분은 수분 함량이 87~88%, 고형분이 12~13%, 지질 및 단백질(카제인) 각각 3.5%, 탄수화물 4~4.9%, 회분 0.5~1.1%, 소량의 비타민, 색소, 효소 등으로 구성되어 있다.

유지방	유장의 비중이 1.030인 반면 유지방의 비중은 0.92~0.94로 낮다. 따라서 원심분리하면 집합체로 뭉쳐 크림이 된다.
유단백질	• 우유의 주된 단백질은 카제인으로 산과 레닌 효소에 의해서 응고된다. • 유장 단백질 락토알부민과 락토글로불린은 각각 0.5% 정도 함유되어 있고 열에 의해 변성 응고된다.
유당	• 제빵용 이스트에 의해서는 분해되지 않는다. • 우유의 주된 당으로 평균 4.8% 정도 함유되어 있어 유산균에 의해서 발효되면 부틸산과 이산화탄소로 분해된다.

2. **유제품**

❶ 시유 : 시중에 판매되는 액상 우유를 말하며 원유를 받아 여과 및 청정 과정을 거친 후 표준화, 균질화, 살균 또는 멸균, 포장, 냉장한다.

❷ 농축 우유 : 우유의 수분 함량을 감소시켜 고형질 함량을 높인 것으로 연유나 생크림도 농축 우유의 일종이다.

생크림	• 우유의 지방을 원심 분리하여 농축한 것으로 만든다. • 휘핑용 크림 : 유지방 함량 35% 이상 • 버터용 크림 : 유지방 함량 80% 이상
연유	• 가당 연유 : 우유의 40%에 설탕을 첨가하여 약 1/3 부피로 농축시킨 것 • 무당 연유 : 우유를 약 1/3 부피로 농축시킨 것으로 물을 첨가하여 3배 용적으로 하면 우유와 같이 된다.

❸ 분유 : 우유 속 수분을 제거해서 분말 상태로 만든 것이다.

전지분유	수분만 제거해서 만든 것
탈지분유	수분과 유지방을 제거해서 만든 것
부분 탈지분유	지방을 부분적으로 뽑아 쓴 우유를 건조시킨 것

❹ 유장 : 우유에서 유지방, 카제인 등이 응유되어 분리되고 남은 부분이 유장이다. 유장에는 수용성 비타민, 광물질, 약 1%의 비카제인 계열 단백질(락토알부민, 락토글로불린)과 대부분의 유당이 함유되어 있고 유장에 탈지분유, 밀가루, 대두분 등을 혼합하여 탈지분유의 흡수력, 기능 등을 유사하게 만든 대용분유도 있다.

0 9	**달걀**

1. 달걀의 구조 및 구성

구성 비율	껍질 : 노른자 : 흰자 = 10% : 30% : 60%
수분 비율	전란 : 노른자 : 흰자 = 70% : 50% : 88%
성분	• 껍질 : 탄산칼슘 94%, 탄산마그네슘 1%, 인산칼슘 1% • 흰자 : 콘알부민 • 노른자 : 레시틴, 트리글리세리드, 인지질, 콜레스테롤, 카로틴, 지용성 비타민

2. 달걀의 기능

❶ 농후화제 : 달걀을 가열하면 열에 의하여 응고되는 상태(커스터드 크림, 푸딩)

❷ 결합제 : 점성과 달걀 단백질의 응고성(크로켓, 결착)

❸ 유화제 : 노른자에 들어 있는 인지질인 레시틴을 기름과 수용액을 혼합시킬 때 유화제 역할을 한다.

❹ 영양가 : 완전식품

❺ 팽창 작용 : 흰자의 단백질은 표면활성으로 기포를 형성하게 한다(스펀지 케이크).

3. 난류의 신선도 측정

❶ 소금물에 넣었을 때 가라앉는다(소금 6%~10%).

❷ 껍질은 윤기가 없으며 까슬까슬하다.

❸ 흔들어보았을 때 소리가 없으며 햇빛을 통해 볼 때 속이 맑게 보인다.

❹ 깨었을 때 노른자가 바로 깨지지 않아야 한다.

❺ 일반적으로 신선한 난황계수는 0.36~0.44의 범위이며 숫자가 높을수록 신선하다.

❻ 5~10℃ 냉장 보관하여야 품질을 유지할 수 있다.

> × **TIP** ×
>
> 난황계수=난황의 높이/난황의 지름

유지 제품

1. 유지의 종류

버터	• 유지에 물이 분산되어 있는 유탄액인 버터는 독특한 향 때문에 제과, 제빵에서 많이 사용된다. • 유지에 물이 분산되어 있는 유중수적형의 구성 형태를 갖는다. • 우유의 유지방으로 제조하며 수분 함량은 16% 내외이다. • 우유 지방 80~85%, 수분 14~17%, 소금 1~3%, 카제인, 단백질, 유당, 광물질을 합쳐 1% • 포화 지방산 중 탄소의 수가 가장 적은 뷰티르산으로 구성된 버터는 비교적 융점이 낮고 가소성 범위가 좁다.
마가린	• 천연버터 대신 사용되는 인조버터 • 버터 대용품으로 만든 마가린은 주로 대두유, 면실유 등 식물성 유지로 제조한다. • 지방 80%, 우유 16.5%, 소금 3%, 유화제 0.5%, 향료와 색소 약간
쇼트닝	• 라드의 대용품으로 동식물성 유지에 수소를 첨가하여 경화유로 제조하며 수분 함량 0%의 무색, 무미, 무취하다. • 케이크 반죽의 유동성, 기공과 조직, 부피, 저장성을 좋게 한다. • 보통 고체 및 액상 형태로 쇼트닝을 사용한다. • 유화제 사용으로 반죽의 유동성, 기공과 조직, 부피, 저장성 등이 좋아진다.
라드	• 돼지의 지방조직을 분리해서 정제한 지방으로 품질이 일정하지 않고 보존성이 좋지 않다. • 쇼트닝가(부드럽고 바삭한 식감)를 높이기 위해 빵, 파이, 쿠키, 크래커에 사용된다.
튀김 기름	• 튀김 온도 180~195℃, 유지 지방산이 0.1% 이상이 되면 발연 현상이 일어난다. • 도넛 튀김용 유지는 발연점이 높은 면실유가 적합하다. • 튀김 기름은 100%의 지방으로 이루어져 있어 수분이 0%다. • 유지를 고온으로 계속 가열하면 유지 지방산이 많아져 발연점이 낮아진다. • 튀김 기름의 4대 적 : 온도, 수분, 공기, 이물질

> × **TIP** × **튀김 기름이 갖추어야 할 조건**
>
> ① 튀김물이 기름에 튀겨지는 동안 구조 형성에 필요한 열을 전달할 수 있어야 한다.
> ② 흡수된 지방은 제품이 냉각되는 동안 충분히 응결되어야 한다.
> ③ 튀김 중이나 포장 후에도 불쾌한 냄새가 나지 말아야 한다.
> ④ 기름의 대치에 있어서 그 성분과 기능이 바뀌면 안 된다.

2. 계면활성제

❶ 계면활성제의 역할

- 물과 유지를 균일하게 분산시켜 반죽의 기계 내성을 향상시킨다.
- 제품의 조직과 부피를 개선시키고 노화를 지연시킨다.

❷ 화학적 구조

- 친수성 그룹과 친유성 그룹은 계면활성제의 공통적인 특성이다.
- 친수성은 유기산과 같은 극성 물질에 강한 친화력을 가지고 있다.
- 친유성단에 대한 친수성단의 크기와 강도의 비를 친수성-친유성 균형이라 하는데 HLB의 수치가 9 이하이면 친유성으로 기름에 용해되고 11 이상이면 친수성으로 물에 용해된다.

❸ 유화액의 형태

- 수중 유적형 : 우유, 마요네즈
- 유중 수적형 : 버터, 마가린

3. 계면활성제의 종류

모노디글리세이드	• 가장 많이 사용하는 계면활성제 • 지방의 가수분해로 생성되는 중간산물이다. • 유지에 녹으면서 물에도 분산되고 유화식품을 안정시킨다. • 빵, 과자의 노화를 늦춘다. • 쇼트닝 제품에 유지의 6~8%, 빵에는 밀가루 기준으로 0.3~0.5%를 사용한다.
레시틴	• 쇼트닝과 마가린의 유화제로 쓰인다. • 옥수수와 대두유로부터 얻는 레시틴은 친유성 유화제다. • 빵 반죽에 넣으면 유동성이 커진다. • 빵 반죽 기준으로 0.25%, 케이크 반죽에는 쇼트닝의 1~5%를 사용한다.
모노디글리세리드의 디아세틸 타르타르산 에테르	친유성기와 친수성기가 1:1이기 때문에 유지에도 녹고 물에도 분산된다.
아실 락티레이트	비흡습성 분말인 아실 락티레이트는 물에 녹지 않지만 대부분의 비극성 용매와 뜨거운 유지에는 잘 녹는다.
SSL	크림색 분말로 물에 분산되고 뜨거운 기름에 용해된다.

4. 유지의 기능

쇼트닝 기능	• 비스킷, 쿠키, 각종 케이크에 부드러움과 파삭파삭함을 주는 기능 • 쇼트닝이 믹싱 중에 얇은 막을 형성하여 전분과 단백질이 단단하게 되는 것을 방지하여 완성된 제품에 윤활성을 준다. • 액체유는 가소성이 결여되어 쇼트닝 기능이 없다. • 측정은 쇼트미터로한다.
공기 혼입 기능	• 믹싱 중에 지방이 포집하는 상당량의 공기는 작은 세포와 공기방울 형태가 되어 적정한 부피, 기공과 조직을 만든다. • 가소성 쇼트닝은 액체유의 원형에 비하여 피막 또는 덩어리 형태가 되기 때문에 표면적이 큰 상태로 분산된다.
크림화 기능	• 믹싱으로 공기를 흡수하여 크림이 되는 것을 크림화라 한다. • 크림성이 좋은 유지는 쇼트닝의 250~350%의 공기를 품는다.
안정화 기능	고체 상태의 지방의 안정성이란, 지방이 크림으로 될 때 무수한 공기 세포를 형성 보유함으로써 반죽에 기계적 내성을 주어 글루텐 구조가 응결되어 튼튼해질 때까지 주저앉지 않거나 꺼지지 않는 성질을 의미한다.

5. 유지의 특징

크림성	유지를 믹싱하는 과정에서 유지가 공기를 끌어들여 잡고 있는 성질
가소성	유지가 상온에서 고체 형태를 유지하는 성질로 낮은 온도에서 너무 딱딱하지 않으며 높은 온도에서 너무 무르지 않는 지방 제품을 가소성 범위가 넓은 유지라 한다.
유화성	유지가 물을 흡수하여 보유하는 성질
안정성	지방의 산화와 산패를 장기간 억제하는 성질로 유통기한이 긴 과자와 튀김류의 중요한 특성이다.
기능성	빵, 과자 제품의 부드러움을 나타내는 성질로 '쇼트닝성'을 의미한다.
향미	쇼트닝은 무색, 무미, 무취여야 하며 버터는 향미를 갖고 있어야 한다. 신선한 유지는 냄새가 없고 튀김이나 굽기 과정을 거친 후에도 불쾌한 냄새가 나지 않아야 한다.
유리지방산가	지방이 분해되는 과정에서 생성된 지방산을 유리지방산이라 하며 그것을 수치로 나타낸 것이 유리지방산가이다.

물과 이스트 푸드

1. 물의 기능

❶ 원료를 분산하고 글루텐을 형성시키며 반죽의 되기를 조절한다.

❷ 효모와 효소의 활성을 제공한다.

❸ 제품별 특성에 맞게 반죽 온도를 조절한다.

2. 경도에 따른 물의 분류 : 경도는 물에 녹아 있는 칼슘염과 마그네슘염을 이것에 상응하는 탄산칼슘의 양으로 환산해 ppm으로 표시한다. 칼슘은 빵을 만들 때 반죽의 개량 효과를 가지고 있고, 마그네슘은 반죽의 글루텐을 견고하게 하기 때문이다.

❶ 경수 : 180ppm 이상으로 센물이라고도 하며 광천수, 바닷물, 온천수가 해당된다.

A) 경수를 반죽에 사용했을 때 나타나는 현상

- 반죽이 되직해지므로 반죽에 넣는 물의 양이 증가한다.
- 반죽의 글루텐을 경화시켜 질기게 한다.
- 믹싱, 발효 시간이 길어진다.
- 반죽을 잡아당기면 늘어나지 않으려는 탄력성이 증가한다.
- 경수는 효모의 발육을 억제한다.

B) 경수 사용 시 조치 사항

- 이스트 사용량을 증가시키거나 발효 시간을 연장시킨다.
- 맥아를 첨가, 효소 공급으로 발효를 촉진시킨다.
- 이스트 푸드, 소금과 무기질을 감소시킨다.
- 반죽에 넣는 물의 양을 증가시킨다.

C) 경수의 종류

- 일시적 경수 : 탄산칼슘의 형태로 들어 있는 경수로 끓이면 불용성 탄산염으로 분해되고 가라앉아 연수가 된다.
- 영구적 경수 : 황산이온이 칼슘염, 마그네슘염과 결합된 형태인 황산칼슘과 황산마그네슘이 들어 있는 경수로 끓여도 불변된다.

❷ 연수 : 60ppm 이하로 단물이라고 하며 빗물, 증류수가 해당된다.

A) 연수를 반죽에 사용했을 때 나타나는 현상

- 반죽이 질어지므로 반죽에 넣는 물의 양이 감소한다.

- 반죽의 글루텐을 연화시킨다.
- 굽기 시 반죽의 오븐 스프링이 좋지 않다.
- 반죽이 끈적거리는 점착성이 증가한다.

B) 연수 사용 시 조치 사항

- 반죽이 부드럽고 끈적거리므로 흡수율을 2% 낮춘다.
- 가스 보유력이 적으므로 이스트 푸드와 소금을 증가시킨다.
- 연수의 작용으로 반죽이 질어져 가스 보유력이 떨어지므로 발효 시간을 단축한다.

❸ 아연수 : 61~120 ppm 미만
❹ 아경수 : 120~180 ppm 미만으로 제빵에 가장 적합하다.

3. pH에 따른 물의 분류 : pH는 반죽의 효소 작용과 글로텐의 물리성에 영향을 준다. 약산성의 물(pH 5.2~5.6)이 제빵용 물로는 가장 양호하다.

알칼리성이 강한 물	• 반죽의 탄력성이 떨어지고 이스트의 발효를 방해해 발효 속도를 지연시킨다. • 부피가 작고 색이 노란 빵이 된다. • 사용 시 조치 사항 : 황산칼슘을 함유한 산성 이스트 푸드의 양을 증가시킨다.
산성이 강한 물	• 발효를 촉진시킨다. • 빵 반죽의 글루텐을 용해시켜 반죽이 찢어지기 쉽다. • 사용 시 조치 사항 : 이온교환수지를 이용해 물을 중화시킨다.

4. 이스트 푸드 : 이스트의 발효를 촉진시키고 빵 반죽의 질을 개량하는 약제, 즉 제빵개량제이다. 이것을 빵 반죽에 더할 때는 밀가루 양의 0.2%를 기준으로 한다. 이스트 푸드를 이루는 성분에는 질소액, pH 조정제, 효소제, 수질 개량제, 산화제, 유화제 등이 쓰임새에 알맞게 배합되어 있다.

❶ 이스트 푸드의 기능 : 산화제, 물 조절제, 반죽 조절제, 이스트 영양인 질소 공급

반죽 조절제	• 브롬산칼륨 : 지효성 반죽 조절제이다. 첨가량을 늘림에 따라 산화력이 강해진다. • 요오드칼륨 : 속효성 반죽 조절제이다. • 과산화칼슘 : 글루텐을 강하게 만들고 반죽을 다소 되게 하여 정형 과정에서 덧가루 사용을 적게 한다. 과산화칼슘은 스펀지 반죽보다는 본반죽에 사용한다. • 아조디카본아미드 : 밀가루 단백질의 -SH 그룹을 산화하여 글루텐을 강하게 한다. • 아스코르브산 : 속효성 반죽 조절제이다. 일반적인 믹싱 과정에서 공기와 접촉함으로써 반죽 조절제로 작용한다. 그러나 적정량에 도달하면 첨가량을 늘려도 산화력이 더 이상 늘지 않는다. 원래 아스코르브산은 산소가 없는 곳에서 환원제의 역할을 한다.
물 조절제	이스트 푸드의 성분 중에서 물의 경도를 높여주는 물 조절제 역할을 하는 것은 칼슘염이다.
이스트 조절제	암모늄염, 염화나트륨이 대표적이다.

초콜릿

껍질 부위, 배유, 배아 등으로 구성된 카카오 빈을 볶아 마쇄하여 외피와 배아를 제거한 후 페이스트상의 카카오 매스를 만든 다음 이것을 미립화하여 기름을 채취한 것이 카카오 버터이고 나머지는 카카오 박으로 분리된다. 카카오 박을 분말로 만든 것이 코코아다.

1. 초콜릿의 구성

❶ 코코아 : 62.5%

❷ 카카오 버터 : 37.5%

❸ 유화제 : 0.2%

2. 초콜릿의 배합 조성에 따른 분류

카카오 매스	다른 성분이 포함되어 있지 않아 카카오 빈 특유의 쓴맛이 그대로 살아 있다.
다크 초콜릿	순수한 쓴맛의 카카오 매스에 설탕과 카카오 버터, 레시틴, 바닐라 향 등을 섞어 만든다.
밀크 초콜릿	다크 초콜릿 구성 성분에 분유를 더한 것으로 가장 부드러운 맛이 난다.
화이트 초콜릿	코코아 고형분과 카카오 버터 중 다갈색의 코코아 고형분을 빼고 카카오 버터에 설탕, 분유, 레시틴, 바닐라향을 넣어 만들었다.
코팅 초콜릿	카카오 매스에서 카카오 버터를 제거한 다음 식물성 유지와 설탕을 넣어 만든 것으로 템퍼링 작업을 하지 않아도 사용 가능하다.
코코아	카카오 매스를 압착하여 카카오 버터와 카카오 박으로 분리하고, 카카오 박을 분말로 만든 것이다.

3. 커버추어 초콜릿의 특징과 사용법

❶ 대형 판초콜릿으로 카카오 버터를 35%~40% 함유하고 있어 일정 온도에서 유동성과 점성을 갖고 있다.

❷ 사용 전 반드시 템퍼링을 거쳐 카카오 버터를 β형의 미세한 결정으로 만들어 매끈한 광택의 초콜릿을 만든다. 그러면 초콜릿의 구용성이 좋다.

❸ 40~50℃로 냉각시켰다가 30~32℃로 두 번째 용해시켜 사용한다.

❹ 템퍼링이 잘못되면 지방(팻) 블룸, 보관이 잘못되면 설탕 블룸이 발생한다.

❺ 초콜릿 적정 보관 온도와 습도 : 온도 15~18℃, 습도 40~50%

○ **템퍼링** : 초콜릿에 들어 있는 카카오 버터를 β형으로 만들어 초콜릿 전체가 안정된 상태로 굳을 수 있도록 하는 온도 조절 작업이다.

○ **블룸** : 초콜릿 표면에 하얀 가루를 뿌린 듯이 보이거나 하얀 무늬 또는 하얀 반점이 생기는 것을 말한다. 마치 꽃과 닮아서 붙여진 이름이다.

팽창제, 안정제, 향료 및 향신료

1. **팽창제** : 빵, 과자 제품을 부풀려 부피를 크게 하고 부드러움을 주기 위해 첨가하는 것으로, 제품의 종류에 따라 팽창제의 종류와 양을 다르게 사용한다.

❶ 팽창제의 종류

생물적(이스트)	• 주로 빵에 사용되면 가스 발생 • 부피 팽창, 연화 작용, 향의 개선 • 사용에 많은 주의가 필요함
화학적 (베이킹파우더, 탄산수소나트륨, 이스파타)	• 사용하기는 간편하나, 팽창력이 약함 • 갈변 및 뒷맛을 좋지 않게 하는 결점이 있음 • 계량 오차가 제품에 큰 영향을 미침 • 주로 과자에 사용되며 부피 팽창, 연화 작용은 하나 향은 좋아지지 않음

> **× TIP ×**　화학적 팽창제를 많이 사용한 제품의 결과
>
> ○ 밀도가 낮고 부피가 큼
> ○ 속결이 거침
> ○ 속색이 어두움
> ○ 노화가 빠름
> ○ 기공이 많아 찌그러지기 쉬움

❷ 베이킹파우더
- 일반적으로 제과에서 제품을 제조할 때 조직을 부드럽게 하여 맛과 식감이 좋도록 사용되는 첨가물이다.
- 탄산수소나트륨(중조, 소다)에 산성제를 배합하고, 완충제로서 전분을 첨가한 팽창제이다.
- 베이킹파우더 무게의 12% 이상의 유효 이산화탄소가스가 발생되어야 된다.
- 중화가 : 산 100g을 중화시키는 데 필요한 중조의 양으로, 산에 대한 중조의 비율로 적정량의 유효 이산화탄소를 발생시키고 중성되는 수치이다.

2. 안정제 : 빵, 과자에 안정제를 사용하면 흡수제로 노화 지연 효과가 있으며 아이싱이 부서지는 것을 방지한다. 또한 크림 토핑의 거품을 안정시킨다.

❶ 안정제의 종류

한천	• 우뭇가사리로부터 만든다. • 끓는 물에만 용해되며 용액이 냉각되면 단단하게 굳는데 '식물성 젤라틴'이라 한다. • 물에 대하여 1~1.5% 사용 • 찬물에 녹지 않는다.
젤라틴	• 동물의 껍질이나 연골 조직 속의 콜라겐을 정제한 것 • 끓는 물에만 용해되며 식으면 단단한 젤이 된다. • 용액에 대하여 1% 농도로 사용 • 산이 존재하면 '젤' 능력이 죽거나 없어진다.
펙틴	• 과일과 식물의 조직 속에 존재하는 일종의 다당류이다. • 펙틴은 50% 이상의 당과 pH2.8~3.4의 산이 존재해야 교질이 형성된다. • 잼, 젤리, 마멀레이드의 응고제
알긴산	• 태평양의 근해초로부터 추출한다. • 뜨거운 물에 녹으며 1% 농도로 단단한 교질이 된다. • 우유와 같이 칼슘이 많은 재료와는 단단한 교질체가 되며 과일 주스와 같은 산의 존재하에서는 농후화 능력이 감소한다.
씨엠씨(CMC)	• 냉수에서 쉽게 팽윤되어 진한 용액이 된다. • 셀룰로오스로부터 만든 제품이다. • 산에 대한 저항성이 약하다.
로커스트빈검	• 지중해 연안에서 재배되는 로커스트빈 나무껍질을 벗겨 수지를 채취한 것이다. • 냉수에도 용해되지만 뜨겁게 해야 더 효과적이다. • 0.5% 농도에서 진한 액체 상태가 되며 5% 농도에서 진한 페이스트가 된다. • 산에 대한 저항성이 크다.
트래거캔스	• 터키와 이란에서 재배되는 트라칸트 나무를 잘라 얻는 수지이다. • 냉수에 용해되며 71%로 가열하면 최대로 농후한 상태가 된다.

3. 향료 및 향신료

❶ 향료 : 후각 신경을 자극하여 특유의 향을 느끼게 함으로써 식욕을 증진시키는 첨가물이다. 향료를 사용하는 목적은 제품에 독특한 개성을 주는 데 있기 때문에 향, 맛, 속 조직이 잘 조화되어야 한다.

❷ 향료의 분류 : 향료는 성분에 따라 합성 향료와 천연 향료로, 가공 방법에 따라 수용성, 지용성, 유화, 가루 향료로 나눌 수 있다.

성분에 따른 분류	천연 향료	• 풀, 나무, 과실, 잎, 나무껍질, 뿌리, 줄기 등에서 추출한 향료이다. • 꿀, 당밀, 코코아, 초콜릿, 분말과일, 감귤류, 바닐라 등에서 추출한 정유가 있다.
	합성 향료	• 정유 등의 천연향과 유지 제품을 합성한 것이다. • 디아세틸, 바닐라 원두의 바닐린 등이 있다.
가공 방법에 따른 분류	수용성 향료	• 에센스, 물에 녹지 않는 유상의 방향 성분을 알코올, 글리세린 물 등의 혼합 용액에 녹여 만든 것이다. • 빙과에 이용한다.
	지용성 향료	• 오일, 천연의 정유 또는 합성 향료를 배합한 것이다. • 향이 날아가지 않는다. • 캐러멜, 캔디, 비스킷에 이용한다.
	유화 향료	• 유화제를 사용하여 향료를 물 속에 분산 유화시킨 것이다. • 내열성이 있고 물에도 잘 섞여 수용성 향료나 지용성 향료 대신 사용할 수 있다.
	가루 향료	• 유화 원료를 말려 가루로 만든 것이다. • 가루 상태로는 향이 약해 느껴지지 않으나 입속, 물에서는 강한 향이 난다. • 가루 식품용, 아이스크림, 제과용, 추잉 껌에 쓰인다.

❸ 향신료

계피	• 녹나무과의 상록수껍질을 벗겨 만든 향신료이다. • 실론 계피는 정유 상태로 만들어 쓰기도 한다.
넛메그	• 과육을 3~6주 일광으로 건조, 선별해 만든 향신료이다. • 1개의 종자에서 넛메그 외에 메이스도 얻는다.
생강	• 열대성 다년초의 단백질 뿌리이다. • 매운 맛과 특유의 향을 가진 생강은 그대로 혹은 말려 쓰거나 가루로 만들어 쓴다.
정향	• 정향나무의 꽃봉오리를 따서 말린 것으로서, 클로브라 한다. • 분홍빛을 띠는 붉은색의 꽃봉오리가 활짝 피면 향이 날아가므로 꽃이 피기 전에 따서 햇빛에 말린다.
올스파이스	• 빵, 케이크에 가장 많이 쓰이는 향신료이다. • 시너먼, 넛메그, 정향 등의 혼합향을 낸다. • 자메이카 후추라고도 한다.
카다몬	• 생강과의 다년초 열매로부터 얻는 카다몬은 인도, 실론 등지에서 자란다. • 열매 깍지 속에 들어 있는 3mm가량의 조그만 씨를 이용한다.
박하	• 꿀풀과의 다년생 숙근초인 박하의 잎사귀에서 얻는다. • 제과용으로 박하유와 박하뇌가 많이 이용된다.

반죽의 물리적 실험

1. 패리노그래프

❶ 밀가루의 흡수율, 믹싱 시간, 믹싱 내구성, 반죽의 점탄성 등을 측정하는 기계이다.

❷ 곡선이 500B.U.에 도달하는 시간, 다시 아래로 떨어지는 시간 등으로 밀가루의 특성을 알 수 있다.

2. 아밀로그래프

❶ 밀가루와 물의 현탁액에 온도를 균일하게 상승시킬 때 일어나는 점도의 변화를 계속적으로 자동 기록하는 장치이다.

❷ 밀가루의 호화 정도를 알 수 있다.

❸ α-아밀라아제의 활성을 측정할 수 있다.

❹ 제과·제빵 적성 그래프다.

❺ 400~600B.U.가 적당하다.

3. 믹서트론

❶ 새로운 밀가루에 대한 정확한 흡수와 혼합 시간을 신속히 측정한다.

❷ 종류와 등급이 다른 여러 가지 밀가루에 대해 반죽 강도, 흡수의 사전 조정과 혼합 요구시간 등을 측정한다.

❸ 재료 계량 및 혼합 시간의 오판 등 사람의 잘못으로 일어나는 사항과 계량기의 부정확 또는 믹서의 작동 부실 등 기계의 잘못을 계속적으로 확인한다.

4. 익스텐소그래프 : 반죽의 신장성과 신장에 대한 저항을 측정하는 기계이다.

5. 레오그래프 : 반죽이 기계적 발달을 할 때 일어나는 변화를 그래프로 나타내는 기록형 믹서이다.

기출문제

01 해설

밀가루 제품별 분류 기준은 단백질 함량과 회분의 함량이다.

정답 : ②

02 해설

탄수화물은 밀가루 함량의 70%를 차지하며 대부분은 전분이고 나머지는 덱스트린, 셀룰로오스, 당류, 펜토산이 있다.

정답 : ③

03 해설

손상전분은 제빵 시 발효가 빠르게 진행되게 하고, 반죽 시 흡수가 빠르며 흡수량이 많다.

정답 : ③

04 해설

• 전분 1% 증가 시 흡수율 0.5% 증가
• 손상전분 1% 증가 시 흡수율 2% 증가
• 단백질 1% 증가 시 흡수율 1.5~2% 증가

정답 : ②

01 다음 중 밀가루 제품의 품질에 가장 크게 영향을 주는 것은?

① 원산지
② 글루텐의 함유량
③ 빛깔, 향기
④ 비타민 함량

02 전분은 밀가루 중량의 약 몇 % 정도인가?

① 30%
② 50%
③ 70%
④ 90%

03 밀가루 중 손상전분이 제빵 시에 미치는 영향으로 옳은 것은?

① 반죽 시 흡수가 늦고 흡수량이 많다.
② 반죽 시 흡수가 빠르고 흡수량이 적다.
③ 발효가 빠르게 진행된다.
④ 제빵과 아무 관계가 없다.

04 밀 단백질 1% 증가에 대한 흡수율 증가는?

① 0~1%
② 1~2%
③ 3~4%
④ 5~6%

05 어떤 밀가루에서 젖은 글루텐을 채취하여 보니 밀가루 100g 에서 36g이 되었다. 이때 단백질의 함량은?

① 9%

② 12%

③ 15%

④ 18%

05 해설

- 젖은 글루텐의 비율=(젖은 글루텐 반죽의 중량/밀가루 중량)×100=(36g/100g)×100=36%
- 건조 글루텐의 비율=젖은 글루텐의 비율/3=12%

정답 : ②

06 생이스트의 구성 비율로 올바른 것은?

① 수분 8%, 고형분 92% 정도

② 수분 92%, 고형분 8%정도

③ 수분 70%, 고형분 30% 정도

④ 수분 30%, 고형분 70% 정도

06 해설

합착효모라고 하며 고형분 30~35%와 수분 65~70%를 함유하고 있다.

정답 : ③

07 이스트에 존재하는 효소로 포도당을 분해하여 알코올과 이 산화탄소를 발생시키는 것은?

① 말타아제(Maltase)

② 리파아제(Lipase)

③ 치마아제(Zymase)

④ 인벌타아제(Invertase)

07 해설

포도당과 과당은 이스트에 존재하는 치마아제에 의해 이산화탄소+알코올+66cal 등을 생성한다.

정답 : ③

08 빵 반죽의 이스트 발효 시 주로 생성되는 물질은?

① 물+이산화탄소

② 알코올+이산화탄소

③ 알코올+물

④ 알코올+글루텐

08 해설

이스트 발효 시 주로 생성되는 물질은 에탄알코올과 이산화탄소이다.

정답 : ②

09 달걀의 특징적 성분으로 지방의 유화력이 강한 성분은?

① 레시틴

② 스테롤

③ 세팔린

④ 아비딘

09 해설

달걀노른자에 함유된 인지질의 유화력이 강한 성분은 레시틴이다.

정답 : ①

10 해설

커스터드 크림 제조 시 달걀은 크림을 걸쭉하게 하는 농후화제 역할을 하면서, 점성을 부여하므로 결합제 역할도 한다.

정답 : ②

11 해설

제빵에 적합한 물은 약산성의 아경수이다.

정답 : ①

12 해설

이스트 푸드에는 황산칼슘, 인산칼슘, 과산화칼슘 등이 함유되어 있어 물의 경도를 조절한다.

정답 : ①

13 해설

상대적 감미도는 전화당 130, 맥아당 32이다.

정답 : ④

14 해설

유리지방산이란 글리세린과 결합되지 않은 지방산으로 열에 불안정하여 쉽게 기체로 바뀐다. 그래서 유지에 유리지방산이 많을수록 발연점이 낮아진다.

정답 : ②

10 커스터드 크림에서 달걀의 주요 역할은?

① 영양가를 높이는 역할

② 결합제의 역할

③ 팽창제의 역할

④ 저장성을 높이는 역할

11 제빵에 사용되는 물로 가장 적합한 형태는?

① 아경수

② 알카리수

③ 증류슈

④ 염수

12 물의 경도를 높여주는 작용을 하는 재료는?

① 이스트 푸트

② 이스트

③ 설탕

④ 밀가루

13 전화당을 설명한 것 중 틀린 것은?

① 설탕의 1.3배의 감미를 갖는다.

② 설탕을 가수분해시켜 생긴 포도당과 과당이 혼합물이다.

③ 흡습성이 강해서 제품의 보존 기간을 지속시킬 수 있다.

④ 상대적 감미도는 맥아당보다 낮으나 쿠키의 광택과 촉감을 위해 사용한다.

14 유지에 유리지방산이 많을수록 어떠한 변화가 나타나는가?

① 발연점이 높아진다.

② 발연점이 낮아진다.

③ 융점이 높아진다.

④ 산가가 낮아진다.

15 다음 중 유지의 산패와 거리가 먼 것은?

① 온도
② 수분
③ 공기
④ 비타민 E

15 해설

비타민 E는 유지의 산패를 억제하는 항산화제(산화방지제)이다.

정답 : ④

16 우유에 대한 설명으로 옳은 것은?

① 시유의 비중은 1.3 정도이다.
② 우유 단백질 중 가장 많은 것은 카제인이다.
③ 우유의 유당은 이스트에 의해 쉽게 분해된다.
④ 시유의 현탁액은 비타민 B2에 의한 것이다.

16 해설

시유의 비중은 1.030 전후이며 유당을 가수분해하는 락타아제가 이스트에 없다. 시유의 현탁액은 비타민 A의 전구체인 β-카로틴에 의한 것이다.

정답 : ②

17 과실이 익어감에 따라 어떤 효소의 작용에 의해 수용성 펙틴이 생성되는가?

① 펙틴리가아제
② 아밀라아제
③ 프로토펙틴 가수분해 효소
④ 브로멜린

17 해설

과실의 껍질에 있으면서 껍질을 단단하고 윤기 나게 만들던 펙틴이 과실이 익어감에 따라 프로토펙틴에 가수분해되면서 수용성 펙틴을 만들어 과실을 말랑말랑하게 한다.

정답 : ③

18 향신료(Spice & Herb)에 대한 설명으로 틀린 것은?

① 향신료는 주로 전분질 식품의 맛을 내는 데 사용된다.
② 향신료는 고대 이집트, 중동 등에서 방부제, 의약품의 목적으로 사용되던 것이 식품으로 이용된 것이다.
③ 스파이스는 주로 열대지방에서 생산되는 향신료로 뿌리, 열매, 꽃, 나무 껍질 등 다양한 부위가 이용된다.
④ 허브는 주로 온대지방의 향신료로 식품의 잎이나 줄기가 주로 이용된다.

18 해설

향신료는 주로 육류와 생선 요리가 많이 사용된다.

정답 : ①

19 해설

초콜릿의 템퍼링이 잘못되면 카카오 버터에 의한 지방 블룸이, 보관이 잘못되면 설탕에 의한 설탕 블룸이 생긴다.

정답 : ④

20 해설

블룸은 초콜릿 표면에 하얀 무늬가 생기는 것을 말한다. 템퍼링이 잘못되면 카카오 버터에 의한 지방 블룸이 생기고, 보관이 잘못되면 설탕에 의한 설탕 블룸이 생긴다.

정답 : ②

21 해설

- 위액 - 펩신 - 단백질
- 췌액 - 트립신 - 단백질
- 소장 - 말타아제 - 맥아당
- 침 - 프타알린 - 전분

정답 : ④

22 해설

유당이 유산균에 의하여 발효가 되어 유산을 형성한 요구르트는 유당불내증이 있는 사람에게 적합한 식품이다.

정답 : ③

19 다음과 같은 조건에서 나타나는 현상과 그와 관련한 물질을 바르게 연결한 것은?

> 초콜릿의 보관 방법이 적절치 않아 공기 중의 수분이 표면에 부착한 뒤 그 수분이 증발해버려 어떤 물질이 결정 형태로 남아 흰색이 나타났다.

① 지방 블룸 – 카카오 매스
② 지방 블룸 – 글리세린
③ 설탕 블룸 – 카카오 버터
④ 설탕 블룸 – 설탕

20 카카오 버터의 결정이 거칠어지고 설탕의 결정이 석출되어 초콜릿의 조직이 노화하는 현상은?

① 템퍼링
② 블룸
③ 콘칭
④ 페이스트

21 소화 작용의 연결 중 바르게 된 것은?

① 침 – 아밀라아제 – 단백질
② 위액 – 펩신 – 맥아당
③ 췌액 – 말타아제 – 지방
④ 소장 – 말타아제 – 맥아당

22 유당불내증이 있는 사람에게 적당한 식품은?

① 우유
② 크림소스
③ 요구르트
④ 크림스프

23 췌장에서 생성되는 지방 분해 효소는?

① 트립신
② 아밀라아제
③ 펩신
④ 리파아제

24 한 개의 무게가 50g인 과자가 있다. 이 과자 100g 중에 탄수화물 70g, 단백질 5g 지방 15g, 무기질4g, 물 6g이 들어 있다면 이 과자 10개를 먹을 때 얼마의 열량을 낼 수 있는가?

① 1,230kcal
② 2,175kcal
③ 2,750kcal
④ 1,800kcal

25 유용한 장내세균의 발육을 도와 정장 작용을 하는 이당류는?

① 셀로비오스
② 유당
③ 맥아당
④ 설탕

26 제과·제빵 시 사용되는 버터에 포함된 지방의 기능이 아닌 것은?

① 에너지의 급원 식품이다.
② 체온 유지에 관여한다.
③ 항체를 생성하고 효소를 만든다.
④ 음식에 맛과 향미를 준다.

27 장 점막을 통하여 흡수된 지방질에 관한 설명 중 틀린 것은?

① 복합 지방질을 합성하는 데 쓰인다.
② 과잉의 지방질은 지방조직에 저장된다.
③ 발생하는 에너지는 탄수화물이나 단백질보다 적어 비효율적이다.
④ 콜레스테롤을 합성하는 데 쓰인다.

23 해설

췌장에서의 소화
- 췌액의 아말라제에 의해 녹말이 맥아당으로 분해된다.
- 췌액의 스테압신에 의해 지방이 지방산과 글리세롤로 가수분해된다.
- 췌액의 트립신은 단백을 폴리펩티드로 분해하고 일부는 아미노산으로 분해된다.

정답 : ④

24 해설

{(70×4)+(5×4)+(15×9)}×(50×10/100)=2,175

정답 : ②

25 해설

유당은 유산균에 의해서 발효되면 부티르산과 이산화탄소로 분해된다.

정답 : ②

26 해설

지방의 기능
- 지용성 비타민 흡수
- 맛과 향미, 성분 공급
- 체온 유지에 관여
- 에너지의 급원 식품

정답 : ③

27 해설

발생하는 에너지가 9kcal이며 지방질은 탄수화물의 4kcal나 단백질의 4kcal보다 많다.

정답 : ③

28 해설

지방을 지질 혹은 지방질이라고 한다. 칼슘, 인, 마그네슘이 뼈와 치아를 형성한다.

정답 : ①

29 해설

글리코겐은 동물의 에너지원으로 이용되는 동물성 전분을 말하며 간이나 근육에서 합성 저장되어 있다.

정답 : ④

30 해설

단백질의 기능
- 근육, 피부, 머리카락 등 체조직을 구성한다.
- 체내에 에너지 공급이 부족하면 에너지 공급을 한다.
- 체내 수분 함량 조절, 조직 내 삼투압 조정, 체내에서 생성된 산성물질, 염기물질을 중화하여 pH의 급격한 변동을 막는 완충 작용을 한다. 즉 체성분을 중성으로 유지한다.

(대사 작용을 조절하는 조절 영양소에는 무기질, 물, 비타민 등이 있다.)

정답 : ③

31 해설

칼슘의 기능
- 효소 활성화, 혈액응고에 필수적, 근육 수축, 신경흥분전도, 심장박동 조절
- 뮤코다당, 뮤코단백질의 주용 구성 성분
- 세포막을 통한 활성물질의 반출

정답 : ④

28 다음은 지질의 체내기능에 대하여 설명한 것이다. 옳지 않은 것은?

① 뼈와 치아를 형성한다.
② 필수 지방산을 공급한다.
③ 지용성 비타민의 흡수를 돕는다.
④ 열량소 중에서 가장 많은 열량을 낸다.

29 글리코겐이 주로 합성되는 곳은?

① 간, 신장
② 소화관, 근육
③ 간, 혈액
④ 간, 근육

30 체내에서 단백질의 역할과 가장 거리가 먼 것은?

① 항체형성
② 체조직의 구성
③ 대사작용의 조절
④ 체성분의 중성 유지

31 다음 무기질 중에서 혈액응고, 효소 작용, 막의 투과 작용에 필요한 것은?

① 요오드
② 나트륨
③ 마그네슘
④ 칼슘

32 다음 중 무기질의 작용을 나타낸 말이 아닌 것은?

① 인체의 구성 성분
② 체액의 삼투압 조절
③ 혈액응고 작용
④ 에너지 발생

33 다음은 비타민에 관한 설명이다. 틀린 것은?

① 체내에서 생성되지 않으므로 외부로부터 섭취해야 한다.
② 비타민 B군 니아신은 보효소를 형성하여 활성부를 이룬다.
③ 체내에서 비타민 A가 되는 물질을 프로비타민 A라 한다.
④ 에르고스테롤을 프로비타민 B라 한다.

34 비타민의 특성 또는 기능인 것은?

① 많은 양이 필요하다.
② 인체 내에서 조절물질로 사용된다.
③ 에너지로 사용된다.
④ 일반적으로 인체 내에서 합성된다.

35 소화란 어떠한 과정인가?

① 물을 흡수하여 팽윤하는 과정이다.
② 열에 의하여 변성되는 과정이다.
③ 여러 영양소를 흡수하기 쉬운 형태로 변화시키는 과정이다.
④ 지방을 생합성하는 과정이다.

36 소화기관에 대한 설명으로 틀린 것은?

① 위는 강알칼리의 위액을 분비한다.
② 이자(췌장)는 당대사호르몬의 내분비선이다.
③ 소장은 영양분을 소화, 흡수한다.
④ 대장은 수분을 흡수하는 역할을 한다.

제과 이해하기

| 0 1 | **제과용 기계 및 도구** |

1. 제과용 기계

❶ 수직형 믹서 : 믹서는 본체와 그 부속물로 구성된다.

본체	• 본체의 모터로부터 동력을 전달하는 방법은 벨트형과 기어형이 대표적이다. • 회전 속도는 저속, 중속, 고속 또는 1단, 2단, 3단, 4단, 5단 등으로 구분된다. • 안전 장치를 장착한 믹서의 사용이 증가되고 있다.
믹서 부속물	• 믹서 본체에 여러 가지 부속물을 연결하여 사용한다. • 볼 : 재료를 믹싱하여 반죽을 만드는 용기다. • 훅 : 상대적으로 된 반죽을 믹싱할 때 사용한다. • 비타 : 버터 크림처럼 유지를 고운 입자로 만들 때 사용한다. • 거품기 : 반죽에 많은 공기를 함유시킬 때 사용한다.

❷ 오븐

데크 오븐	일반 제과점에서 일반적으로 사용하는 오븐이다. 구울 반죽을 넣는 입구와 구워진 제품을 꺼내는 출구가 같으며, 평면판으로 다른 단과 구분이 된다.
래크 오븐	구울 반죽을 담은 팬을 래크의 선반에 올린 뒤 래크를 오븐에 넣고 굽는 오븐이다. 오븐 안에서 래크가 수평으로 회전하기 때문에 열의 배분이 고르고 일시에 많은 양을 구울 수 있다. 래크 오븐의 판을 전후로 회전시키는 오븐을 '릴 오븐'이라 한다.
터널 오븐	대규모 생산 공장에서 대량으로 굽기를 할 때 많이 사용되는 오븐이다. 제품에 따라 조절한 온도가 다른 몇 개의 구역을 통과하면서 굽기를 완성시키는데, 반죽이 들어가는 입구와 제품이 나오는 출구가 다르다.

❸ 파이롤러 : 비교적 된 반죽을 밀어 펴는 기계이다. 벨트에 의한 왕복 운동이 일어날 때 롤러의 간격을 점차 좁게 조절하면 두께가 균일한 얇은 반죽이 된다. 퍼프 페이스트리, 케이크 도넛 등을 만들 때 유용하게 사용된다.

❹ 튀김기 : 케이크, 도넛류, 빵도넛류, 크로켓 스낵 제품을 기름에 튀기는 기계로 제품에 따라 튀김 온도가 다르므로 희망하는 온도를 설정하면 자동으로 조절이 된다. 대량 생산용 튀김기는 이동 장치가 장착되어 자동으로 움직이면서 튀겨지며 튀긴 후 여분의 기름은 철망에서 흘러내려 회수된다.

❺ 냉장 냉동고 : 파이류의 휴지나 초콜릿 제품의 냉각 등에 사용하며, 급속 냉동고는 단시간에 영하 40℃ 이하로 냉동시킬 수 있어서 제품의 노화를 방지하면서 장시간 저장할 때도 사용한다.

❻ 초콜릿 용해기 : 중탕의 원리로 초콜릿을 적정 온도로 녹이고 계속해서 품온을 유지시키는 기계로, 온도 조절 장치가 부착되어 있다.

2. 제과용 도구

팬	반죽을 담아서 굽거나 찌는 데 사용한다.
스크래퍼	반죽을 분할하거나 긁는 데 사용한다.
주걱	반죽을 담거나 고르는 데 사용한다.
스패출러	아이싱을 하거나 가지런히 고르는 데 사용한다.
붓	덧가루를 털거나 달걀물, 시럽 등을 칠하는 데 사용한다.
모양 깍지	여러 가지 모양의 선이나 모양을 만드는 데 사용한다.
밀대	반죽을 밀어 펴거나 표면을 균일하게 고르는 데 사용한다.
동 그릇	시럽 끓이기, 커스터드 크림 끓이기 등에 사용한다.
회전판	제품을 회전시키면서 아이싱이나 데커레이션을 할 때 사용한다.
칼, 도르래 칼	재료나 제품을 썰거나 반죽을 재단할 때 사용한다.

3. 계량 기구

전자저울	영점을 맞추고 계량할 물건의 무게를 다는 저울이다. 용기에 담아야 하는 경우에는 용기를 저울에 놓고 '0'으로 맞춘 후 물건을 올려 실제 물건의 무게를 계량한다.
부등비저울	계량할 물건의 무게를 저울추와 저울대의 눈금으로 맞추고 저울대와 수평이 되도록 접시에 물건을 올려놓아 무게를 단다.
온도계	재료, 반죽 또는 제품의 온도를 측정하는 계측기로, 아날로그 타입과 디지털 타입이 있는데 디지털 타입이 숫자로 표시되면서 정확도가 높다. 온도계마다 측정 온도 범위가 있다.
자	된 반죽의 치수를 재거나 재단할 때 사용하며 균일한 제품을 만드는 데 도움을 준다.

제품의 분류와 믹싱법

1. 제품의 분류

❶ 팽창 형태에 의한 분류

이스트 팽창	이스트를 사용한 발효 과정에 발생하는 이산화탄소 가스로 팽창시키는 형태로 식빵류, 과자빵류, 데니시 페이스트리, 불란서빵과 같은 하스브레드, 번, 롤, 빵도넛, 잉글리시 머핀 등 빵 제품이 여기에 속한다.
화학적 팽창	베이킹파우더와 같은 화학적 팽창제에서 발생하는 이산화탄소 가스나 암모니아 가스에 의해 팽창하는 형태로 레이어 케이크, 반죽형 케이크, 반죽형 쿠키, 케이크 머핀, 와플, 과일 케이크 등이 여기에 속한다.
공기 팽창	믹싱 작업으로 반죽에 들어간 공기에 의해 팽창하는 형태인데, 유지로 크림을 만들거나 달걀을 휘저을 때 포집되는 크고 작은 공기방울이 굽기 중 열 팽창하면서 부피를 이룬다. 스펀지 케이크, 엔젤 푸드, 시퐁, 머랭, 거품형 쿠키 등 많은 제품이 여기에 속한다.
무팽창	반죽 자체는 팽창이 없는 형태로 파이 껍질의 일부가 여기에 속한다.
복합형 팽창	2가지 이상의 기본 팽창 형태를 조합한 것을 말한다. • 이스트 팽창 + 화학적 팽창 • 공기 팽창 + 화학적 팽창 • 이스트 팽창 + 공기 팽창

❷ 제품에 의한 분류

케이크류	• 양과자류 : 소구형 케이크 • 생과자류 : 수분 함량이 비교적 많은 과자류 • 페이스트리류 : 퍼프 페이스트리, 파이
건과류	수분 함량이 비교적 적은 과자류
초콜릿류	초콜릿이 주재료로 된 제품
데커레이션	기본 제품에 샌드, 아이싱, 코팅, 장식 등 먹을 수 있는 재료만으로 구성
공예과자	빵, 케이크, 초콜릿, 설탕 등을 미적, 예술적으로 표현한 제품으로 먹을 수 없는 재료를 일부 사용할 수 있음

냉과류	무스, 바바루아, 아이스크림 등 차게 해서 먹는 제품
캔디류	설탕을 주원료로 만든 제품

2. 제과 반죽의 분류와 믹싱법

❶ 반죽형 반죽

블렌딩법	• 유지에 밀가루를 넣어 파슬파슬하게 혼합한 뒤 건조 재료와 액체 재료를 넣는다. • 장점 : 제품의 조직을 부드럽고 유연하게 만든다.
크림법	• 유지에 설탕을 넣고 균일하게 혼합한 후 달걀을 나누어 넣으면서 부드러운 크림 상태로 만든 다음 밀가루와 베이킹파우더를 체에 쳐서 가볍게 섞는다. • 장점 : 제품의 부피가 큰 케이크를 만들 수 있다. • 단점 : 스크래핑을 자주 해야 한다.
1단계법	• 유지에 모든 재료를 한꺼번에 넣고 반죽한다. • 전제 조건 : 유화제와 베이킹파우더를 첨가하고, 믹서의 성능이 좋아야 한다. • 장점 : 노동력과 제조 시간이 절약된다.
설탕/물 반죽법	• 유지에 설탕물을 넣고 균일하게 혼합한 후 건조 재료를 넣고 섞은 다음 달걀을 넣고 반죽한다. • 장점 : 계량의 편리성으로 대량 생산이 용이하다. 껍질색이 균일한 제품을 생산할 수 있다. 스크래핑이 필요 없다.

❷ 거품형 반죽 : 달걀 단백질의 기포성과 열에 대한 응고성을 이용한 반죽으로 전란을 사용하는 스펀지 반죽과 흰자만 사용하는 머랭 반죽이 있다.

머랭법	• 흰자에 설탕을 넣고 거품을 낸 반죽이다. • 설탕과 흰자의 비율은 2:1이다. • 머랭 제조 시 지방 성분이 들어가면 거품이 안 올라오므로 기름기나 노른자가 들어가지 않도록 주의한다.
스펀지법	• 전란에 설탕을 넣고 거품을 낸 후 다른 재료와 섞은 반죽이다. • 노른자가 흰자 단백질에 신장성과 부드러움을 부여하여 부피 팽창과 연화 작용을 향상시킨다.

❸ 시퐁형(시폰형) 반죽

특성	• 시퐁형 반죽은 비단같이 부드러운 식감의 제품을 만들 수 있다. • 별립법처럼 흰자로 머랭은 만들지만, 노른자는 거품을 내지 않는다. • 거품 낸 흰자와 화학 팽창제로 부풀린 반죽을 말하며, 시퐁 케이크가 있다. • 시퐁형 반죽은 거품형 반죽의 머랭법과 반죽형 반죽의 블렌딩법을 함께 사용하는 시퐁법을 많이 사용한다.
방법	• 식용유와 노른자를 섞은 다음, 설탕과 건조 재료를 넣고 섞는다. • 물을 조금씩 넣으면서 매끄러운 상태로 만든다. • 따로 흰자에 설탕을 넣어 머랭을 만든 뒤 노른자 반죽과 섞는다.

| 0 3 | # 반죽의 온도 |

1. **온도의 정의** : 온도는 열의 양을 측정하는 것이 아니라 열의 강도를 측정하는 상대적 개념으로 단위는 섭씨(℃)를 사용한다.

2. 제품에 미치는 영향

❶ 반죽의 온도는 제품의 부피와 조직에 영향을 준다.

❷ 반죽의 비중과 반죽의 온도는 상관관계에 놓여 있다.

• 온도가 낮으면 기공이 조밀해 부피가 작고, 식감이 나쁘며, 굽는 시간이 더 필요하다.

• 온도가 높으면 기공이 열리고 큰 공기구멍이 생겨 조직이 거칠고 노화가 빨리 일어난다.

• 반죽형 반죽의 반죽 온도가 너무 높아 유지가 고체의 성질을 잃어버리면 오히려 반죽 안에 유입되는 공기가 적어져 조직이 조밀하고 부피가 작아질 수가 있다.

3. 물 온도 계산법

❶ 마찰계수=(결과 온도×6)-(실내 온도+밀가루 온도+설탕 온도+쇼트닝 온도+달걀 온도+수돗물 온도)

❷ 사용할 물 온도=(희망 반죽 온도×6)-(밀가루 온도+실내 온도+설탕 온도+쇼트닝 온도+달걀 온도+수돗물 온도)

❸ 얼음 사용량=사용할 물의 양×(수돗물 온도-사용할 물 온도)/(80+수돗물 온도)

4. 제품별 반죽 희망 온도

❶ 일반적인 과자 반죽의 온도 : 22~24℃

❷ 희망 반죽 온도가 가장 낮은 제품 : 퍼프 페이스트리(20℃)

❸ 희망 반죽 온도가 가장 높은 제품 : 슈(40℃)

<table>
<tr><td></td><td>0 4</td><td></td></tr>
</table>

0 4	반죽의 비중

1. 비중이란?

❶ 같은 용적의 물의 무게에 대한 반죽의 무게를 0~1까지의 소수로 나타낸 값이다.

❷ 수치가 작을수록 비중이 낮고, 비중이 낮을수록 반죽 속에 공기가 많다.

2. 비중 측정 : 반죽과 물을 같은 비중 컵에 차례로 담아 무게를 측정한 뒤 비중 컵의 무게를 빼고 반죽의 무게를 물의 무게로 나누면 된다.

$$비중=(반죽\ 무게-컵\ 무게)/(물\ 무게-컵\ 무게)$$

3. 제품별 비중

파운드 케이크	0.8±0.05
레이어 케이크	0.8±0.05
스펀지 케이크	0.5±0.05
롤 케이크	0.45±0.05

고율배합과 저율배합

설탕 사용량이 밀가루 사용량보다 많고, 전체 액체가 설탕 사용량보다 많으면 고율배합이다. 고율배합으로 만든 제품은 신선도가 높고 부드러움이 지속되어 저장성이 좋은 특징이 있다.

1. 고율배합과 저율배합

항목	고율배합	저율배합
믹싱 중 공기 혼입	많다.	적다.
반죽의 비중	낮다.	높다.
화학 팽창제 사용량	줄인다.	늘린다.
굽기 온도	저온 장시간 굽는 오버 베이킹	고온 단시간 굽는 언더 베이킹

2. 언더 베이킹과 오버 베이킹

언더 베이킹	오버 베이킹
높은 온도의 오븐에서 굽는 현상	낮은 온도의 오븐에서 굽는 현상
윗면이 볼록하게 올라오고 터짐	윗면이 평평하게 됨
제품에 수분이 많이 남는다.	제품에 수분이 적게 남는다.
속이 익지 않은 경우 가라앉는다.	노화가 빠르다.

반죽의 pH(산도)

0 6

1. pH란?

❶ 용액의 수소 이온 농도를 나타내며 범위는 pH 1~14로 표시한다.

❷ pH 7을 중성으로 하여 수치가 pH 1에 가까워지면 산도가 커진다.

❸ pH 14에 가까워지면 알칼리도가 커진다.

❹ pH 1의 차이는 수소 이온 농도가 10배 차이가 난다. 그러므로 pH의 수치가 1 상승할 때마다 10배가 희석된다.

1		7		14
산성 ←		→ 중성 ←		→ 알칼리성

2. 제품별 적정 pH

제품명	반죽의 pH	제품명	반죽의 pH
데블스 푸드 케이크	8.5~9.2	초콜릿 케이크	7.8~8.8
화이트 레이어 케이크	7.4~7.8	스펀지 케이크	7.3~7.6
옐로 레이어 케이크	7.2~7.6	파운드 케이크	6.6~7.1
엔젤 푸드 케이크	5.2~6.0	과일 케이크	4.4~5.0

3. 산도가 제품에 미치는 영향 : 산은 글루텐을 응고시켜 부피 팽창을 방해하기 때문에 기공은 조밀하고, 당의 열 반응도를 방해하기 때문에 껍질색은 여리다.

산성	알칼리성
너무 고운 기공	거친 기공
여린 껍질색	어두운 껍질색과 속색
연한 향	강한 향
톡 쏘는 신맛	소다 맛
빈약한 제품의 부피	정상보다 제품의 큰 부피

4. 산도 조절

❶ 향과 색을 진하게 하려면 산도가 높아야 하므로 중조를 넣어 알칼리성으로 조절한다.

❷ 향과 색을 연하게 하려면 산도가 낮아야 하므로 주석산 크림, 레몬즙을 넣어 산성으로 조절한다.

5. 재료의 산도

박력분	pH 5.2
설탕	pH 6.5~7.0
흰자	pH 8.8~9
베이킹파우더	pH 6.5~7.5
우유	pH 6.6

제과 제품 정형

1. 팬닝

❶ 분할 팬닝 : 팬에 적정량의 반죽을 팬닝하는 방법에는 틀의 부피를 기준으로 반죽량을 채우는 방법과 틀의 부피를 비용적으로 나누어 반죽의 양을 산출하여 재는 방법이 있다.

2. 팬닝 시 주의 사항

❶ 팬에 반죽의 양이 많으면 윗면이 터지거나 흘러넘친다.

❷ 팬에 반죽의 양이 적으면 모양이 좋지 않다.

❸ 비용적을 알고 팬의 부피를 계산한 후 팬닝을 하여야 알맞은 제품을 얻을 수 있다.

3. 제품별 팬닝량

파운드 케이크	70%
스펀지 케이크	50%
레이어 케이크	60%
푸딩	95%

4. 반죽 계산

❶ 반죽 무게＝틀 부피/비용적

❷ 비용적＝ 틀 부피/반죽 무게

> × **TIP** × 비용적
>
> 반죽을 구울 때 1g당 차지하는 부피

5. 틀 부피 계산

옆면을 가진 원형 팬	밑넓이×높이=반지름×반지름×3.14×높이
옆면이 경사진 원형 팬	평균 반지름×평균 반지름×3.14×높이
옆면이 경사지고 중앙에 경사진 관이 있는 원형 팬	전체 둥근틀 부피-관이 차지한 부피
경사면을 가진 사각 팬	평균 가로×평균 세로×높이
정확한 치수를 측정하기 어려운 팬	유채씨나 물을 담은 후 메스실린더로 부피를 구한다.

6. 제품별 비용적

엔젤 푸드 케이크	4.70cm/g
식빵	3.36cm/g
파운드 케이크	2.40cm/g
스펀지 케이크	5.08cm/g

7. 성형 방법

짜내기	짤주머니에 모양 깍지를 끼우고 철판에 짜서 놓는 방법이다.
찍어내기	반죽을 일정한 두께로 밀어 펴기를 한 후 원하는 모양의 틀을 사용하여 찍어내 평철판에 팬닝을 한다.
접어 밀기	유지를 밀가루 반죽으로 감싼 뒤 밀어 펴고 접는 일을 되풀이하는 방법으로 퍼프 페이스트리 반죽 등의 모양내기에 사용한다.

제품별 성형 방법 및 특징

1. 파운드 케이크 : 밀가루, 설탕, 유지, 달걀 4가지를 각각 1파운드씩 같은 양을 넣어 만든 것에서 유래되었다.

❶ 기본 배합률

밀가루	100
설탕	100
유지	100
달걀	100

❷ 사용 재료의 특성

- 부드러운 제품을 만들고자 할 경우에는 박력분을, 쫄깃한 제품을 만들고자 할 경우는 중력분이나 강력분을 혼합해 사용한다.
- 맛의 변화를 위해 옥수수가루나 보리가루를 섞을 수 있으나 찰옥수수가루는 제품의 내상을 차지게 하기 때문에 사용하지 않는다.
- 크림성과 유화성이 좋은 유지를 사용해야 한다.
- 유지는 쇼트닝, 마가린, 버터, 라드 순으로 크림성과 유화성이 뛰어나 사용하기 좋다.
- 케이크 제조에서 유지는 팽창 기능, 유화 기능, 윤활 기능 등 3가지 기능을 한다.

❸ 제조 공정

믹싱	- 파운드는 반죽형 반죽을 만들 수 있는 제법을 모두 이용할 수 있으나 크림법이 가장 일반적이다. - 유지의 품온인 18~25℃에 소금과 설탕을 넣으면서 크림을 만든다. - 달걀을 서서히 넣으면서 부드러운 크림을 만든다. - 밀가루와 나머지 액체 재료도 넣고 균일한 반죽을 만든다. - 밀가루를 혼합할 때 가볍게 하여 글루텐 발전을 최소화해야 부드러운 조직이 된다. - 반죽의 온도는 20~24℃가 적당하며 비중은 0.75~0.85가 일반적이다.
팬닝	- 파운드 틀을 사용하여 안쪽에 종이를 깔고 틀 높이의 70% 정도만 채운다. - 파운드 케이크는 반죽 1g당 2.4cm³를 차지한다.

굽기	• 반죽의 양이 많은 제품은 107~180℃에서 굽고, 적은 제품은 180~190℃에서 굽는다.
	• 윗면을 자연스럽게 터트려 굽거나, 균일한 터짐을 위하여 칼집을 낸다.
	• 파운드 케이크를 구운 직후 광택제 효과, 착색 효과, 보존기간 개선, 맛의 개선 등을 위해서 노른자에 설탕을 넣고 칠한다.

> × **TIP** ×　파운드 케이크를 구울 때 윗면이 자연적으로 터지는 원인
>
> ○ 반죽에 수분이 불충분
> ○ 설탕 입자가 다 녹지 않음
> ○ 오븐 온도가 높아 껍질이 빨리 생김
> ○ 팬닝 후 장시간 방치하여 표면이 마름

❹ 응용 제품

과일 파운드 케이크	• 파운드 케이크 반죽에 첨가하는 과일의 양은 전체 반죽의 25~50% 정도다.
	• 과일은 건조 과일을 쓰거나 시럽에 담근 과일을 사용한다. 시럽에 담근 과일은 사용 전에 물을 충분히 뺀 뒤 사용한다.
	• 과일을 밀가루에 묻혀 사용하면 과일이 바닥에 가라앉는 것을 방지할 수 있다.
	• 과일류는 믹싱 최종 단계에 넣는다.

2. 스펀지 케이크 : 거품형 반죽 과자의 대표적인 제품으로, 전란을 사용하여 만드는 스펀지 반죽으로 만든다.

❶ 기본 배합률

밀가루	100
달걀	166
설탕	166
소금	2

❷ 사용 재료의 특성

• 부드러운 제품을 만들고자 할 경우에는 박력분을 사용한다.
• 박력분이 없어 중력분을 사용할 때 전분(12% 이하)을 섞어 사용할 수 있다.
• 달걀과 밀가루는 부피를 결정하고 제품의 구조를 형성한다.
• 달걀은 수분을 공급해주며 내상에 색을 낸다.
• 소금은 맛을 내는 데 중요한 역할을 한다.

- 밀가루 사용량을 0.25% 추가
- 물 사용량을 0.75% 추가
- 베이킹파우더를 0.03% 사용
- 유화제를 0.03% 사용

❸ 제조 공정

믹싱	스펀지 케이크 제조에 사용되는 믹싱법은 공립법, 별립법 중에서 선택한다.
팬닝	• 철판, 원형 틀에 60% 정도 반죽을 채운다. • 달걀을 많이 사용한 제품이므로 굽기가 끝나면 즉시 팬에서 꺼내야 냉각 중 과도한 수축을 막을 수 있다.
굽기	스펀지 케이크를 굽는 공정 중에 공기의 팽창, 전분의 호화, 단백질의 응고 등의 물리적 현상들이 일어난다.

❹ 응용 제품

카스텔라	• 반죽의 건조와 옆면 및 밑면의 껍질이 두꺼워지는 것을 방지하기 위해 나무 틀을 사용하여 굽는다. • 굽기 온도는 180~190℃가 적합하다.

3. 롤 케이크 : 기본 배합인 스펀지 케이크보다 수분이 많아야 말 때 표피가 터지지 않게 된다. 그러므로 달걀 사용량이 많아진다.

❶ 제조 공정
- 거품형 반죽에서 전란을 사용하여 만드는 스펀지 반죽으로 만든다.
- 스펀지 반죽을 만드는 제법인 공립법, 별립법, 1단계법에서 선택한다.

❷ 롤 케이크 말 때 표면의 터짐을 방지하는 방법
- 설탕의 일부는 물엿과 시럽으로 대체한다.
- 배합에 덱스트린을 사용하여 점착성을 증가시키면 터짐이 방지된다.
- 팽창이 과도한 경우 팽창제 사용을 감소하거나 믹싱 상태를 조절한다.
- 노른자의 비율이 높은 경우에도 부서지기 쉬우므로 노른자를 줄이고 전란을 증가시킨다.
- 굽기 중 너무 건조시키면 말기를 할 때 부러지기 때문에 오버 베이킹을 하지 않는다.
- 밑불이 너무 강하지 않도록 하여 굽는다.
- 반죽의 비중이 너무 높지 않게 믹싱을 한다.

- 반죽 온도가 낮으면 굽는 시간이 길어지므로 온도가 너무 낮지 않도록 한다.
- 배합에 글리세린을 첨가해 제품에 유연성을 부여한다.

4. 엔젤 푸드 케이크 : 달걀의 거품을 이용한다는 측면에서 스펀지 케이크와 유사한 거품형 제품이지만, 전란 대신에 흰자를 사용하는 것이 다르다. 엔젤 푸드 케이크는 케이크류에서 반죽 비중이 제일 낮다.

❶ 기본 배합률

밀가루	15~18%
흰자	40~50%
주석산 크림	0.5~0.62%
소금	0.37~0.5%
설탕	30~42%

❷ 배합률 조절 공식
- 밀가루 15% 선택 시 흰자 50%를, 밀가루 18% 선택 시 흰자 40%를 교차 선택한다.
- 주석산 크림(산 작용제)과 소금의 합이 1%가 되게 선택한다.
- 설탕=100-(흰자+밀가루+주석산 크림+소금의 양)
- 정백당=설탕X2/3
- 분설탕=설탕X1/3

❸ 사용 재료의 특성
- 표백이 잘된 특급 박력분을 사용한다.
- 주석산 크림은 흰자의 알칼리성을 중화시켜 튼튼한 거품을 만든다.
- 머랭과 함께 주석산 크림을 섞는 산 전처리법은 튼튼하고 탄력 있는 제품을 만들 때 사용한다.
- 밀가루와 함께 주석산 크림을 섞는 산 후처리법은 부드러운 기공과 조직을 가진 제품을 만들 때 사용한다.
- 전체 설탕의 양에서 머랭을 만들 때에는 2/3를 정백당의 형태로 넣고, 밀가루와 함께 넣을 때는 1/3을 분설탕의 형태로 넣는다.

> **× TIP × 주석산 크림**
>
> 흰자의 알칼리성을 낮추어 산성으로 만드는 산 작용제이다. 등전점에 가까울 때 흰자는 탄력성이 커지며 흰자가 만든 머랭도 튼튼해져서 사그라지지 않는다. pH가 낮아지면 당의 캐러멜화 반응이 늦어져 제품의 색이 흰색으로 밝아진다. 식초, 레몬즙, 과일즙 등으로 대신할 수도 있다.

❹ 제조 공정

믹싱	머랭 반죽 만들기의 제조법으로 제조가 가능하며 주석산 크림의 넣는 시기에 따란 산 전처리법, 산 후처리법으로 부른다.
팬닝	틀에 이형제로 물을 분무한 후 60~70% 정도 반죽을 채운다.
굽기	오버 베이킹 시 제품의 수분 손실량이 많다.

> × **TIP** ×　이형제
>
> 반죽을 구울 때 달라붙지 않게 하고 모양을 그대로 유지하기 위하여 사용하는 재료이다. 시퐁 케이크와 엔젤 푸드 케이크는 이형제로 물을 사용한다.

5. 퍼프 페이스트리 : 유층 반죽 과자의 대표적인 제품으로 프렌치 파이라고도 한다.

❶ 기본 배합률

밀가루	100
유지	100
물	50
소금	1~3

❷ 재료의 특성

- 이스트를 사용하지 않는 제품이지만 양질의 강력분을 사용한다.
- 강력분을 사용하는 이유는 많은 양의 유지를 지탱하고 여러 차례에 걸친 접기와 밀기 공정에도 반죽과 유지의 층을 분명하게 형성해야 하기 때문이다.
- 박력분을 사용하면 글루텐 강도가 약해서 반죽이 잘 찢어지고 균일한 유지층을 만들기 어렵다.
- 유지는 본반죽에 넣는 것과 충전용으로 나누는데, 충전용이 많을수록 결이 분명해지고 부피도 커지지만 밀어 펴기가 어려워진다.
- 본반죽에 넣는 유지를 증가시킬수록 밀어 펴기는 쉽게 되지만 결이 나빠지고 부피가 줄게 되므로 총반죽의 양을 기준으로 50% 미만으로 사용한다.
- 특히 충전용 유지는 가소성 범위가 넓어야 한다.

❸ 제조 공정

반죽	• 반죽형(스코틀랜드식) : 유지를 깍두기 모양으로 잘라 물, 밀가루와 섞어 반죽한다. 작업이 편리한 대신 덧가루가 많이 들고, 제품이 단단하다. • 접기형(프랑스식) : 밀가루, 유지, 물로 반죽을 만든 후 여기에 유지를 넣어서 밀어 편다. 결이 균일하고 부피가 커진다.
정형	• 반죽 후 휴지를 시킬 때 휴지의 완료점은 손가락으로 살짝 눌렀을 때 자국이 남아 있다. • 전체적으로 똑같은 두께로 밀어 편다. • 예리한 칼을 이용해 파지가 최소한이 되도록 원하는 모양으로 자른다. • 굽기 전 20분 정도 실온 휴지시킨다.
굽기	• 구울 때 색이 날 때까지 오븐 문을 열지 않는다. 색이 나기 전에 열면 주저앉기 쉽다. • 굽는 온도가 낮으면 글루텐이 말라 신장성이 줄고 증기압이 발생해 부피가 작고 묵직해진다. • 굽는 온도가 높으면 껍질이 먼저 생겨 글루텐의 신장성이 작은 상태에서 팽창이 일어나 제품이 갈라진다.

> **× TIP ×   퍼프 페이스트리 반죽을 냉장고에서 휴지시키는 목적**
>
> ○ 반죽을 연화 및 이완시켜 밀어 펴기를 용이하게 한다.
> ○ 믹싱과 밀어 펴기로 손상된 글루텐을 재정돈시킨다.
> ○ 반죽과 유지의 되기를 같게 하여 층을 분명히 한다.
> ○ 정형을 하기 위해 반죽을 절단 시 수축을 방지한다.

❹ 결함과 원인

굽는 동안 유지가 흘러나오는 경우	• 밀어 펴기를 잘못했다. • 박력분을 사용했다. • 오븐의 온도가 지나치게 높거나 낮았다. • 오래된 반죽을 사용했다.
불규칙하거나 팽창이 부족한 경우	• 휴지 시간이 부족했다. • 예리하지 못한 칼을 사용했다. • 덧가루를 많이 사용했다. • 수분이 없는 경화 쇼트닝을 사용했다. • 오븐의 온도가 너무 높거나 낮았다. • 밀어 펴기를 잘못했다.

6. 케이크 도넛 : 화학 팽창제를 사용하여 팽창시키며 도넛의 껍질 안쪽 부분이 보통의 케이크와 조직이 비슷하여 붙여진 이름이다.

❶ 사용 재료의 특성
• 밀가루는 중력분을 쓰며 팽창제, 설탕, 분유 등을 섞는다.
• 노른자의 레시틴은 유화제 역할을 한다.
• 달걀은 구조 형성 재료로, 도넛을 튼튼하게 하며 수분을 공급한다.

❷ 제조 공정

반죽	• 공립법으로 제조하며, 크림법으로 반죽을 만들기도 한다. • 반죽 온도 : 22~24℃
정형	• 실온 휴지 후 정형한다. • 튀김 온도 : 185~195℃ • 적정 길이 : 12~15cm 정도
마무리	• 마무리로는 충전과 아이싱을 한다. • 도넛이 식기 전에 도넛 글레이즈를 49℃로 중탕하여 토핑한다. • 초콜릿이나 퐁당을 아이싱한 후 굳기 전에 코코넛, 호두가루, 땅콩을 묻히거나 뿌리기도 한다. • 도넛 설탕이나 계피 설탕은 점착력이 큰 온도에서 뿌린다. • 커스터드 크림은 냉각 후 충전하고 냉장고에 보관한다. • 초콜릿은 중탕으로 녹인 후에 퐁당은 40℃ 정도로 가온하여 아이싱한다.

> **× TIP ×   휴지의 효과**
>
> ◯ 이산화탄소가 발생하여 반죽이 부풀어 오른다.
> ◯ 각 재료에 수분이 흡수된다.
> ◯ 표피가 잘 마르지 않는다.
> ◯ 밀어 펴기가 쉬워진다.

❸ 결함과 원인 : 도넛에 묻힌 설탕이나 글레이즈가 수분에 녹아 시럽처럼 변하는 발한 현상이 생길 수 있다.

발한 현상에 대한 대처	• 설탕 사용량을 늘린다. • 40℃ 전후로 충분히 식히고 나서 아이싱한다. • 튀김 시간을 늘려 도넛의 수분 함량을 줄인다. • 설탕 점착력이 높은 스테아린을 첨가한 튀김 기름을 사용한다. • 도넛의 수분 함량을 21~25%로 한다.

도넛에 기름이 많은 원인	• 설탕, 유지, 팽창제의 사용량이 많았다. • 튀김 시간이 길었다. • 지친 반죽이나 어린 반죽을 썼다. • 묽은 반죽을 썼다. • 튀김 온도가 낮았다.
도넛의 부피가 작은 원인	• 반죽 온가 낮았다. • 반죽 후 튀기기까지 시간이 오래 걸렸다. • 성형 중량이 미달됐다. • 튀김 시간이 짧았다. • 강력분을 썼다.

7. 레이어 케이크 : 반죽형 반죽 과자의 대표적인 제품으로 설탕 사용량이 밀가루 사용량보다 많은 고율배합 제품이다.

❶ 재료 사용 범위

재료	화이트 레이어	옐로 레이어	데블스 푸드	초코릿 케이크
	사용량(%)	사용량(%)	사용량(%)	사용량(%)
밀가루	100	100	100	100
설탕	100~160	100~140	100~180	100~180
쇼트닝	30~70	30~70	30~70	30~70
달걀흰자	흰자=쇼트닝×1.43	흰자=쇼트닝×1.43	흰자=쇼트닝×1.43	흰자=쇼트닝×1.43
탈지분유	변화	변화	변화	변화
물	변화	변화	변화	변화
베이킹파우더	2~6	2~3	2~6	2~6
소금	1~3	1~3	2~3	2~3
주석산 크림	0.5	-	-	-
향료	0.5~1.0	0.5~1.0	0.5~1.0	0.5~1.0
유화제	6~8	6~8	2~6	2~6

배합률 조정 순서 1. 설탕 및 쇼트닝 사용량 결정 2. 달걀의 양 산출 3. 우유의 양 산출 4. 분유의 양 산출 5. 물의 양 산출	• 흰자=쇼트닝×1.43 • 우유=설탕+30-흰자 • 분유=우유×0.1 • 물=우유×0.9 • 주석산 크림 : 0.5% • 설탕 : 110~160%	• 달걀=쇼트닝×1.1 • 우유=설탕+25-달걀 • 분유=우유×0.1 • 물=우유×0.9 • 설탕 : 110~140%	• 달걀=쇼트닝×1.1 • 우유=설탕+30+(코코아×1.5)-달걀 • 분유=우유×0.1 • 물=우유×0.9 • 설탕 : 110~180% • 중조=천연 코코아×7% • 베이킹파우더=원래 사용하던 양-(중조×3)	• 달걀=쇼트닝×1.1 • 우유=설탕+30+(코코아×1.5)-달걀 • 분유=우유×0.1 • 물=우유×0.9 • 설탕 : 110~180% • 초콜릿=코코아+카카오 버터 • 코코아=초콜릿의 양×62.5% • 카카오 버터=초콜릿의 양×37.5% • 조절한 유화 쇼트닝=원래 유화 쇼트닝-(카카오 버터×1/2)

❸ 제조 공정

믹싱	• 반죽형 반죽을 만들 수 있는 제법 모두 이용할 수 있으나 크림법이 가장 일반적이다. 단, 데블스 푸드 케이크는 블렌딩법으로 제조한다. • 반죽 온도 24℃, 반죽 비중 0.85~0.9
팬닝	• 팬의 55~60% 정도 반죽을 채운다.
굽기	• 온도 180℃, 시간 25~35분

8. 사과 파이 : 미국을 대표하는 음식으로 일명 아메리칸 파이라고도 하고 쇼트 페이스트리라고도 한다.

❶ 사용 재료의 특성
• 밀가루는 비표백 중력분을 쓰거나 박력분 60%와 강력분 40%를 섞어 쓰기도 한다.
• 유지는 가소성이 높은 쇼트닝 또는 파이용 마가린을 쓴다. 유지의 사용량은 밀가루를 기준으로 40~80%이다.
• 착색제로는 설탕, 포도당, 물엿, 분유, 버터, 달걀칠 등을 사용할 수 있는데, 그중 가장 적은 양으로 착색 효과를 낼 수 있는 재료는 탄산수소나트륨이다.

❷ 제조 공정

반죽	• 밀가루와 유지를 섞어 유지의 입자가 콩알 크기가 될 때까지 다진다(유지의 입자 크기에 따라 파이의 결이 결정된다). • 소금, 설탕, 분유 등을 찬물에 녹여 밀가루와 유지를 섞은 볼에 넣고 물기가 없어질 때까지 반죽한다. • 15℃ 이하의 온도에서 4~24시간 휴지시킨다.
내용물 준비	• 사과는 껍질, 씨, 속을 제거하고 알맞게 잘라 설탕물에 담갔다가 건져둔다. • 버터를 제외한 모든 재료를 가열하여 풀 상태가 되도록 전분을 호화시킨다. • 적절한 되기가 되면 버터를 넣어 혼합한다. • 잘라둔 사과를 버무린다. • 파이 껍질에 담을 때까지 20℃ 이하로 식힌다.
성형	• 휴지된 반죽을 파이 팬에 맞게 알맞은 두께로 밀어서 팬에 깐다. • 사과 충전물을 평평하게 고르며 팬에 담는다. • 윗껍질을 밀어서 구멍을 낸 후 가장자리에 잘 붙게 물을 묻혀서 덮고 테두리는 모양을 잡아준다. • 노른자를 풀어서 윗면에 발라 껍질색을 좋게 한다. • 파이 껍질 성형 : 성형하기 전에 15℃ 이하에서 적어도 4~24시간 저장한다.
굽기	• 윗불 220℃, 밑불180℃, 시간 25~30분

× **TIP** ×　파이를 냉장고에서 휴지시키는 이유

○ 반죽을 연화 및 이완시킨다.
○ 유지와 반죽의 굳은 정도를 같게 한다.
○ 재료를 수화시킨다.
○ 끈적거림을 방지하여 작업성을 좋게 한다.

× **TIP** ×　충전물이 끓어넘치는 원인

○ 껍질에 수분이 많았다.
○ 껍질에 구멍을 뚫지 않았다.
○ 충전물의 온도가 높다.
○ 천연산이 많이 든 과일을 썼다.
○ 위, 아래 껍질을 잘 붙이지 않았다.
○ 오븐의 온도가 낮다.
○ 바닥 껍질이 얇다.

9. 쿠키 : 케이크 반죽에 밀가루의 양을 증가시켜 수분이 5% 이하로 적고 크기가 작은 건과자와 케이크 반죽을 그대로 사용하여 수분이 30% 이상으로 많고 크기가 작은 생과자를 말한다.

❶ 쿠키의 특성

- 쿠키의 반죽 온도 : 18~24℃
- 포장과 보관 온도 : 10℃

❷ 쿠키의 퍼짐

쿠키의 퍼짐을 좋게 하기 위한 조치	• 팽창제를 사용한다. • 입자가 큰 설탕을 사용한다. • 알칼리 재료의 사용량을 늘린다. • 오븐 온도를 낮게 한다.
쿠키의 퍼짐이 큰 원인	• 묽은 반죽 • 유지 과다 사용 • 팽창제 과다 사용 • 알칼리성 반죽 • 설탕 과다 사용 • 낮은 오븐 온도
쿠키의 퍼짐이 작은 원인	• 된 반죽 • 유지 적게 사용 • 믹싱 과다 • 산성 반죽 • 설탕 적게 사용 • 높은 오븐 온도

❸ 반죽의 특성에 따른 분류

- 반죽형 반죽 쿠키

드롭 쿠키	• 달걀의 사용량이 많아 반죽형 쿠키 중에서 수분이 가장 많은 부드러운 쿠키 • 종류에는 버터 스카치 쿠키, 오렌지 쿠키 등이 있다 • 짤주머니로 짜서 성형한다.
스냅 쿠키	• 달걀 사용량이 적으며, 낮은 온도에서 오래 굽는다. • 밀어 펴서 성형기로 찍어 제조한다. • 식감은 찐득찐득하다.
쇼트 브레드 쿠키	• 스냅 쿠키와 배합이 비슷하다. • 밀어 펴서 성형기로 찍어 제조한다. • 식감은 부드럽고 바삭바삭하다.

- 거품형 반죽 쿠키

스펀지 쿠키	• 달걀의 전란을 사용하며 쿠키 중에서 수분이 가장 많은 쿠키 • 짤주머니로 짜서 성형한다. • 종류에는 핑거 쿠키가 있다.
머랭 쿠키	• 흰자와 설탕을 휘핑한 머랭으로 만든 쿠키로 낮은 온도에서 건조 • 성형은 짤주머니로 짜서 성형한다. • 아몬드 분말과 코코넛을 넣으면 마카롱이 된다.

❹ 제조 특성에 따른 분류

밀어 펴서 정형하는 쿠키	스냅 쿠키나 쇼트 브레드 쿠키처럼 밀어 펴는 쿠키로 충분히 휴지시킨 후 균일한 두께로 밀어 펴 정형기로 찍어낸다.
짜는 형태의 쿠키	드롭 쿠키나 거품형 반죽 쿠키처럼 짤주머니로 모양과 크기를 균일하게 짠다.
냉동 쿠키	유지가 많은 배합의 쿠키 반죽을 냉동고에서 굳혀 자른다.
판에 정형하는 쿠키	철판에 올려놓은 틀에 아주 묽은 반죽을 흘려 넣어 모양을 만들어 굽는다.

10. **슈** : 모양이 양배추 같다고 해서 슈라고 부르며, 텅 빈 내부에 크림을 넣으므로 슈크림이라고도 한다. 다른 반죽과 달리 밀가루를 먼저 익힌 뒤 굽는 것이 특징이다. 물, 유지, 밀가루, 달걀을 기본 재료로 해서 만들고 기본 재료에는 설탕이 들어가지 않는다.

❶ 제조 공정

반죽	• 물에 소금과 유지를 넣고 센 불에서 끓인다. • 밀가루를 넣고 완전히 호화될 때까지 젓는다. • 60~65℃로 냉각시킨 다음, 달걀을 소량씩 넣으면서 매끈한 반죽을 만든 후 베이킹파우더를 넣고 균일하게 혼합한다.
팬닝	• 평철판 위에 짠 후 굽기 중에 껍질이 너무 빨리 형성되는 것을 막기 위해 분무하여 침지시킨다.
굽기	• 초기에는 밑불을 높여 굽다가 표피가 거북이 등처럼 되고 밝은 갈색이 나면 밑불을 줄이고 윗불을 높여 굽는다. • 찬 공기가 들어가면 슈가 주저앉게 되므로 팽창 과정 중에 오븐 문을 자주 여닫지 않도록 한다.

> **× TIP ×** 슈 반죽에 설탕이 들어가면 일어나는 현상
>
> ◌ 상부가 둥글게 된다. ◌ 내부의 구멍 형성이 좋지 않다. ◌ 표면에 균열이 생기지 않는다.

제과 제품 굽기

1. 굽기

굽기 손실률=(굽기 전 반죽 무게-굽기 후 반죽 무게)/굽기 전 반죽 무게×100

2. 튀기기

튀김 기름의 온도	• 표준 온도 : 185~195℃ • 튀김 기름의 온도가 낮으면 너무 많이 부풀어 껍질이 거칠고 기름이 많이 흡수된다.
튀김 기름의 4대 적	• 온도, 수분, 공기, 이물질 • 튀김 기름의 가수분해나 산화를 가속시켜 산패를 가져온다.
튀김 기름의 조건	• 부드러운 맛과 엷은 색을 띤다. • 가열 시 푸른 연기가 나며 발연점이 높아야 한다. • 이상한 맛이나 냄새가 나지 않아야 한다. • 산패에 대한 안정성이 있어야 한다. • 산가가 낮아야 한다. • 여름에는 융점이 높고 겨울에는 융점이 낮아야 한다.

3. 찌기

캐러멜화 반응	설탕 성분이 높은 온도에서 껍질이 갈색으로 변하는 반응
마이야르 반응	당에서 분해된 환원당과 단백질에서 분해된 아미노산이 결합하여 껍질이 갈색으로 변하는 반응으로 낮은 온도에서 진행되며 캐러멜화에서 생성되는 향보다 중요한 역할을 한다.
메일라드(마이야르, 아미노 카르보닐) 반응에 영향을 주는 요인	온도, 수분, pH, 당의 종류, 반응 물질의 농도 등으로 pH가 알칼리성으로 기울수록 갈색화 반응 속도가 빨라진다.

기출문제

01 다음 중 반죽형 케이크의 반죽 제조법에 해당하는 것은?

① 공립법　　　　　　② 별립법
③ 머랭법　　　　　　④ 블렌딩법

02 반죽형 케이크의 반죽 제조법에 대한 설명이 틀린 것은?

① 크림법 : 유지와 설탕을 넣어 가벼운 크림 상태로 만든 후 달걀을 넣는다.
② 블렌딩법 : 밀가루와 유지를 넣고 유지에 의해 밀가루가 가볍게 피복되도록 한 후 건조, 액체 재료를 넣는다.
③ 설탕/물 반죽법 : 건조 재료를 혼합한 후 설탕 전체를 넣어 포화 용액을 만드는 방법이다.
④ 1단계법 : 모든 재료를 한꺼번에 넣고 믹싱하는 방법이다.

03 과자 반죽 믹싱법 중에서 크림법은 어떤 재료를 먼저 믹싱하는 방법인가?

① 설탕과 쇼트닝　　　② 밀가루와 설탕
③ 달걀과 설탕　　　　④ 달걀과 쇼트닝

04 스펀지 케이크 제조 시 덥게 하는 방법으로 사용할 때 달걀과 설탕은 몇 ℃로 중탕하고 혼합하는 것이 가장 적당한가?

① 30℃　　　　　　　② 43℃
③ 10℃　　　　　　　④ 25℃

05 달걀흰자를 이용한 머랭 제조 시 좋은 머랭을 얻기 위한 방법이 아닌 것은?

① 사용 용기 내에 유지가 없어야 한다.
② 머랭의 온도를 따뜻하게 한다.
③ 달걀노른자를 첨가한다.
④ 주석산 크림을 넣는다.

06 고율배합 제품과 저율배합 제품의 비중을 비교해본 결과 일반적으로 맞는 것은?

① 고율배합 제품의 비중이 높다.
② 저율배합 제품의 비중이 높다.
③ 비중의 차이는 없다.
④ 제품의 크기에 따라 비중은 차이가 있다.

07 다음 설명 중 저율배합에 대한 고율배합의 상대적 비교로 틀린 것은?

① 고율배합은 믹싱 중 공기 혼입이 적은 편이다.
② 고율배합의 비중은 낮아진다.
③ 고율배합에는 화학 팽창제의 사용량을 감소한다.
④ 고율배합의 제품은 상대적으로 낮은 온도에서 오래 굽는다.

08 실내 온도 25℃, 밀가루 온도 25℃, 설탕 온도 25℃, 유지 온도 20℃, 달걀 온도 20℃, 수돗물 온도 23℃, 마찰계수 21℃, 반죽 희망 온도가 22℃라면 사용할 물의 온도는?

① -4℃
② -1℃
③ 0℃
④ 8℃

05 해설

머랭 제조 시 달걀노른자를 첨가하면 노른자의 지방이 흰자와 단백질 기포 생성을 방해한다.

정답 : ③

06 해설

고율배합에는 설탕, 유지, 달걀이 많이 들어가므로 공기포집이 잘되어 비중이 낮다.

정답 : ②

07 해설

고율배합 믹싱 중 공기 혼입이 많다.

정답 : ①

08 해설

사용할 물의 온도=(반죽 희망 온도×6)-(실내 온도+밀가루 온도+설탕 온도+유지 온도+달걀 온도+마찰계수)

정답 : ①

09 해설

케이크 반죽의 혼합 완료 정도는 반죽에 혼입되어 있는 공기의 함유량을 확인하는 반죽의 비중 측정으로 알 수 있다.

정답 : ③

09 케이크 반죽의 혼합 완료 정도는 무엇으로 알 수 있는가?

① 반죽의 온도
② 반죽의 점도
③ 반죽의 비중
④ 반죽의 색상

10 해설

열린 기공과 거친 조직감을 갖게 되는 원인

- 적정 온도보다 낮은 온도에서 굽기
- 오버 믹싱된 낮은 비중의 반죽으로 제조
- 달걀 이외의 액체 재료 함량이 낮게 배합
- 품질이 좋은 달걀을 배합에 사용

정답 : ②

10 공립법으로 제조한 케이크의 최종 제품이 열린 기공과 거친 조직감을 갖게 되는 원인은?

① 적정 온도보다 높은 온도에서 굽기
② 오버 믹싱된 낮은 비중의 반죽으로 제조
③ 달걀 이외의 액체 재료 함량이 높게 배합
④ 품질이 낮은(오래된) 달걀을 배합에 사용

11 해설

비중=(반죽의 무게-컵의 무게)/(물의 무게-컵의 무게)

정답 : ②

11 40g 계량컵에 물을 가득 채웠더니 240g이었다. 과자 반죽을 넣고 달아보니 220g이 되었다면 이 반죽의 비중은 얼마인가?

① 0.85
② 0.9
③ 0.92
④ 0.8

12 해설

- 스펀지 케이크 : 5.08
- 파운드 케이크 : 2.40
- 레이어 케이크류 : 2.96
- 엔젤 푸드 케이크 : 4.70

정답 : ①

12 다음 중 비용적이 가장 큰 케이크는?

① 스펀지 케이크
② 파운드 케이크
③ 화이트 레이어 케이크
④ 엔젤 푸드 케이크

13 해설

오버 베이킹의 정의와 완제품에 미치는 영향

- 낮은 온도에서 긴 시간 동안 구운 것이다.
- 완제품의 수분 함량이 적어 제품의 노화가 빨리 진행된다.
- 완제품의 윗면이 평평하고 조직이 부드럽다.

정답 : ②

13 오버 베이킹에 대한 설명 중 옳은 것은?

① 높은 온도에서 짧은 시간 동안 구운 것이다.
② 제품의 노화가 빨리 진행된다.
③ 수분 함량이 많다.
④ 가라앉기 쉽다.

14 튀김에 기름을 반복 사용할 경우 일어난 주요한 변화 중 틀린 것은?

① 산가의 증가
② 과산화물가의 증가
③ 점도의 증가
④ 발연점의 상승

15 반죽형 케이크를 구웠더니 너무 가볍고 부서지는 현상이 나타났다. 그 원인이 아닌 것은?

① 반죽에 밀가루의 양이 많았다.
② 반죽의 크림화가 지나쳤다.
③ 팽창제 사용량이 많았다.
④ 쇼트닝 사용량이 많았다.

16 화이트 레이어 케이크 제조 시 주석산 크림을 사용하는 목적과 거리가 먼 것은?

① 흰자를 강하게 하기 위하여
② 껍질색을 밝게 하기 위하여
③ 속색을 하얗게 하기 위하여
④ 제품의 색깔을 진하게 하기 위하여

17 밀가루 100%, 달걀 166%, 설탕 166%, 소금 2%인 배합률은 어떤 케이크 제조에 적당한가?

① 파운드 케이크
② 옐로 레이어 케이크
③ 스펀지 케이크
④ 엔젤 푸드 케이크

14 해설

튀김 기름을 반복해서 사용하면 푸른 연기가 발생하는 지점, 즉 발연점이 낮아진다. 튀김 기름은 이중결합이 있는 불포화 지방산의 불포화도가 높아 튀김 시 공기 중에서 산소를 흡수하여 산화, 축합의 발생이 늘어나면서 차차 점성이 증가한다.

• 산가는 유지 1g에 함유되어 있는 유리지방산을 중화하는 데 필요한 수산화칼륨의 mg 수이다
• 과산화물가는 유지 1kg에 함유된 과산화물의 밀리몰 수로 표시한다.

정답 : ④

15 해설

밀가루는 제품의 모양과 형태를 유지시키는 구조 형성 기능을 하므로, 반죽에 밀가루의 양이 많아지면 제품이 잘 부서지지 않는다.

정답 : ①

16 해설

제품의 색깔을 진하게 하기 위하여 사용하는 pH 조절제는 중조이다.

정답 : ④

17 해설

자주 출제되는 제품의 기본 재료와 기본 배합비
• 파운드 케이크 : 밀가루 100%, 설탕 100%, 유지 100%, 달걀 100%
• 퍼프 페이스트리 : 밀가루 100%, 유지 100%, 물 50%, 소금 2%
• 스펀지 케이크 : 밀가루 100%, 설탕 166%, 달걀 166%, 소금 2%

정답 : ③

18 해설

오버 베이킹(낮은 오도에서 장시간 굽기)이 되면 완제품의 수분 함량이 적어져 말기를 하면 롤 케이크의 표면이 터진다.

정답 : ③

19 해설

충전용 유지가 많을수록 반죽의 밀어 펴기가 어려워지나 본반죽에 넣은 유지를 증가시킬수록 밀어 펴기가 쉬워진다.

정답 : ②

20 해설

튀김 온도는 기름의 발연점보다는 낮으면서 도넛의 흡유량이 적은 높은 온도가 적당한 범위이다.

정답 : ③

21 해설

도넛 글레이즈 사용 시 온도는 49℃ 전후가 좋다.

정답 : ①

22 해설

쿠키의 모양과 형태를 파괴하는 유지, 설탕, 화학 팽창제의 지나친 사용량 증가는 쿠키의 과도한 퍼짐 원인이 된다.

정답 : ②

18 롤 케이크를 말 때 표면이 터지는 결점을 방지하기 위한 조치 방법이 아닌 것은?

① 덱스트린을 적당량 첨가한다.
② 노른자를 줄이고 전란을 증가시킨다.
③ 오버 베이킹이 되도록 한다.
④ 설탕의 일부를 물엿으로 대체한다.

19 퍼프 페이스트리 제조 시 다른 조건이 같을 때 충전용 유지에 대한 설명으로 틀린 것은?

① 충전용 유지가 많을수록 결이 분명해진다.
② 충전용 유지가 많을수록 밀어 펴기가 쉬워진다.
③ 충전용 유지가 많을수록 부피가 커진다.
④ 충전용 유지가 많을수록 가소성 범위가 넓은 파이용이 적당하다.

20 도넛의 튀김 온도로 가장 적당한 범위는?

① 140~156℃　　　　② 160~176℃
③ 180~195℃　　　　④ 220~236℃

21 도넛 글레이즈의 사용 온도로 적당한 것은?

① 49℃　　　　② 39℃
③ 29℃　　　　④ 19℃

22 다음 중 쿠키의 과도한 퍼짐 원인이 아닌 것은?

① 반죽의 되기가 너무 묽을 때
② 유지 함량이 적을 때
③ 설탕 사용량이 많을 때
④ 굽는 온도가 너무 낮을 때

23 슈에 대한 설명으로 틀린 것은?

① 팬닝 후 반죽 표면에 물을 분사하여 오븐에서 껍질이 형성되는 것을 지연시킨다.
② 껍질 반죽은 액체 재료를 많이 사용하기 때문에 굽기 중 증기 발생으로 팽창한다.
③ 오븐의 열 분배가 고르지 않으면 껍질이 약하여 주저앉는다.
④ 기름칠이 적으면 껍질 밑부분이 접시 모양으로 올라오거나 위와 아래가 바뀐 모양이 된다.

24 실내 온도 30℃, 실외 온도 35℃, 밀가루 온도 24℃, 설탕 온도 20℃, 쇼트닝 온도 20℃, 달걀 온도 24℃, 마찰계수가 22이다. 반죽 온도가 25℃가 되기 위해서 필요한 물의 온도는?

① 8℃
② 9℃
③ 10℃
④ 12℃

25 케이크 반죽이 30L 용량의 그릇 10개에 가득 차 있다. 이것으로 분할 반죽 300g짜리 600개를 만들었다. 이 반죽의 비중은?

① 0.8
② 0.7
③ 0.6
④ 0.5

26 다음 중 케이크 제품의 부피 변화에 대한 설명이 틀린 것은?

① 달걀은 혼합 중 공기를 보유하는 능력을 가지고 있으므로 달걀이 부족한 반죽은 부피가 줄어든다.
② 크림법으로 만드는 반죽에 사용하는 유지의 크림성이 나쁘면 부피가 작아진다.
③ 오븐 온도가 높으면 껍질 형성이 빨라 팽창에 제한을 받아 부피가 작아진다.
④ 오븐 온도가 높으면 지나친 수분의 손실로 부피가 작아진다.

27 해설

팬 종이가 팬 높이보다 높으면 높은 만큼 제품의 가장자리에 그림자 현상이 생겨 착색이 여리게 된다.

정답 : ①

28 해설

노른자 비율이 높은 경우 유연성이 떨어지므로 노른자를 줄이고 전란의 비율을 높인다.

정답 : ①

29 해설

소프트 롤 케이크는 냉각 후 생크림, 버터 크림을 바르고 말기를 하는 제품이므로 저온 처리 후 말지만 겉면이 터지는 경우의 조치 사항과는 관계없다.

정답 : ③

30 해설

쿠키 반죽이 알칼리가 되면 제품의 모양과 형태를 유지시키는 단백질이 용해되어 쿠키가 잘 펴지게 된다.

정답 : ③

31 해설

흰자를 거품내면서 114~118℃로 끓인 시럽을 부어 만든 머랭은 이탈리안 머랭이다.

정답 : ④

27 젤리 롤 케이크 반죽을 만들어 팬닝하는 방법으로 틀린 것은?

① 넘치는 것을 방지하기 위하여 팬 종이는 팬 높이보다 2cm 정도 높게 한다.
② 평평하게 팬닝하기 위해 고무주걱 등으로 윗부분을 마무리한다.
③ 기포가 꺼지므로 팬닝은 가능한 한 빨리한다.
④ 철판에 팬닝하고 볼에 남은 반죽으로 무늬 반죽을 만든다.

28 젤리 롤 케이크를 말 때 터지는 경우가 발생하면 조치할 사항이 아닌 것은?

① 달걀에 노른자를 추가시켜 사용한다.
② 설탕의 일부를 물엿으로 대체한다.
③ 덱스트린의 점착성을 이용한다.
④ 팽창이 과도한 경우에는 팽창제 사용량을 감소시킨다.

29 소프트 롤을 말 때 겉면이 터지는 경우 조치 사항이 아닌 것은?

① 팽창이 과도한 경우 팽창제 사용량을 감소시킨다.
② 설탕의 일부를 물엿으로 대체한다.
③ 저온 처리하여 말기를 한다.
④ 덱스트린의 점착성을 이용한다.

30 쿠키가 잘 퍼지지(Spread) 않는 이유가 아닌 것은?

① 고운 입자의 설탕 사용
② 과도한 믹싱
③ 알칼리 반죽 사용
④ 너무 높은 굽기 온도

31 흰자를 거품내면서 뜨겁게 끓인 시럽을 부어 만든 머랭은?

① 냉제 머랭   ② 온제 머랭
③ 스위스 머랭   ④ 이탈리안 머랭

32 일반적인 케이크 반죽의 팬닝 시 주의점이 아닌 것은?

① 종이 깔개를 사용한다.

② 철판에 넣은 반죽은 두께가 일정하게 되도록 펴준다.

③ 팬에 기름을 많이 바른다.

④ 팬닝 후 즉시 굽는다.

제빵 이해하기

빵이란?

1. 빵의 정의

❶ 밀가루에 이스트, 소금, 물을 넣고 배합하여 만든 반죽을 발효시킨 뒤 오븐에서 구운 것을 말한다.

❷ 설탕, 유지, 달걀 등은 개인적 혹은 민족적 취향에 따라 선택하여 사용한다.

❸ 밀가루, 이스트, 물, 소금은 주재료 혹은 기본 재료라고 한다.

2. 빵의 분류

식빵류	한 끼 식사용으로 먹는 달지 않은 빵
과자빵류	간식용으로 설탕, 유지가 많이 들어가는 빵
특수빵류	튀기기, 찌기 등 익히는 방법이 특수한 빵
조리빵류	빵에 요리를 접목시켜 만든 빵

반죽법의 종류

반죽법은 빵을 만드는 공정에서 반죽을 만드는 공정과 발효를 시키는 공정을 기준으로 스트레이트법, 스펀지법, 액체 발효법으로 분류한다. 그 외는 이 세 가지 반죽법을 약간씩 변형시킨 것이다.

1. 스트레이트법 : 모든 재료를 믹서에 한 번에 넣고 배합하는 방법으로 직접법이라고도 한다.

❶ 제조 공정

A) 배합표 작성

B) 재료 계량 : 배합표대로 신속하게, 정확하게, 청결하게 계량한다.

C) 반죽 만들기

- 유지를 제외한 모든 재료를 밀가루에 넣고 혼합하여 수화시켜 글루텐을 발전시킨다.
- 글루텐이 형성되는 클린업 단계에 유지를 넣는다.
- 반죽 온도는 27℃로 맞춘다.

D) 1차 발효 : 온도 27℃, 상대 습도 75~80%, 시간 1~3시간

> × **TIP** ×　1차 발효 완료점을 판단하는 방법
>
> ○ 처음 반죽 부피의 3~3.5배 증가
> ○ 직물 구조(섬유질 상태) 생성을 확인
> ○ 반죽을 눌렀을 때 조금 오므라드는 상태

E) 펀치

- 발효하기 시작하여 반죽의 부피가 2~2.5배 되었을 때
- 전체 발효 시간의 60%가 지난 때
- 반죽에 압력을 주어 가스를 빼거나 접어서 가스를 뺀다.
- 바게트처럼 장시간 발효하거나 브리오슈처럼 버터가 많은 빵에 볼륨을 줄 때 하면 좋다.

> × **TIP** ×　펀치를 하는 이유
>
> ○ 반죽 온도를 균일하게 해준다.
> ○ 이스트의 활동에 활력을 준다.
> ○ 산소 공급으로 산화, 숙성을 시켜준다.
> ○ 탄력성이 더해지고 글루텐을 강화시킨다.

F) 분할 : 발효가 진행되지 않도록 15~20분 이내에 원하는 양만큼 저울을 사용하여 반죽을 나눈다.

G) 둥글리기 : 발효 중 생긴 큰 기포를 제거하고 반죽 표면을 매끄럽게 한다.

H) 중간 발효 : 온도 27~29℃, 상대 습도 75%, 시간 15~20분

I) 정형 : 원하는 모양으로 만든다.

J) 팬닝 : 팬에 정형한 반죽을 넣을 때 이음매를 밑으로 하여 반죽을 놓는다.

K) 2차 발효 : 온도 35~43℃, 상대 습도 85~90%, 시간 30분~1시간

L) 굽기 : 반죽의 크기, 배합 재료, 제품 종류에 따라 오븐의 온도를 조절한다.

M) 냉각 : 구워낸 빵을 35~40℃로 식힌다.

❷ 장단점(스펀지 도우법과 비교)

장점	단점
• 발효 손실을 줄일 수 있다. • 시설, 장비가 간단하다. • 제조 공정이 단순하다. • 노동력과 시간이 절감된다.	• 잘못된 공정을 수정하기 어렵다. • 노화가 빠르다. • 기계 내성, 발효 내구성이 약하다. • 향미, 식감이 덜하다.

2. **스펀지 도우법** : 처음의 반죽을 스펀지 반죽, 나중의 반죽을 본반죽이라 하여 배합을 두 번하므로 중종법이라고 한다.

❶ 제조 공정

A) 배합표 작성

B) 재료 계량 : 배합표대로 신속하게, 정확하게, 청결하게 계량한다.

C) 스펀지 반죽 만들기

• 반죽 시간 : 저속에서 4~6분

• 반죽 온도 : 22~26℃

• 1단계(혼합 단계)까지 반죽을 만든다.

D) 스펀지 반죽 발효 : 온도 27℃, 상대 습도 75~80%, 시간 3~5시간

> × **TIP** ×   스펀지 반죽 발효의 완료점
>
> ○ 처음 반죽 부피의 4~5배 증가
> ○ 반죽 중앙이 오목하게 들어가는 현상이 생길 때
> ○ pH가 4.8을 나타낼 때
> ○ 반죽 표면은 유백색을 띠며 핀 홀이 생긴다.

E) 도우(본반죽) 만들기 : 스펀지 반죽과 본반죽용 재료를 전부 넣고 섞는다(반죽 온도 : 27℃).

F) 플로어 타임 : 반죽할 때 파괴된 글루텐 층을 다시 재결합시키기 위하여 10~40분 발효시킨다.

> × **TIP** ×   플로어 타임이 길어지는 경우
>
> ○ 본반죽 시간이 길고, 온도가 낮다.
> ○ 스펀지 반죽에 사용한 밀가루의 양이 적다.
> ○ 사용하는 밀가루 단백질의 양과 질이 좋다.
> ○ 본반죽 상태의 처지는 정도가 크다.

G) 분할 : 발효가 진행되지 않도록 15~20분 이내에 원하는 양만큼 저울을 사용하여 반죽을 나눈다.

H) 둥글리기 : 발효 중 생긴 큰 기포를 제거하고, 반죽 표면을 매끄럽게 한다.

I) 중간 발효 : 온도 27~29℃, 상대 습도 75%, 시간 15~20분

J) 정형 : 원하는 모양으로 만든다.

K) 팬닝 : 팬에 정형한 반죽을 넣을 때 이음매를 밑으로 하여 반죽을 놓는다.

L) 2차 발효 : 온도 35~43℃, 습도 85~90%, 시간 60분

M) 굽기 : 반죽의 크기, 배합 재료, 제품 종류에 따라 오븐의 온도를 조절하여 굽는다.

N) 냉각 : 구워낸 빵을 35~40℃로 식힌다.

❷ 장단점(스트레이트법과 비교)

장점	단점
• 노화가 지연되어 제품의 저장성이 좋다. • 부피가 크고 속결이 부드럽다. • 발효 내구성이 강하다. • 작업 공정에 대한 융통성이 있어 잘못된 공정을 수정할 기회가 있다.	• 시설, 노동력, 장소 등 경비가 증가한다. • 발효 손실이 증가한다.

> × **TIP** ×   스펀지 반죽에 밀가루를 증가할 경우
>
> ○ 스펀지 발효 시간은 길어지고 본반죽의 발효 시간은 짧아진다.
> ○ 본반죽의 반죽 시간이 짧아지고 플로어 타임도 짧아진다.
> ○ 반죽의 신장성이 좋아져 성형 공정이 개선된다.
> ○ 부피 증대, 얇은 기공막, 부드러운 조직으로 제품의 품질이 좋아진다.
> ○ 풍미가 강해진다.

3. 액종법(액체 발효법) : 이스트, 이스트 푸드, 물, 설탕, 분유 등을 섞은 뒤 2~3시간 발효를 거쳐 액종을 만들어 사용하는 스펀지 도우법의 변형이다. 스펀지 도우법의 스펀지 발효에서 생기는 결함(공장의 공간을 많이 필요)을 없애기 위해 만들어진 제조법으로 완충제를 분유로 사용하기 때문에 ADMI(아미드)법이라고도 한다.

❶ 제조 공정

A) 배합표 작성

액종		본반죽	
재료	사용 범위 100%	재료	사용 범위 100%
물	30	액종	35
생이스트	2~3	강력분	100
이스트 푸드	0.1~0.3	물	32~34
탈지분유	0~4	설탕	2~5
설탕	3~4	소금	1.5~2.5
		유지	3~6

B) 재료 계량 : 배합표대로 신속하게, 정확하게, 청결하게 계량한다.

C) 액종 만들기

- 액종용 재료를 같이 넣고 섞는다.
- 온도 : 30℃
- 발효 시간 : 2~3시간

> **× TIP ×**
>
> 액종의 배합 재료 중 분유, 탄산칼슘과 염화암모늄을 완충제로 넣는 이유는 발효하는 동안에 생성되는 유기산과 작용하여 급격히 떨어지는 산도를 조절하는 역할을 하기 때문이다.

D) 본반죽 만들기

- 믹서에 액종과 본반죽용 재료를 넣고 반죽한다.
- 반죽 온도 : 28~32℃

E) 플로어 타임 : 발효 시간 15분

F) 분할 : 발효가 진행되지 않도록 15~20분 이내에 원하는 양만큼 저울을 사용하여 반죽을 나눈다.

G) 둥글리기 : 발효 중 생긴 큰 기포를 제거하고 반죽 표면을 매끄럽게 한다.

H) 중간 발효 : 온도 27~29℃, 시간 15~20분

I) 정형 : 원하는 모양으로 만든다.

J) 팬닝 : 팬에 정형한 반죽을 이음매가 아래로 향하게 넣는다.

K) 2차 발효 : 온도 35~43℃, 상대 습도 85~95%, 시간 50~60분

L) 굽기 : 반죽의 크기, 배합 재료, 제품 종류에 따라 오븐의 온도를 조절하여 굽는다.

M) 냉각 : 구워낸 빵을 35~40℃로 식힌다.

❷ 장단점

장점	단점
• 단백질 함량이 적어 발효 내구력이 약한 밀가루로 빵을 생산하는 데도 사용할 수 있다. • 한 번에 많은 양을 발효시킬 수 있다. • 발효 손실에 따른 생산 손실을 줄일 수 있다. • 펌프와 탱크 설비가 이루어져 있어 공간, 설비가 감소한다. • 균일한 제품 생산이 가능하다.	• 환원제, 연화제가 필요하다. • 산화제 사용량이 늘어난다.

4. 연속식 제빵법 : 액체 발효법이 더 발달된 방법으로 공정이 자동으로 진행되며 기계적인 설비를 사용하여 적은 인원으로 많은 빵을 만들 수 있는 방법이다.

❶ 제조 공정

A) 재료 계량 : 배합표대로 정확히 계량한다.

B) 액체 발효기 : 액종용 재료를 넣고 섞어 30℃로 조절한다.

C) 열 교환기 : 발효된 액종을 통과시켜 온도를 30℃로 조절한 후 예비 혼합기로 보낸다.

D) 산화제 용액기 : 브롬산칼륨, 인산칼륨, 이스트 푸드 등 산화제를 녹여 예비 혼합기로 보낸다.

E) 쇼트닝 온도 조절기 : 쇼트닝 플레이크를 녹여 예비 혼합기로 보낸다.

D) 밀가루 급송 장치 : 액종에 사용하고 남은 밀가루를 예비 혼합기로 보낸다.

E) 예비 혼합기 : 각종 재료들을 고루 섞는다.

F) 반죽기(디벨로퍼) : 3~4기압하에서 30~60분간 반죽을 발전시켜 분할기로 직접 연결시킨다. 반죽기에서 숙성시키는 동안 공기 중의 산소가 결핍되므로 기계적 교반과 산화제에 의하여 반죽을 형성시킨다.

G) 분할기

H) 팬닝 : 팬에 정형한 반죽을 놓는다.

I) 2차 발효 : 온도 35~43℃, 상대 습도 85~90%, 발효 시간 40~60분

J) 굽기 : 반죽의 크기, 배합 재료, 제품 종류에 따라 오븐의 온도를 조절하여 굽는다.

K) 냉각 : 구워낸 빵을 35~40℃로 식힌다.

❷ 장단점

장점	단점
• 발효 손실 감소 • 설비 감소, 설비 공간, 설비 면적 감소 • 노동력 1/3 감소	• 일시적 기계 구입 부담이 크다. • 산화제 첨가로 인한 발효향 감소

5. **재반죽법 :** 스트레이트법 변형으로 모든 재료를 넣고 물을 8% 정도 남겨두었다가 발효 후 나머지 물을 넣고 반죽하는 방법이다.

❶ 제조 공정

A) 배합표 작성

B) 재료 계량 : 배합표대로 정확히 계량한다.

C) 믹싱 : 저속에서 4~6분, 온도 25~26℃

D) 1차 발효 : 온도 26~27℃, 시간 2~2.5시간

E) 재반죽 : 중속에서 8~12분, 온도 28~29℃

F) 플로어 타임 : 15~30분

G) 분할 : 재료를 정확히 나눈다.

H) 둥글리기 : 발효 중 생긴 기포를 제거하고 반죽 표면을 매끄럽게 한다.

I) 중간 발효 : 온도 27~29℃, 상대 습도 75%, 시간 15~20분

J) 정형 : 반죽을 틀에 넣거나 밀대로 밀어 편 뒤 접는다.

K) 팬닝 : 팬에 정형한 반죽을 놓는다.

L) 2차 발효 : 온도 36~38℃, 상대 습도 85~90%, 시간 40~50분

M) 굽기 : 반죽의 크기, 배합 재료, 제품 종류에 따라 오븐의 온도를 조절하여 굽는다.

N) 냉각 : 구워낸 빵을 35~40℃로 식힌다.

❷ 장점

• 반죽의 기계 내성이 양호

• 스펀지 도우법에 비해 공정 시간 단축

• 균일한 제품 생산

• 식감과 색상 양호

6. 노타임 반죽법 : 이스트 발효에 의한 밀가루 글루텐의 생화학적 숙성을 산화제와 환원제의 사용으로 대신하여 발효 시간을 단축하며, 장시간 발효 과정을 거치지 않고 배합 후 정형 공정을 거쳐 2차 발효를 하는 제빵법이다.

❶ 산화제와 환원제의 종류

산화제	환원제
• 요오드칼륨 • 브롬산칼륨 • 비타민 C(아스코르브산) • 아조디카본아마이드(ADA)	• L-시스테인 • 프로테아제 • 소르브산

> × **TIP** × 　프로테아제
>
> 단백질을 분해하는 효소

❷ 장단점

장점	단점
• 반죽이 부드러우며 흡수율이 좋다. • 반죽의 기계 내성이 양호하다. • 빵의 속결이 치밀하고 고르다. • 제조 시간이 절약된다.	• 제품에 광택이 없다. • 제품의 질이 고르지 않다. • 맛과 향이 좋지 않다. • 반죽의 발효 내성이 떨어진다.

❸ 스트레이트법을 노타임 반죽법으로 변경할 때의 조치 사항
- 물 사용량을 약 2% 정도 줄인다.
- 설탕 사용량을 1% 감소시킨다.
- 이스트 사용량을 0.5~1% 증가시킨다.
- 브롬산칼륨, 요오드칼륨, 아스코르브산(비타민 C)을 산화제로 사용한다.
- L-시스테인을 환원제로 사용한다.
- 반죽 온도를 30~32℃로 한다.

7. 비상 반죽법 : 표준 스트레이트법 또는 스펀지 도우법을 변형시킨 방법으로 공정 중 발효를 촉진시켜 전체 공정 시간을 단축하는 방법이다. 갑작스런 주문에 빠르게 대처할 수 있다.

❶ 비상 반죽법의 필수 조치와 선택 조치

필수 조치	선택 조치
• 반죽 시간 20~30% 증가 • 설탕 사용량 1% 감소 • 1차 발효 시간 15~30분 • 반죽 온도 30℃ • 이스트 2배 증가 • 물 사용량 1% 감소	• 이스트 푸드 0.5~0.75% 증가 • 식초 0.25~0.75% 첨가 • 분유 1% 감소 • 소금 1.75% 감소

❷ 비상 스트레이트법으로 변경시키는 방법

재료	스트레이트법	비상 스트레이트법
강력분	100	100
물	63	62
생이스트	2	4
이스트 푸드	0.2	0.2
설탕	5	4
탈지분유	4	4
소금	3	3
쇼트닝	4	4
반죽 온도	27℃	30℃
반죽 시간	18분	22분
1차 발효 시간	1~3시간	15~30분

❸ 장단점

장점	단점
• 비상 시 대처가 용이하다 • 제조 시간이 짧아 노동력, 임금이 절약된다.	• 부피가 고르지 못할 수도 있다. • 이스트 냄새가 날 수도 있다. • 노화가 빠르다.

8. 찰리우드법 : 영국의 찰리우드 지방에서 고안된 기계적 숙성 반죽법으로 초고속 반죽기를 이용하여 반죽해 초고속 반죽법이라 한다.

❶ 특징
- 이스트 발효에 따른 생화학적 숙성을 대신한다.
- 초고속 믹서로 반죽을 기계적으로 숙성시켜 플로어 타임 후 분할한다.
- 공정 시간은 줄어드나 제품의 발효향이 떨어진다.

9. 냉동 반죽법 : 1차 발효 또는 성형 후 -40℃로 급속 냉동시켜 -20℃ 전후로 보관 후 해동시켜 제조하는 방법이다.

❶ 특징
- 냉장고(5~10℃)에서 15~16시간 해동시킨 후 온도 30~33℃, 상대 습도 80%의 2차 발효실에 넣는데 반드시 완만 해동, 냉장 해동을 준수한다.
- 보통 반죽보다 이스트를 2배가량 더 넣는다.

❷ 재료 준비

밀가루	단백질 함량이 높은 밀가루를 선택한다.
물	물이 많아지면 이스트가 파괴되므로 가능한 한 수분량을 줄인다.
생이스트	냉동 중 이스트가 죽어 가스 발생력이 떨어지므로 이스트의 사용량을 2배로 늘린다.
소금, 이스트 푸드	반죽의 안정성을 도모하기 위해 약간 늘린다.
설탕, 유지, 달걀	물의 사용량을 줄이는 대신 설탕, 유지, 달걀은 늘린다.
노화방지제(SSL)	제품의 신선함을 오랫동안 유지시켜주기 위해 약간 첨가한다.
산화제(비타민C, 브롬산칼륨)	반죽의 글루텐을 단단하게 하므로 냉해에 의해 반죽의 퍼짐 현상을 막을 수 있다.
유화제	냉동 반죽의 가스 보유력을 높인다.

❸ 제조 공정
- 반죽 : 반죽 온도 20℃, 수분 63%→58%
- 1차 발효 : 발효 시간은 10~15분 정도로 짧게 한다. 발효 시 생성되는 물이 반죽 냉동 시 얼면서 부피가 팽창하여 이스트와 글루텐을 손상시키기 때문이다.
- 분할 : 냉동할 반죽의 분할량이 크면 냉해를 입을 수 있어 좋지 않다.
- 정형 : 원하는 모양으로 만든다.
- 냉동 저장 : -40℃로 급속 냉동하여 -25~-18℃에서 보관한다.

- 해동 : 냉장고(5~10℃)에서 15~16시간 완만하게 해동시키거나 도우컨디셔너, 리타드 등의 해동기기를 이용하며, 차선책으로 실온 해동을 한다.
- 2차 발효 : 온도 30~33℃, 상대 습도 80%
- 굽기 : 반죽의 크기, 배합 재료, 제품 종류에 따라 오븐의 온도를 조절하여 굽는다.

❹ 장단점

장점	단점
• 다품종, 소량 생산이 가능하다. • 빵의 부피가 커지고 결과 향기가 좋다. • 운송, 배달이 용이하다. • 발효 시간이 줄어 전체 제조 시간이 짧다. • 제품의 노화가 지연된다.	• 반죽이 퍼지기 쉽다. • 가스 보유력이 떨어진다. • 이스트가 죽어 가스 발생력이 떨어진다. • 많은 양의 산화제를 사용해야 한다.

> × TIP ×
>
> 냉동 시 일부 이스트가 죽어 환원성 물질이 나와 반죽이 퍼지는 것을 막기 위해 반죽을 되게 한다.

10. 오버 나이트 스펀지법

❶ 특징
- 밤새(12~24시간) 발효시킨 스펀지를 이용하는 방법으로 발효 손실이 최고로 크다.
- 효소의 작용이 천천히 진행되기 때문에 반죽의 가스 보유력이 좋아진다.
- 발효 시간이 길기 때문에 적은 이스트로 매우 천천히 발효시킨다.
- 제품은 풍부한 발효향을 지니게 된다.

11. **샤워종법** : 공장제 이스트를 사용하지 않고 호밀가루나 밀가루에 자생하는 효모균류, 유산균류, 초산균류와 대기 중에 존재하는 야생 이스트나 유산균을 착상시킨 후 물과 함께 반죽하여 자가 배양한 발효종을 이용하는 제빵법이다.

❶ 장점
- 풍미 개량
- 반죽의 개선
- 노화 억제
- 보존성 향상
- 소화흡수율 향상

12. 후염법 : 소금을 클린업 단계 직후에 넣는 제법이다.

❶ 장점

- 반죽 시간 단축
- 반죽의 흡수율 증가
- 조직을 부드럽게 함
- 속색을 갈색으로 만듦

× **TIP** ×   배합표 작성하기

① 배합표 작성법

베이커스 퍼센트 (Baker's percent)	밀가루의 양을 100%로 하고 나머지 재료들을 밀가루의 양에 대한 비율로 계산하여 그 양을 %로 나타낸 것
트루 퍼센트 (True percent)	전체 재료의 양을 100%로 하고 각 재료가 차지하는 양을 %로 나타낸 것

② 배합량 계산법

- 분할 총반죽 무게(g)=분할 반죽 무게(g)×제품 수(개)
- 총재료 무게(g)=분할 총반죽 무게(g)/(1-분할 손실(%))
- 밀가루 무게(g)=총재료 무게(g)×밀가루 배합률(%)/총배합률(%)
- 총반죽 무게(g)=완제품 무게(g)/(1-분할 손실(%))

반죽의 결과 온도

1. 반죽 온도의 높고 낮음에 따라 반죽의 상태와 발효의 속도가 달라진다.

2. 온도 조절이 가장 쉬운 물을 사용해 반죽 온도를 조절한다.

3. 스트레이트법에서 반죽 온도 계산 방법

❶ 마찰계수 = (결과 온도×3) - (밀가루 온도+실내 온도+수돗물 온도)

❷ 사용할 물 온도 = (희망 온도×3) - (밀가루 온도+실내 온도+마찰계수)

❸ 얼음 사용량 = 사용할 물의 양 × (수돗물 온도-사용할 물 온도) / (80+수돗물 온도)

> × **TIP** × 반죽의 온도에 영향을 주는 변수
>
> ○ 실내 온도　　○ 밀가루 온도　　○ 마찰계수　　○ 수돗물 온도　　○ 믹서의 훅

4. 스펀지법에서의 반죽 온도 계산 방법

❶ 마찰계수 = (결과 온도×4) - (밀가루 온도+실내 온도+수돗물 온도+스펀지 반죽 온도)

❷ 사용할 물 온도 = (희망 온도×4) - (밀가루 온도+실내 온도+마찰계수+스펀지 반죽 온도)

❸ 얼음 사용량 = 사용할 물의 양 × (수돗물 온도-사용할 물 온도) / (80+수돗물 온도)

반죽의 이해

밀갈루, 이스트, 소금, 그 밖의 재료에 물을 혼합하여 결합시켜 글루텐을 만들어 탄산가스를 보호하는 막을 형성한다.

1. 반죽을 만드는 목적

❶ 원재료를 균일하게 분산하고 혼합한다.

❷ 밀가루의 전분과 단백질에 물을 흡수시킨다.

❸ 반죽에 공기를 혼입시켜 이스트의 활력과 반죽의 산화를 촉진시킨다.

❹ 글루텐을 숙성시키며 반죽의 가소성, 탄력성, 점성을 최적 상태로 만든다.

2. 반죽에 부여하고자 하는 물리적 성질

탄력성	성형 단계에서 본래의 모습으로 되돌아가려는 성질
가소성	반죽이 성형 과정에서 형성되는 모양을 유지시키려는 성질
점탄성	점성과 탄력성을 동시에 가지고 있는 성질
흐름성	반죽이 팬 또는 용기의 모양이 되도록 흘러 모서리까지 차게 하는 성질

3. 믹싱 단계

픽업 단계	데니시 페이스트리	• 밀가루와 원재료에 물을 첨가하여 대충 혼합하는 단계이다. • 반죽이 끈기가 없이 끈적거리는 상태이다. • 믹서는 저속으로 사용한다.
클린업 단계	스펀지법의 스펀지 반죽	• 글루텐이 형성되기 시작하는 단계로 유지를 넣으면 믹싱 시간이 단축된다. • 반죽이 한 덩어리가 되고 믹싱볼이 깨끗해진다. • 글루텐의 결합은 적고 반죽을 펼쳐도 두꺼운 채로 끊어진다. • 클린업 단계는 끈기가 생기는 단계로 흡수율을 높이기 위하여 소금을 넣는다.

발전 단계	하스브레드	• 믹싱 중 생지 변화에 있어 탄력성이 최대로 증가하며 반죽이 강하고 단단해지는 단계이다. • 믹서의 최대 에너지가 요구된다.
최종 단계	식빵, 단과자	• 글루텐이 결합하는 마지막 단계로 특별한 종류를 제외하고는 이 단계가 빵 반죽에서 최적의 상태이다. • 반죽을 펼치면 찢어지지 않고 얇게 늘어난다. • 탄력성과 신장성이 가장 좋으며, 반죽이 부드럽고 윤이 나는 반죽 형성 후기 단계이다.
렛다운 단계	햄버거빵, 잉글리시 머핀	• 최종 단계를 지나 생지가 탄력성을 잃으며 신장성이 커져 고무줄처럼 늘어지고 점성이 많아진다. • 오버 믹싱, 과반죽이라고 한다. • 잉글리시 머핀 반죽은 모든 빵 반죽에서 가장 오래 믹싱한다.
파괴 단계	-	• 반죽이 푸석거리고 완전히 탄력을 잃어 빵을 만들 수 없는 단계를 말한다. • 이 반죽을 구우면 팽창이 일어나지 않고 제품이 거칠게 나온다.

4. 반죽의 흡수율에 영향을 미치는 요소

❶ 손상전분 1% 증가에 흡수율은 2% 증가된다.

❷ 설탕 5% 증가 시 흡수율은 1% 감소된다.

❸ 분유 1% 증가 시 흡수율은 0.75~1% 증가된다.

❹ 반죽의 온도가 5℃ 올라가면 물 흡수율은 3% 감소되고, 온도가 5℃ 내려가면 흡수율은 3% 증가된다.

❺ 연수를 사용하면 글루텐이 약해지며 흡수량이 적고, 경수를 사용하면 글루텐이 강해지며 흡수량이 많다.

❻ 단백질 1% 증가에 흡수율은 1.5% 증가된다.

❼ 소금을 픽업 단계에 넣으면 글루텐을 단단하게 하여 글루텐 흡수량의 약 8%를 감소시킨다.

❽ 소금을 클린업 단계 이후에 넣으면 물 흡수량이 많아진다.

5. 반죽 시간에 영향을 미치는 요소

❶ 반죽기의 회전 속도가 느리고 반죽의 양이 많으면 반죽 시간이 길어진다.

❷ 소금을 클린업 단계 이후에 넣으면 반죽 시간이 짧아진다.

❸ 설탕의 양이 많으면 반죽의 구조가 약해지므로 반죽 시간이 길어진다.

❹ 분유와 우유의 양이 많으면 단백질의 구조를 강하게 하여 반죽 시간이 길어진다.

❺ 유지를 클린업 단계 이후에 넣으면 반죽 시간이 짧아진다.

❻ 물 사용량이 많아 반죽이 질면 반죽 시간이 길어진다.

❼ 반죽 온도가 높을수록 반죽 시간이 짧아진다.

❽ pH 5.0 정도에서 글루텐이 가장 질기고 반죽 시간이 길어진다.

❾ 밀가루 단백질의 양이 많고, 질이 좋고 숙성이 잘 되었을수록 반죽 시간이 길어진다.

반죽 발효

1. 1차 발효 조건 및 상태 관리 : 반죽이 완료된 후 정형 과정에 들어가기 전까지의 발효 기간을 말한다. 일반적으로 1차 발효는 온도 27℃, 상대 습도 75~80% 조건에서 1~3시간 발효하여야 한다.

❶ 발효를 시키는 목적

반죽의 팽창 작용	이스트가 활동할 수 있는 최적의 조건을 만들어주어 가스 발생력을 극대화시킨다.
반죽의 숙성 작용	이스트의 효소가 작용하여 반죽을 유연하게 만든다.
빵의 풍미 생성	발효에 의해 생성된 알코올류, 유기산류, 에스테르류, 알데히드류 등을 축적하여 독특한 맛과 향을 부여한다.

❷ 발효 중에 일어나는 생화학적 변화

- 단백질의 프로테아제에 의해 아미노산으로 변화한다.
- 반죽의 pH는 발효가 진행됨에 따라 생성된 유기산과 첨가된 무기산의 영향으로 pH 4.6으로 떨어진다. pH의 이러한 하강은 전분의 수화와 팽윤, 효소 작용 속도, 반죽의 산화 환원 과정을 포함하는 여러 가지 화학 반응에 영향을 미치게 된다.
- 설탕의 사용량이 5%를 초과하거나 소금의 사용량이 1%를 넘으면 삼투압 작용으로 이스트의 활동을 방해하여 가스 발생력을 저하시킨다. 삼투압 작용은 설탕과 소금의 양이 많으면 이스트의 활력을 방해하여 가스 발생력을 저하시킨다.
- 전분은 아밀라아제에 의해 맥아당으로 변환되고 맥아당은 말타아제에 의해 2개의 포도당으로 변환된다.
- 포도당과 과당은 치마아제에 의해 탄산가스+알코올+에너지 등을 생성한다. 에너지의 생성은 반죽 온도를 지속적으로 올라가게 한다.
- 설탕은 인베르타아제에 의해 포도당+과당으로 가수분해된다.
- 유당은 잔당으로 남아 캐러멜화 역할을 한다.

❸ 가스 보유력에 영향을 주는 요인

요인	보유력이 커짐	보유력이 낮아짐
밀갈루 단백질의 양	많을수록	적을수록
밀가루 단백질의 질	좋을수록	나쁠수록
발효성 탄수화물	설탕 2~3%	적정량 이상

요인	보유력이 커짐	보유력이 낮아짐
유지의 양과 종류	쇼트닝 3~4%	쇼트닝 4% 이상
반죽	정상 반죽	진 반죽
이스트의 양	많을수록	적을수록
산도	pH5.0~5.5	pH5.0 이하
소금	-	첨가
달걀	첨가	-
유제품	첨가	-
산화제	알맞은 양	-
산화 정도	낮을수록	높을수록

❹ 이스트의 가스 발생력에 영향을 주는 요소

이스트의 양	이스트의 양이 많으면 가스 발생량이 많다.
발효성 탄수화물 (설탕, 맥아당, 포도당, 과당, 갈락토오스)	3~5%까지는 가스 발생력이 커지나 그 이상이면 가스 발생력이 떨어져 발효 시간이 길어진다.
반죽 온도	반죽 온도가 높을수록 가스 발생력은 커지고 발효 시간은 짧아진다(38℃일 때 활성 최대).
반죽의 산도	pH 4.5~5.5일 때 가스 발생력이 커지나 pH 4 이하, pH 6 이상이면 오히려 작아진다.
소금	소금의 양이 1% 이상이면 삼투압에 의해 발효가 지연된다.

❺ 가스 발생력과 보유력에 관여하는 요인의 변화

이스트 사용량의 변화	• 이스트가 발효성 탄수화물을 소비하여 산도의 저하와 글루텐의 연화 등에 영향을 준다. • 발효 중의 이스트는 어느 정도 성장하고 증식하지만 이스트의 사용량이 적을수록 발효 시간은 길어지고 이스트의 사용량이 많을수록 발효 시간은 짧아진다. (가감하고자 하는 이스트의 양=기존 이스트의 양×기존의 발효 시간/조절하고자 하는 발효 시간)
전분의 변화	• 맥아나 이스트 푸드에 들어 있는 α-아밀라아제가 전분을 분해하여 발효 촉진, 풍미와 구운 색이 좋아짐, 노화 방지 등을 시킨다.

단백질의 변화	• 글루테닌과 글루아딘은 물과 힘의 작용으로 글루텐으로 변하여 발효할 때 발생되는 가스를 최대한 보유할 수 있도록 반죽에 신장성, 탄력성을 준다. • 프로테아제의 작용으로 생성된 아미노산은 당과 메일라드 반응을 일으켜 껍질에 황금 갈색을 부여하고 빵 특유의 향을 생성한다. • 프로테아제의 작용으로 생성된 아미노산은 이스트의 영양원으로도 이용된다. • 프로테아제는 단백질을 가수분해하여 반죽을 부드럽게 하고 신장성을 증가시킨다.

❻ 발효 관리 : 가스 발생력과 가스 보유력이 평행과 균형이 이루어지게 하는 것을 말하며, 발효 관리가 잘되면 완제품의 기공, 조직, 껍질색, 부피가 좋아진다.

• 제법에 따른 발효 관리 조건의 비교와 장점

관리 항목	스트레이트법	스펀지 도우법(스펀지법)
발효 시간	1~3시간	3~4시간
발효실 조건	온도 27~28℃ 상대 습도 75~80%	온도 24℃ 상대 습도 75~80%
발효 조건에 따른 제품에 미치는 영향	발효 시간이 짧아 발효 손실이 적다.	발효 내구성이 강하다. 부피가 크다. 속결이 부드럽다. 노화가 지연된다.

❼ 발효 손실 : 발효 공정을 거친 후 반죽 무게가 줄어드는 현상이다.

A) 발효 손실을 일으키는 원인

• 반죽 속의 수분이 증발한다.

• 탄수화물이 탄산가스로 가수분해되어 휘발한다.

• 탄수화물이 알코올로 가수분해되어 휘발한다.

B) 1차 발효 손실량 : 1~2%

C) 발효 손실에 영향을 미치는 요인

영향을 미치는 요인	발효 손실이 적은 경우	발효 손실이 큰 경우
배합률	소금과 설탕이 많을수록	소금과 설탕이 적을수록
발효 시간	짧을수록	길수록
반죽 온도	낮을수록	높을수록
발효실의 온도	낮을수록	높을수록
발효실의 습도	높을수록	낮을수록

2. 2차 발효 조건 및 상태 관리 : 성형 과정을 거치는 동안 불완전한 상태의 반죽을 온도 38℃ 전후, 습도 85% 전후의 발효실에 넣어 숙성시켜 좋은 외형과 식감의 제품을 얻기 위하여 제품 부피의 70~80%까지 부풀리는 작업으로 발효의 최종 단계이다.

❶ 2차 발효의 목적
- 성형에서 가스 빼기가 된 반죽을 다시 그물구조로 부풀린다.
- 반죽 온도의 상승에 따라 이스트와 효소가 활성화된다.
- 바람직한 외형과 식감을 얻을 수 있다.
- 알코올, 유기산 및 그 외의 방향성 물질을 생산한다.
- 발효산물인 유기산과 알코올이 글루텐에 작용한 결과 생기는 반죽의 신장성 증가가 오븐 팽창이 잘 일어나도록 돕는다.

❷ 제품에 따른 2차 발효 온도, 습도의 비교

상태	조건	제품
고온 고습 발효	온도 35~38℃, 습도 75~90%	식빵, 단과자빵, 햄버거빵
건조 발효	온도 32℃, 습도 65~70%	도넛
고온 건조 발효	온도 50~60℃	중화만두
저온 저습 발효	온도 27~32℃, 습도 75%	데니시 페이스트리, 크루아상, 브리오슈, 하스브레드

❸ 2차 발효 시간이 제품에 미치는 영향 : 빵의 종류, 이스트의 양, 제빵법, 반죽 온도, 발효실의 온도, 습도, 반죽 숙성도, 단단함, 성형할 때 가스 빼기의 정도 등에 따라서 결정된다.

2차 발효의 시간	제품에 나타나는 결과
부족한 경우	• 부피가 작다. • 껍질색이 진한 적갈색이 된다. • 옆면이 터진다.
지나친 경우	• 부피가 너무 크다. • 껍질색이 여리다. • 기공이 거칠다. • 조직과 저장성이 나쁘다. • 과다한 산의 생성으로 향이 나빠진다.

❹ 2차 발효의 온도, 습도, 반죽의 상태가 제품에 미치는 영향

2차 발효의 조건	제품에 나타나는 결과
습도가 낮을 때	• 부피가 크지 않고 표면이 갈라진다. • 껍질색이 고르지 않아 얼룩이 생기기 쉬우며 광택이 부족하다. • 제품의 윗면이 올라온다.
습도가 높을 때	• 껍질이 거칠고 질겨진다. • 껍질에 기포, 반점이나 줄무늬가 생긴다. • 제품의 윗면이 납작해진다.
어린 반죽	• 껍질의 색이 짙고 붉은 기가 약간 생기며, 균열이 일어나기 쉽다. • 결이 조밀하고 조직은 가지런하지 않게 된다. • 글루텐의 신장성이 불충분하여 부피가 작다.
지친 반죽	• 당분 부족으로 착색이 나쁘고 결이 거칠다. • 향기, 보존성이 나쁘다. • 윗면이 움푹 들어간다.
저온일 때	• 발효 시간이 길어진다. • 풍미의 생성이 충분하지 않다. • 제품의 겉면이 거칠다. • 반죽막이 두껍고 오븐 팽창도 나쁘다.
고온일 때	• 발효 속도가 빨라진다. • 속과 껍질이 분리된다. • 반죽이 산성이 되어 세균의 번식이 쉽다.

반죽 정형

1. **분할** : 1차 발효를 끝낸 반죽을 미리 정한 무게씩 나누는 것을 말하며, 분할하는 과정에도 발효가 진행되므로 가능한 한 빠른 시간에 분할해야 한다.

❶ 분할 방법

기계 분할	• 분할기를 사용하여 식빵류를 기준으로 15~20분 이내에 분할한다. • 분할 속도는 통상 12~16회/분으로 한다. 너무 속도가 빠르면 기계 마모가 증가하고, 느리면 반죽의 글루텐이 파괴된다. • 이 과정에서 반죽이 분할기에 달라붙지 않도록 광물유인 유동파라핀 용액을 바른다.
손 분할	• 주로 소규모 빵집에서 적당하다. • 기계 분할에 비하여 부드럽게 할 수 있으므로 약한 밀가루 반죽의 분할에 유리하다. • 덧가루는 제품의 줄무늬를 만들고 맛을 변질시키므로 가능한 한 적게 사용해야 한다.

❷ 기계 분할 시 반죽의 손상을 줄이는 방법
• 직접 반죽법보다 중종 반죽법이 내성이 강하다.
• 반죽의 결과 온도는 비교적 낮은 것이 좋다.
• 밀가루의 단백질 함량이 높고 양질의 것이 좋다.
• 반죽은 흡수량이 최적이거나 약간 된 반죽이 좋다.

2. **둥글리기** : 분할한 반죽을 손이나 전용 기계로 뭉쳐 둥글림으로써 반죽의 잘린 단면을 매끄럽게 마무리하고 가스를 균일하게 조절하는 것을 말한다.

❶ 둥글리기의 목적
• 가스를 균일하게 분산하여 반죽의 기공을 고르게 조절한다.
• 가스를 보유할 수 있는 반죽 구조를 만들어준다.
• 반죽의 절단면은 점착성을 가지므로 이것을 안으로 넣어 표면에 막을 만들어 점착성을 적게 한다.
• 분할로 흐트러진 글루텐의 구조와 방향을 정돈시킨다.
• 분할된 반죽을 성형하기 적절한 상태로 만든다.

❷ 둥글리기의 요령

- 지나친 덧가루는 제품의 맛과 향을 떨어뜨린다.
- 성형의 모양에 따라 둥글게도 길게도 하여 성형 작업을 편리하게 한다.
- 과발효 반죽은 느슨하게 둥글려서 벤치 타임을 짧게 한다.
- 미발효의 반죽은 단단하게 하여 중간 발효를 길게 한다.

❸ 둥글리기 방법의 종류

자동	라운더를 사용하여 빠르게 둥글리기를 하나 반죽의 손상이 많다.
수동	분할된 반죽이 작은 경우에는 손에서 둥글리기를 하고 큰 경우에는 작업대에서 둥글리기를 한다.

❹ 반죽의 끈적거림을 제거하는 방법

- 최적의 발효 상태를 유지한다.
- 덧가루는 적정량을 사용하여야 한다.
- 반죽에 최적의 가수량을 넣는다.
- 반죽에 유화제를 사용한다.

3. 중간 발효 : 둥글리기가 끝난 반죽을 정형하기 전에 잠시 발효시키는 것으로 벤치 타임이라고도 하며, 젖은 헝겊이나 비닐종이로 덮어둔다.

❶ 중간 발효의 목적

- 반죽의 신장성을 증가시켜 정형 과정에서의 밀어 펴기를 쉽게 한다.
- 가스 발생으로 반죽의 유연성을 회복시킨다.
- 성형할 때 끈적거리지 않도록 반죽 표면에 얇은 막을 형성한다.
- 분할과 둥글리기를 하는 과정에서 손상된 글루텐 구조를 재정돈한다.

❷ 중간 발효를 할 때 관리 항목

온도	27~29℃
습도	75%
시간	10~20분
부피 팽창 정도	1.7~2.0배

4. 성형 : 중간 발효가 끝난 생지를 밀대로 밀어 가스를 고르게 뺀 후 만들고자 하는 제품의 형태로 만드는 공정이다.

작업실 온·습도	온도 27~29℃, 상대 습도 75% 내외
좁은 의미의 성형 공정	밀기 → 말기 → 봉하기
넓은 의미의 성형 공정	분할 → 둥글리기 → 중간 발효 → 정형 → 팬닝

❶ 프랑스빵의 성형 방법 : 일정한 모양의 틀을 쓰지 않고 바로 오븐 구움대 위에 얹어서 굽는 하스브레드의 한 종류이다. 설탕, 유지, 달걀을 쓰지 않는 빵이므로 겉껍질이 단단하다.

• 믹싱 : 비타민은 물에 녹여 다른 재료들과 함께 발전 단계까지 믹싱한다.

• 1차 발효 : 온도 27℃, 상대 습도 65~75%, 시간 70~80분 정도로 발효시킨다.

• 분할 및 둥글리기 : 270g짜리 6개로 분할하여 타원이 되게 둥글리기한다.

• 중간 발효 및 정형 : 15~30분, 가스 빼기를 한 후 30cm 정도의 둥근 막대형으로 성형한다.

• 팬닝 : 철판에 3개씩 약간 비스듬히 팬닝한다.

• 2차 발효 : 온도 30~33℃, 상대 습도 75%, 시간 50~70분 정도로 발효시킨다.

• 자르기 : 반죽 표면이 조금 굳으면 비스듬히 5번 칼집을 준다.

• 굽기 : 오븐에 넣기 전후로 스팀을 분사하여 온도를 220~240℃로 하여 35~40분 동안 굽는다.

× TIP ×   굽기 전 스팀을 분사하는 이유

○ 껍질을 얇고 바삭하게 한다.   ○ 껍질에 윤기가 나게 한다.

○ 껍질의 형성이 늦춰지면서 팽창이 커진다.   ○ 불규칙한 터짐을 방지한다.

---

❷ 단과자빵의 성형 방법 : 식빵 반죽보다 설탕, 유지, 달걀을 더 많이 배합한 빵이다.

• 믹싱 : 클린업 단계에서 유지를 넣고 최종 단계까지 믹싱을 한다.

• 1차 발효 : 온도 27℃, 상대 습도 75~80%, 시간 80~100분 정도 발효한다.

• 분할 및 둥글리기 : 46g씩 분할하여 둥글리기한다.

• 중간 발효 : 분할한 반죽을 작업대에 놓고 헝겊이나 비닐을 덮어 10~15분 발효한다.

• 정형 : 제품의 종류에 따라 모양을 만든다.

• 팬닝 : 철판에 간격을 고르게 배열한 후 붓을 이용하여 달걀물을 칠한다.

• 2차 발효 : 온도 35~40℃, 상대 습도 85%, 시간 30~35분 정도 발효를 시킨다.

• 굽기 : 윗불 190~200℃, 밑불 150℃ 전후로 10~12분 동안 굽는다.

❸ 잉글리시 머핀의 성형 방법 : 이스트로 부풀린 영국식 머핀과 베이킹파우더로 부풀린 미국식 머핀으로 나누어지며, 이스트로 부풀린 영국식 머핀은 속이 벌집과 같은 것이 아주 큰 특징이다.

• 믹싱 : 반죽에 흐름성을 부여하기 위하여 렛다운 단계까지 믹싱을 해야 한다.

- 1차 발효 : 온도27℃, 상대 습도 75~80%, 시간 60~70분 정도로 충분히 발효한다.
- 분할 : 옥분(옥수수가루)을 묻혀가며 70g씩 분할한다.
- 정형 및 팬닝 : 둥글리기를 한 후 12cm가 되도록 둥글납작하게 눌러 적당한 간격으로 팬닝한다.
- 2차 발효 : 온도 35~43℃, 상대 습도 85~95%, 시간 25~35분 정도로 충분히 발효한다.
- 굽기 : 2.5~3cm 높이가 되도록 철판을 올려서 210~220℃에서 8~12분 정도 굽는다.

❹ 호밀빵의 성형 방법 : 밀가루에 호밀가루를 넣어 배합한 빵이다.

- 믹싱 : 캐러웨이 씨를 혼합하여 발전 단계까지 반죽한다.
- 1차 발효 : 온도 27℃, 상대 습도 80%, 시간 70~80분 정도로 충분히 발효한다.
- 분할 및 둥글리기 : 200g씩 분할하여 표면을 매끄럽게 둥글리기를 한다.
- 중간 발효 및 정형 : 15~30분 정도 중간 발효시키며 원루프 형태로 만든다.
- 팬닝 : 구움대에 놓고 굽는 하스브레드 형태와 틀에 넣어 굽는 틴 브레드 형태로 성형이 가능하다.
- 2차 발효 : 온도 32~35℃, 상대 습도 85%, 시간 50~60분 정도로 충분하게 발효한다.
- 굽기 : 윗불 180℃, 밑불 160℃로 하여 40~50분 동안 굽는다.

❺ 데니시 페이스트리의 성형 방법 : 과자용 반죽인 퍼프 페이스트리에 설탕, 달걀, 버터와 이스트를 넣어 반죽을 만들어서 냉장 휴지를 시킨 후 롤인용 유지를 집어넣고 밀어 펴서 발효시킨 다음 구운 제품이다.

- 믹싱 : 클린업 단계에서 유지를 투여하여 발전 단계까지 반죽한다. 반죽 온도는 18~22℃이다.
- 냉장 휴지 : 반죽을 한 후 마르지 않게 비닐에 싸서 3~7℃의 냉장고에 넣어 30분 정도 휴지시킨다.
- 밀어 펴기 : 총 3절×3회로 밀어 펴서 접기를 한 후 매번 냉장 휴지를 30분씩 한다.
- 정형 : 달팽이형, 초승달형, 바람개비형, 포켓형 등으로 정형한다.
- 팬닝 : 같은 모양의 제품은 같은 팬에 놓아서 구워야 고르게 익힐 수 있다.
- 2차 발효 : 온도 28~33℃, 상대 습도 70~75%, 시간 30~40분 정도 발효한다.
- 굽기 : 윗불 200℃, 밑불 150℃에서 15~20분 동안 굽는다.

❻ 건포도 식빵의 성형 방법 : 일반 식빵에 밀가루 기준 50%의 건포도를 전처리하여 넣어 만든 빵을 말한다.

- 재료 계량 후 건포도를 전처리한다.

> × **TIP** ×   **건포도의 전처리란?**
>
> 건조되어 있는 건포도에 물을 흡수하도록 하는 조치를 말한다.
>
> | 방법 | 27℃의 물에 담가두었다가 체에 걸러 물기를 제거하고 4시간 정도 방치한다. |
> |---|---|
> | 효과 | • 빵 속이 건조하지 않도록 한다.
• 건포도의 맛과 향이 살아나도록 한다.
• 건포도가 빵과 결합이 잘 이루어지도록 한다.
• 물을 흡수시키면 건포도를 10% 더 넣은 효과가 나타난다. |

- 믹싱 : 최종 단계에서 전처리한 건포도를 넣고 으깨지지 않도록 고루 혼합한다.

> **× TIP × 건포도를 최종 단계 전에 넣을 경우**
>
> ○ 반죽이 얼룩진다. ○ 반죽이 거칠어져 정형하기 어렵다.
>
> ○ 이스트의 활력이 떨어진다. ○ 빵의 껍질색이 어두워진다.

- 1차 발효 : 온도 27℃, 상대 습도 80%, 시간 70~80분 정도 발효한다.
- 분할 및 둥글리기 : 일반 식빵에 비해 분할량을 10~20% 증가시켜 분할하여 둥글리기를 한다.
- 중간 발효 : 비닐이나 헝겊으로 덮어 마르지 않게 10~20분 정도 유지한다.
- 정형 : 둥글리기를 한 반죽을 밀대로 타원형으로 만들며 가스를 뺀다.
- 팬닝 : 배열 및 간격을 고르게 하고 이음매를 밑으로 가게 한다.
- 2차 발효 : 온도 35~45℃, 상대 습도 85% 전후, 시간 50~70분 정도 발효한다.
- 굽기 : 윗불 180~190℃, 밑불 160~170℃로 40~50분 정도 굽는다.

5. 팬닝

❶ 팬닝을 할 때 주의사항
- 반죽의 무게와 상태를 정하여 비용적에 맞추어 적당한 반죽량을 넣는다.
- 반죽의 이음매는 팬의 바닥에 놓아 2차 발효나 굽기 공정 중 이음매가 벌어지는 것을 막는다.
- 팬닝 전의 팬의 온도를 적정하고 고르게 할 필요가 있다.
- 팬닝 온도 : 32℃

> **× TIP × 이형제가 갖추어야 할 조건**
>
> ○ 산패에 강한 것이 좋다. ○ 반죽 무게의 0.1~0.2%를 사용한다.
>
> ○ 발연점이 210℃ 이상 되는 기름을 적정량 사용한다. ○ 무색, 무취를 띠는 것이 좋다.
>
> ○ 기름이 과다하면 밑껍질이 두껍고 어둡다.

❷ 반죽량 산출
- 비용적 : 반죽 1g을 발효시켜 구웠을 때 제품이 차지하는 부피를 말하며, 단위는 cm³/g이다.
- 반죽의 적정량=틀의 용적/비용적

굽기

반죽에 가열하여 소화하기 쉽고 향이 있는 완성 제품을 만들어내는 것을 의미하며 제빵 과정에서 가장 중요한 공정이다.

1. 굽기의 목적

❶ 전분을 α-화하여 소화가 잘 되는 빵을 만든다.
❷ 껍질에 구운 색을 내며 맛과 향을 향상시킨다.
❸ 발효에 의해 생긴 탄산가스를 열 팽창시켜 빵의 부피를 갖추게 한다.

2. 굽기의 방법

❶ 처음 굽기 시간의 25~30%는 팽창, 다음의 35~40%는 색을 띠기 시작하고 반죽을 고정하며, 마지막 30~40%는 껍질을 형성한다.
❷ 고율배합과 발효 부족인 반죽은 저온 장시간 굽기가 좋다.
❸ 저율배합과 발효 오버된 반죽은 고온 단시간 굽기가 좋다.
❹ 과자빵과 식빵의 일반적인 오븐 사용 온도는 180~230℃이다.

3. 튀김

❶ 튀김 기름의 표준 온도 : 185~195℃
❷ 튀김 기름의 온도가 낮으면 너무 많이 부풀어 껍질이 거칠고 기름이 많이 흡수된다.
❸ 튀김 기름의 4대 적 : 온도, 수분, 공기, 이물질

> × **TIP** × 튀김 기름이 갖추어야 할 조건
>
> ○ 부드러운 맛과 엷은 색을 띤다.
> ○ 가열 시 푸른 연기가 나는 발연점이 높아야 한다.
> ○ 이상한 맛이나 냄새가 나지 않아야 한다.
> ○ 산패에 대한 안정성이 있어야 한다.
> ○ 산가가 낮아야 한다.
> ○ 여름에는 융점이 높고 겨울에는 융점이 낮아야 한다.

4. 찜

❶ 찜의 전달 방식은 수증기가 움직이면서 열이 전달되는 현상인 대류열이다.

❷ 가압하지 않은 찜기의 내부 온도는 97℃이다.

❸ 찜류 : 푸딩, 찜케이크, 찐빵 등

5. 굽기를 할 때 일어나는 반죽의 변화

오븐 팽창	• 반죽 내부 온도가 49℃에 달하면서 반죽이 짧은 시간 동안 급격하게 부풀어 처음 크기의 약 1/3 정도 팽창하는 것을 말한다. • 오븐의 열에 의한 가스압의 증가, 탄산가스 기체와 용해 알코올 방출로 팽창된다. • 글루텐의 연화와 전분의 호화, 가소성화가 팽창을 돕는다. • 반죽 내부 온도가 79℃에 이르면 용해 알코올이 증발하여 빵에 특유의 향이 발생한다.
오븐 라이즈	반죽의 내부 온도가 60℃에 이르러 이스트가 사멸하기 전까지 이스트가 활동하므로, 탄산가스를 생성시켜 반죽의 부피를 조금씩 키우는 과정이다.
전분의 호화	• 전분에 물을 가하고 가열하면 팽윤되고 전분 입자의 미세구조가 파괴되는 현상을 말한다. • 굽기 과정 중 전분 입자는 54℃에서 팽윤하기 시작하여 70℃ 전후에 이르면 유동성이 급격히 떨어지며 호화가 완료된다. • 전분의 팽윤과 호화 과정에서 전분 입자는 반죽 중의 유리수와 단백질과 결합된 물을 흡수한다. • 전분의 호화는 산도, 수분과 온도에 의해 영향을 받는다. • 빵의 외부층은 오랜 시간 높은 온도에 노출되므로 내부의 전분보다 많이 호화되나, 열에 오래 노출되어 있는 만큼 수분 증발이 일어나 더 이상 호화할 수 없다.
단백질의 변성	• 글루텐 막은 굽는 과정에서의 급격한 열팽창을 지탱하는 중요한 역할을 한다. • 글루텐 막은 탄력성과 신장성이 있어서 탄산가스를 보유할 수 있다. • 오븐 온도가 74℃를 넘으면 단백질이 굳기 시작한다. • 74℃에서 단백질이 열변성을 일으키면 단백질의 물이 전분으로 이동하면서 전분의 호화를 돕는다. • 단백질은 호화된 전분과 함께 빵의 구조를 형성하게 된다.
효소 작용	• 전분이 호화하기 시작하면서 효소가 활성한다. • 아밀라아제가 전분을 가수분해하여 반죽 전체가 부드러워지며, 반죽의 팽창이 수월해진다.
향의 생성	• 향은 주로 껍질에서 생성되어 빵 속으로 침투되고 흡수되어 형성된다. • 향의 원인 : 사용 재료, 이스트에 의한 발효산물, 화학적 변화, 열 반응산물 • 향에 관계하는 물질 : 알코올류, 유기산류, 에스테르류
갈색화 반응	• 캐러멜화 반응 : 설탕 성분이 높은 온도에서 껍질이 갈색으로 변하는 반응 • 마이야르 반응 : 당에서 분해된 환원당과 단백질에서 분해된 아미노산이 결합하여 껍질이 갈색으로 변하는 반응으로 낮은 온도에서 진행되며 캐러멜화에서 생성되는 향보다 중요한 역할을 한다.

6. 제품에 나타나는 결과에 따른 원인

낮은 오븐 온도	• 껍질 형성이 늦어 빵의 부피가 크다. • 굽기 손실이 많아 퍼석한 식감이 난다. • 껍질이 두껍고, 구운 색이 엷으며 광택이 부족하다. • 풍미가 떨어진다.
높은 오븐 온도	• 껍질 형성이 빨라 빵의 부피가 작다. • 굽기 손실이 적어 수분이 많아 눅눅한 식감이 난다. • 껍질의 색이 짙다. • 과자빵은 반점이나 불규칙한 색이 나며 껍질이 분리되기도 한다.
부족한 증기	• 표피가 터지기 쉽다. • 구운 색이 엷고 광택 없는 빵이 된다. • 낮은 온도에서 구운 빵과 비슷하다.
과도한 증기	• 오븐 팽창이 좋아 빵의 부피가 크다. • 껍질이 두껍고 질기며, 표피에 수포가 생기기 쉽다.
부적절한 열의 분배	• 고르게 익지 않아 빵이 찌그러지기 쉽다. • 오븐 내의 위치에 따라 빵의 굽기 상태가 달라진다.

7. 굽기 손실 : 반죽 상태에서 빵의 상태로 구워지는 동안 중량이 줄어드는 현상으로 이산화탄소, 알코올 등의 휘발성 물질과 수분의 증발로 인해 손실이 발생한다.

❶ 굽기 손실 계산
• 굽기 손실 무게 = 반죽의 무게 - 빵의 무게
• 굽기 손실류 = 굽기 손실 무게 / 반죽의 무게 × 100

❷ 제품별 굽기 손실률

풀먼 식빵	7~9%
단과자빵	10~11%
일반 식빵	11~13%
바게트	20~25%

01 해설

스펀지법은 2번 반죽하고 스트레이트법은 1번 반죽하므로 스트레이트법이 노동력과 시설이 감소된다.

정답 : ③

01 스펀지법에 비교해서 스트레이트법의 장점은?

① 노화가 느리다.
② 발효에 대한 내구성이 좋다.
③ 노동력이 감소된다.
④ 분할 기계에 대한 내구성이 증가한다.

02 해설

표준 스펀지법의 스펀지 반죽 온도는 24℃, 도우 반죽 온도는 27℃가 적당하다.

정답 : ③

02 제빵의 일반적인 스펀지법에서 가장 적당한 스펀지 온도는?

① 12~15℃
② 18~20℃
③ 23~25℃
④ 29~32℃

03 해설

완충제는 발효하는 동안에 생기는 유기산과 작용하여 반죽의 산도를 조절하는 역할을 한다.

정답 : ①

03 액체 발효법에서 액종 발효 시 완충제 역할을 하는 재료는?

① 탈지분유
② 설탕
③ 소금
④ 쇼트닝

04 해설

연속식 제빵법은 일시적 기계 구입 비용이 증가한다.

정답 : ④

04 연속식 제빵법의 특징이 아닌 것은?

① 발효 손실 감소
② 설비 및 설비 공간과 설비 면적 감소
③ 노동력 감소
④ 일시적 기계 구입 비용의 경감

05 냉동 반죽법에서 혼합 후 반죽의 결과 온도로 가장 적합한 것은?

① 0℃

② 10℃

③ 20℃

④ 30℃

06 냉동과 해동에 대한 설명 중 틀린 것은?

① 전분은 -7~10℃ 범위에서 노화가 빠르게 진행된다.

② 노화대를 빠르게 통과하면 노화 속도가 지연된다.

③ 식품을 완만히 냉동하면 작은 얼음 결정이 형성된다.

④ 전분이 해동될 때는 동결 때보다 노화의 영향이 적다.

07 냉동 반죽의 장점이 아닌 것은?

① 노동력 절약

② 작업 효율의 극대화

③ 설비와 공간의 절약

④ 이스트 푸드의 절감

08 식빵 제조 시 수돗물의 온도 20℃, 사용할 물의 온도 10℃, 사용할 물의 양 4kg일 때 사용할 얼음의 양은?

① 100g

② 200g

③ 300g

④ 400g

09 다음과 같은 조건의 스펀지 반죽법에서 사용할 물의 온도는?

원하는 반죽 온도 26℃	마찰계수 20	실내 온도 26℃
스펀지 반죽 온도 28℃	밀가루 온도 21℃	

① 19℃

② 9℃

③ -21℃

④ -16℃

05 해설

냉동 반죽법의 반죽 온도는 반죽의 글루텐 생성과 발전 능력, 급속 냉동 시 냉해에 대한 피해 방지를 고려하여 설정한다.

정답 : ③

06 해설

식품을 급속 냉동하면 얼음 결정이 팽창하지 않아서 결정 크기가 작게 형성된다.

정답 : ③

07 해설

냉동 반죽은 일부 이스트의 냉해로 인한 글루타티온의 생성으로 반죽이 퍼진다. 반죽이 퍼지는 것을 막기 위하여 이스트 푸드를 증가시킨다.

정답 : ④

08 해설

얼음사용량=사용할 물의 양×(수돗물 온도-사용할 물 온도)/(80+수돗물 온도)

정답 : ④

09 해설

사용할 물 온도=(희망 온도×4)-(밀가루 온도+실내 온도+마찰계수+스펀지 반죽 온도)

정답 : ②

10 해설

공정 시간 단축은 비상 반죽법의 목적이다. 발효를 시키는 목적은 반죽의 팽창 작용, 반죽의 숙성 작용, 빵의 풍미 생성 등이 있다.

정답 : ①

11 해설

발효실 온도가 정상보다 낮으면 발효 시간이 길어진다.

정답 : ②

12 해설

제빵용 이스트는 약산성에서 가장 잘 발효된다.

정답 : ③

13 해설

2%×150분/100분=3%

정답 : ③

14 해설

가감하고자 하는 이스트의 양=기존 이스트의 양×기존의 발효 시간/조절하고자 하는 발효 시간

정답 : ②

10 발효의 목적이 아닌 것은?

① 공정 시간 단축
② 풍미 향상
③ 반죽의 신장성 향상
④ 가스 보유력 증대

11 다음 중 발효 시간을 연장시켜야 하는 경우는?

① 식빵 반죽 온도가 27℃이다.
② 발효실 온도가 24℃이다.
③ 이스트 푸드가 충분하다.
④ 1차 발효실 상대 습도가 80%이다.

12 빵 발효에 영향을 주는 요소에 대한 설명으로 틀린 것은?

① 사용하는 이스트의 양이 많으면 발효 시간이 감소된다.
② 삼투압이 높으면 발효가 지연된다.
③ 제빵용 이스트는 약알칼리성에서 가장 잘 발효된다.
④ 적정량의 손상된 전분은 발효성 탄수화물을 공급한다.

13 이스트 2%를 사용했을 때 150분 발효시켜 좋은 결과를 얻었다면, 100분 발효시켜 같은 결과를 얻기 위해 얼마의 이스트를 사용하면 좋은가?

① 1%   ② 2%
③ 3%   ④ 4%

14 2% 이스트로 4시간 발효했을 때 가장 좋은 결과를 얻는다고 가정할 때 발효 시간을 3시간으로 감소시키려면 이스트의 양은 얼마로 해야 하는가? (단, 소수 셋째 자리에서 반올림하시오.)

① 2.16%   ② 2.67%
③ 3.16%   ④ 3.67%

15 3% 이스트를 사용하여 4시간 발효시켜 좋은 결과를 얻는다고 가정할 때 발효 시간을 3시간으로 줄이려 한다. 이때 필요한 이스트의 양은? (단, 다른 조건은 모두 같다.)

① 3.5%
② 4%
③ 4.5%
④ 5%

16 버터 톱 식빵 제조 시 분할 손실이 3%이고, 완제품 500g짜리 4개를 만들 때 사용한 강력분의 양으로 가장 적당한 것은? (단, 총배합률은 195.8%이다.)

① 약 1,065g
② 약 2,140g
③ 약 1,053g
④ 약 1,123g

17 완제품 중량이 400g인 빵 200개를 만들고자 한다. 발효 손실이 2%이고 굽기 및 냉각 손실이 12%라고 할 때 밀가루 중량은? (단, 총 배합률은 180%이며 소수점 이하는 반올림한다.)

① 51,536g
② 54,725g
③ 61,320g
④ 61,940g

18 빵 90g짜리 520개를 만들기 위해 필요한 밀가루의 양은? (단, 제품 배합률은 180%, 발효 및 굽기 손실은 무시한다.)

① 10kg
② 18kg
③ 26kg
④ 31kg

19 다음 중 중간 발효의 설명으로 옳은 것은?

① 상대 습도 85% 전후로 시행한다.
② 중간 발효 중 습도가 높으면 껍질이 형성되어 빵 속에 단단한 소용돌이가 생성된다.
③ 중간 발효 온도는 27~29℃가 적당하다.
④ 중간 발효가 잘되면 글루텐이 잘 발달한다.

15 해설

가감하고자 하는 이스트의 양=기존 이스트의 양×기존의 발효 시간/조절하고자 하는 발효 시간

정답 : ②

16 해설

(완제품의 중량×개수)/{1-(분할 손실/100)}×밀가루의 비율/총배합률 =사용할 강력분의 양

정답 : ③

17 해설

밀가루 무게=반죽의 무게×100%/180%

정답 : ①

18 해설

90g×520개×100%/180%/1,000g

정답 : ③

19 해설

상대 습도 75%로 시행한다. 중간 발효 중 습도가 낮으면 껍질이 형성되어 빵 속에 단단한 소용돌이가 생성된다. 중간 발효가 잘되면 손상된 글루텐 구조를 재정돈한다.

정답 : ③

20　팬 오일의 구비 조건이 아닌 것은?

① 높은 발연점
② 무색, 무미, 무취
③ 가소성
④ 항산화성

21　제빵 시 굽기 단계에서 일어나는 반응에 대한 설명으로 틀린 것은?

① 반죽 온도가 60℃로 오르기까지 효소와 작용이 활발해지고 휘발성 물질이 증가한다.
② 글루텐은 90℃부터 굳기 시작하여 빵이 다 구워질 때까지 천천히 계속된다.
③ 반죽 온도가 60℃에 가까워지면 이스트가 죽기 시작한다. 그와 함께 전분이 호화하기 시작한다.
④ 표피 부분이 160℃를 넘어서면 당과 아미노산이 마이야르 반응을 일으켜 멜라노이드를 만들고, 당의 캐러멜화 반응이 일어나고 전분이 덱스트린으로 분해된다.

22　다음 중 빵 굽기의 반응이 아닌 것은?

① 이산화탄소의 방출과 노화를 촉진시킨다.
② 빵의 풍미 및 색깔을 좋게 한다.
③ 제빵 제조 공정의 최종 단계로 빵의 형태를 만든다.
④ 전분의 호화로 식품의 가치를 향상시킨다.

23　빵 포장의 목적으로 부적합한 것은?

① 빵의 저장성 증대
② 빵의 미생물 오염 방지
③ 수분 증발 촉진
④ 상품의 가치 향상

24 500g의 완제품 식빵 200개를 제조하려고 할 때, 발효 손실이 1%, 굽기 냉각 손실이 12%, 총 배합률이 180%라면 밀가루의 무게는?

① 47kg

② 55kg

③ 64kg

④ 71kg

25 완제품 중량이 400g인 빵 200개를 만들고자 한다. 발효 손실이 2%이고 굽기 및 냉각 손실이 12%라고 할 때 밀가루 중량은? (단, 총배합률은 180%이며 g 이하는 반올림한다.)

① 51,536g

② 54,725g

③ 61,320g

④ 61,940g

26 공장 설비 중 제품의 생산 능력은 어떤 설비가 기준이 되는가?

① 오븐

② 발효기

③ 믹서

④ 작업 테이블

27 대량 생산 공장에서 많이 사용되는 오븐으로 반죽이 들어가는 입구와 제품이 나오는 출구가 서로 다른 오븐은?

① 데크 오븐

② 터널 오븐

③ 로터리래크 오븐

④ 컨벡션 오븐

28 수평형 믹서를 청소하는 방법으로 올바르지 않은 것은?

① 청소하기 전에 전원을 차단한다.

② 생산 직후 청소를 실시한다.

③ 물을 가득 채워 회전시킨다.

④ 금속으로 된 스크래퍼를 이용하여 반죽을 긁어낸다.

24 해설

밀가루의 중량=반죽 총중량×밀가루의 비율/총배합률

정답 : ③

25 해설

밀가루의 중량=반죽 총중량 × 밀가루의 비율/총배합률

정답 : ①

26 해설

오븐의 제품 생산 능력을 고려하지 않고 믹서와 발효실에서 많은 반죽량을 만들면 반죽이 지치게 된다.

정답 : ①

27 해설

터널 오븐 : 터널을 통과하는 동안 온도가 다른 몇 개의 구역을 지나면서 굽기가 끝난다. 빵틀의 크기에 거의 제한받지 않고, 윗불과 아랫불의 조절이 쉽다. 넓은 면적이 필요하고 열손실이 큰 결점이 있다.

정답 : ②

28 해설

수평형 믹서는 플라스틱으로 된 스크래퍼를 이용하여 반죽을 긁어낸다.

정답 : ④

29 해설

불란서빵의 2차 발효실의 상대 습도를 75~80%로 낮게 설정하는 이유는 반죽이 퍼지는 것을 방지하여 팬에서의 흐름을 막아 모양을 좋게 하고 바삭한 껍질을 만들기 위해서이다.

정답 : ②

30 해설

옥수수 분말에는 글루텐이 없어 반죽 발전이 빠르기 때문에 80%가 적당하다.

정답 : ②

31 해설

오레가노는 마조람의 일종으로 와일드 마조람이라고 불리듯이 야생종에 걸맞게 톡 쏘는 향기가 특징이다.

정답 : ②

32 해설

건포도 식빵은 다른 빵과 달리 당분이 많은 건포도가 함유되어 있기에 이형제를 많이 바른다. 이형제란 제품이 틀에서 잘 떨어지도록 바르는 기름이다.

정답 : ④

33 해설

최종 단계에서 전처리한 건포도, 옥수수를 넣고 으깨지지 않도록 고루 혼합한다.

정답 : ①

29 불란서빵의 2차 발효실 습도로 가장 적합한 것은?

① 65~70%   ② 75~80%

③ 80~85%   ④ 85~90%

30 옥수수빵 배합 시 일반 빵과 비교하여 믹싱 타임은 얼마나 주어야 하는가?

① 60%   ② 80%

③ 100%   ④ 120%

31 피자 제조 시 많이 사용하는 향신료는?

① 넛메그   ② 오레가노

③ 박하   ④ 계피

32 다음 중 팬 기름칠을 다른 제품보다 더 많이 하는 제품은?

① 베이글   ② 바게트

③ 단팥빵   ④ 건포도 식빵

33 건포도 식빵, 옥수수 식빵을 만들 때 건포도, 옥수수는 믹싱의 어느 단계에 넣는 것이 좋은가?

① 최종 단계 후

② 클린업 단계 후

③ 발전 단계 후

④ 렛다운 단계 후

34 단백질 분해 효소인 프로테아제를 햄버거빵 반죽에 첨가하는 이유로 가장 알맞은 것은?

① 껍질색 개선을 위하여
② 발효 내구력을 증가시키기 위하여
③ 팬 흐름성을 좋게 하기 위하여
④ 저장성 증가를 위하여

35 제빵 시 완성된 빵의 부피가 비정상적으로 크다면 그 원인으로 가장 적합한 것은?

① 소금을 많이 사용하였다.
② 알칼리성 물을 사용하였다.
③ 오븐 온도가 낮았다.
④ 믹싱이 고율배합이다.

36 발효가 지나친 반죽으로 빵을 구웠을 때의 제품 특성이 아닌 것은?

① 빵 껍질색이 밝다.   ② 신 냄새가 난다.
③ 체적이 적다.   ④ 제품의 조직이 고르다.

37 어린 반죽(발효가 덜 된 반죽)으로 제조를 할 경우 중간 발효 시간은 어떻게 조절되는가?

① 길어진다.   ② 짧아진다.
③ 같다.   ④ 판단할 수 없다.

38 빵 속에 줄무늬가 생기는 원인이 아닌 것은?

① 덧가루 사용이 과다한 경우
② 반죽개량제의 사용이 과다한 경우
③ 밀가루를 체로 치지 않은 경우
④ 너무 되거나 진 반죽인 경우

34 해설

햄버거빵이 햄버거빵 전용 팬의 모양대로 구워지려면 팬 안을 반죽이 채울 수 있도록 흐름성이 좋아야 한다. 그래서 단백질 분해 효소인 프로테아제를 첨가한다.

정답 : ③

35 해설

오븐 온도가 낮으면 오븐 라이즈가 오래 지속되어 빵의 부피가 비정상적으로 커진다.

정답 : ③

36 해설

발효가 지나치게 된 반죽으로 빵을 구우면 제품의 조직이 불규칙하다.

정답 : ④

37 해설

어린 반죽을 분할한 경우 중간 발효 시간을 길게 하여 부족한 발효 시간을 보충한다.

정답 : ①

38 해설

반죽이 너무 된 경우에는 빵 속에 줄무늬가 생기지만 진 경우에는 줄무늬를 만드는 직접적 원이 되지 않는다.

정답 : ④

39 식빵에 설탕을 정량보다 많이 사용하였을 때 나타나는 현상은?

① 껍질이 엷고 부드러워진다.

② 발효가 느리고 팬의 흐름성이 많다.

③ 껍질색이 연하여 둥근 모서리가 보인다.

④ 향미가 적으면 속색이 회색 또는 황갈색을 보인다.

40 빵 제품의 껍질색이 연한 원인의 설명으로 거리가 먼 것은?

① 1차 발효 과다   ② 낮은 오븐 온도

③ 덧가루 사용 과다   ④ 고율배합

41 일반 스트레이트법을 비상 스트레이트법으로 변경시킬 때 필수적 조치는?

① 설탕 사용량을 1% 감소시킨다.

② 소금 사용량을 1.75%까지 감소시킨다.

③ 분유 사용량을 감소시킨다.

④ 이스트 푸드 사용량을 0.5~0.75%까지 증가시킨다.

42 냉동 반죽의 특성에 대한 설명 중 틀린 것은?

① 냉동 반죽에는 이스트 사용량을 늘린다.

② 냉동 반죽에는 당, 유지 등을 첨가하는 것이 좋다.

③ 냉동 중 수분의 손실을 고려하여 될 수 있는 대로 진 반죽이 좋다.

④ 냉동 반죽은 분할량을 적게 하는 것이 좋다.

43 반죽의 혼합 과정 중 유지를 첨가하는 방법으로 올바른 것은?

① 밀가루 및 기타 재료와 함께 계량하여 혼합하기 전에 첨가한다.

② 반죽이 수화되어 덩어리를 형성하는 클린업 단계에서 첨가한다.

③ 반죽의 글루텐 형성 중간 단계에서 첨가한다.

④ 반죽의 글루텐 형성 최종 단계에서 첨가한다.

44 오버 베이킹에 대한 설명으로 옳은 것은?

① 높은 온도의 오븐에서 굽는다.
② 짧은 시간에 굽는다.
③ 제품의 수분 함량이 많다.
④ 제품의 노화가 빠르다.

44 해설

오버 베이킹은 낮은 온도에서 긴 시간 굽기 때문에 완제품의 수분 함량이 적어 노화가 빠르다.

정답 : ④

45 빵을 구웠을 때 갈변이 되는 것은 어떤 반응에 의한 것인가?

① 비타민 C의 산화에 의하여
② 효모에 의한 갈색 반응에 의하여
③ 마이야르 반응과 캐러멜화 반응이 동시에 일어나서
④ 클로로필이 열에 의해 변성되어서

45 해설

마이야르 반응은 환원당과 아미노산이 결합하여 일어나는 반응이다. 캐러멜화 반응은 설탕 성분이 갈변하는 반응이다.

정답 : ③

46 식빵의 온도를 28℃까지 냉각한 후 포장할 때 식빵에 미치는 영향은?

① 노화가 일어나서 빨리 딱딱해진다.
② 빵에 곰팡이가 쉽게 발생한다.
③ 빵의 모양이 찌그러지기 쉽다.
④ 식빵을 슬라이스하기 어렵다.

46 해설

35~40℃보다 낮은 오도에서의 포장은 노화가 가속되고 껍질이 빨리 딱딱해진다.

정답 : ①

47 식빵의 옆면이 쑥 들어간 원인으로 옳은 것은?

① 믹서의 속도가 너무 높았다.
② 팬 용적에 비해 반죽의 양이 너무 많았다.
③ 믹싱 시간이 너무 길었다.
④ 2차 발효가 부족했다.

47 해설

식빵의 옆면이 찌그러진 경우의 원인은 지친 반죽, 오븐 열의 고르지 못함, 지나친 2차 발효, 팬 용적보다 넘치는 반죽의 양 등이 있다.

정답 : ②

식품 위생학

식품 위생학이란?

1. 식품 위생의 정의

1955년 세계보건기구(WHO)에서 '식품 위생이란 식품의 생육, 생산, 제조로부터 최종적으로 사람에게 섭취되기까지의 모든 단계에 있어서 식품의 안정성, 건전성, 완전성을 확보하기 위해 필요한 모든 수단'이라고 정의했다.

2. 식품 위생의 대상 범위

❶ 식품, 식품 첨가물, 기구, 요기와 포장을 대상 범위로 한다.
❷ 모든 음식물을 말하나 의약으로 섭취하는 것은 예외로 한다.

> **× TIP ×   안전한 식품**
>
> ○ 부패 또는 변질되지 않는 것
> ○ 유독 또는 유해 물질이 함유되어 있지 않은 것
> ○ 병원 미생물에 오염되어 있지 않은 것
> ○ 불결한 것이나 이물 등이 존재하지 않는 것

3. 식품 위생의 목적

❶ 식품으로 인한 위생상의 위해 사고 방지
❷ 식품 영양의 질적 향상 도모
❸ 국민 보건의 향상과 증진에 기여함

4. 유해 식품의 생성 요인

자연적 요인	• 식품 자체의 유독 물질 : 동물성 자연독, 식물성 자연독 • 생물에 의한 오염 : 병원 미생물, 기생충, 기타 생물
인위적 요인	• 제조, 가공 중에 참가 또는 생성되는 물질 : 유해 첨가물, 포장용출물 • 환경오염 : 수질오염, 토양오염, 대기오염

미생물과 식품의 변질

1. 미생물이란

주로 단일세포 또는 균사로 몸을 이루며, 생물로서 최소 생활 단위를 영위한다. 조류, 균류, 원생동물류, 사상균류, 효모류와 한계적 생물이라고 할 수 있는 바이러스 등이 속한다.

2. 미생물의 발육 조건

❶ 영양소

❷ 수분 : 몸체를 구성하고 생리 기능을 조절하며, 미생물에 따라 보통 40% 이상의 수분이 필요하다.

❸ 온도

- 저온균 : 0~25℃(최적 온도 : 10~20℃)
- 중온균 : 15~55℃(최적 온도 : 25~37℃)
- 고온균 : 40~70℃(최적 온도 : 50~60℃)

3. 식품의 변질

부패	단백질 식품이 미생물에 의해 분해 작용을 받아 악취와 유해 물질을 생성하는 현상
변패	단백질 이외의 성분을 갖는 식품이 변질되는 것

4. 식품의 부패

❶ 광택과 탄력이 없어진다.

❷ 냄새가 난다.

❸ 색깔이 변하게 된다.

> **× TIP ×** 부패에 영향을 주는 요인
>
> 온도, 수분 함량, 습도, 산소, 열

5. 부패 방지 대책

❶ 물리적 처리에 의한 방법

건조법	• 일광 건조법 : 농산물이나 해산물 건조에 사용(고추, 미역, 김) • 고온 건조법 : 90℃ 이상에서 건조시키는 방법으로 산화, 퇴색하는 결점이 있음 • 배건법 : 직접 불로 건조시키는 방법(보리차, 커피) • 열풍 건조법 : 가열된 공기로 건조시키는 방법(육류, 난류 등) • 냉동 건조법 : 냉동시켜 건조시키는 방법(한천, 건조 두부, 당면) • 분무 건조법 : 액체를 분무하여 건조시키는 방법(분유) • 감압 건조법 : 감압 저온으로 건조시키는 방법(건조 채소, 건조 달걀)
냉장 냉동법	• 냉장법 : 0~10℃에서 저장 • 냉동법 : 평균 -18℃(급속 냉동-40℃)에서 저장
가열 살균법	보통 세균은 70℃에서 30분 정도 가열하면 포자를 형성하고 120℃에서 20분 정도(가압 살균) 가열해야 살균된다.
자외선 살균법	식품 품질에 영향을 미치지 않으나 식품 내부까지 살균할 수 없는 단점이 있다.
방사선 살균법	코발트 조사

❷ 화학적 처리에 의한 방법

염장법	식품에 10%의 소금물을 침투시켜 삼투압을 이용하여 탈수, 건조시켜 보존하며 동시에 미생물도 원형질 분리를 일으켜 생육을 억제시킨다.
당장법	50% 이상의 설탕액에 저장하여 삼투압에 의해 일반 세균의 번식, 부패 세균의 생육을 억제시킨다.
산 저장법	3%의 식초산이나 젖산을 이용하여 식품을 저장하는 방법으로, 유기산이 무기산보다 미생물 번식 억제 효과가 크다.
가스 저장법	식품을 탄산가스나 질소가스 속에 보존하는 방법으로, 호흡 작용을 억제하여 호기성 부패 세균의 번식을 저지하는 방법이다.
훈연법	수지가 적은 활엽수(잣나무, 벚나무, 떡갈나무)의 연기 중의 알데히드나 페놀과 같은 살균 물질을 육질에 연기와 함께 침투시켜 저장하는 방법으로 소시지, 햄 등이 있다.

소독과 살균

1. 소독 : 비교적 약한 살균력을 작용시켜 병원 미생물의 생활력을 파괴하며, 감염의 위험성을 없애는 것

❶ 병원균을 대상으로 한다.

❷ 병원 미생물을 죽이는 조작이다.

❸ 비병원성 미생물은 남아 있어도 무방하다.

2. 살균 : 미생물에 대한 물리, 화학적 자극을 주어 미생물을 단시간 내에 사멸시키는 것

❶ 모든 미생물을 대상으로 한다.

❷ 세균을 완전히 죽여(사멸) 무균 상태로 한다.

3. 방부 : 미생물의 번식으로 인한 식품의 부패를 방지하는 방법으로 미생물의 증식을 정지시키는 것이다. 식품 또는 세균이 생성하는 효소 작용을 억제하여 식품의 신선도를 보존하는 물질로 사용된다.

4. 소독제의 구비 조건

❶ 미량으로 살균력이 있어야 한다.

❷ 부식성과 표백성이 없어야 한다.

❸ 경제적이어야 한다.

❹ 사용법이 간편하고 안전해야 한다.

5. 소독과 살균법

석탄산(페놀)용액	• 3~5%의 수용액을 사용하여 기구, 손, 오물 등을 소독한다. • 석탄산(페놀)용액은 순수하고 살균력이 안정되어 다른 소독제의 살균력 표시 기준이 된다.
역성비누	• 무독성으로 손, 식품, 기구(주방 용품, 식기류) 등에 주로 사용하며, 살균력이 강하다. • 보통 비누와 섞어 사용하거나 유기물(단백질)이 존재하면 효과가 떨어진다.
과산화수소	3% 수용액을 사용하며, 피부 소독 및 상처 부위를 소독한다.
알코올	70~75% 용액을 주로 사용하며, 피부 소독 및 상처 부위를 소독한다.
생석회	오물 소독에 가장 우선적으로 사용한다.
승홍수	0.1% 수용액을 주로 손 소독에 사용하며, 금속 부식성이 강하므로 주의해야 한다.
포르말린	30~40% 수용액을 사용한다.

전염병과 식품 위생

0 4

1. 전염병 발생 조건

❶ 전염원 : 병원체

❷ 전염 경로 : 환경

❸ 숙주의 감수성

2. 법정 전염병

❶ 제1종 : 콜레라, 발진티푸스, 페스트, 장티푸스, 파라티푸스, 두창, 황열, 세균성 이질 등

❷ 제2종 : 소아마비 홍역, 백일해, 광견병, 말라리아, 일본뇌염, 아베바성 이질 등

❸ 제3종 : 결핵, 성병, 문둥병 등

3. 인축(인수) 공통 전염병

❶ 인축 공통 전염병의 예방법

- 가죽의 건강 관리 및 이환 동물의 조기 발견과 예방 접종
- 이환된 동물의 판매 및 수입 방지
- 도살장이나 우유처리장의 검사 철저

❷ 중요 인축 공통 전염병과 연관되는 가축

파상열(브루셀라증)	소, 돼지, 개, 닭 등
야토병	산토끼, 양 등
결핵	소, 산양 등
큐열(Q열)	쥐, 소, 양 등
탄저병	소, 말, 양 등의 포유동물

4. 식품 위생의 목적

❶ 식품으로 인한 위생상의 위해를 방지해야 한다.

❷ 식품 영양상의 질적 향상을 시켜야 한다.

❸ 국민보건의 향상과 증진에 기여해야 한다.

5. 기생충

❶ 채소류를 통하여 감염되는 기생충

회충	우리나라 특히 농촌에서 감염률이 높으며 분변의 회충 수정란에 의해 전염되며 약물에 저항력이 강해 소독제 등으로 쉽게 죽지 않는다.
구충(십이지장충)	주로 피부를 통한 경피 감염을 하나 경구 감염도 되며, 채독벌레라고도 한다.
편충	우리나라를 비롯하여 열대지방에서 특히 감염률이 높다.
요충	산란 장소가 항문 주위로 손가락, 침구류 등을 통해 감염되기 쉽다.

❷ 육류를 통하여 감염되는 기생충

무구조충(민촌충)	쇠고기 등을 가열하지 않고 먹었을 때 감염되는 기생충
유구조충 (갈고리촌충)	돼지고기로부터 감염되는 기생충

❸ 어패류를 통하여 감염되는 기생충

간디스토마	• 제1 중간 숙주 → 왜우렁이 • 제2 중간 숙주 → 민물고기
폐디스토마	• 제1 중간 숙주 → 다슬기 • 제2 중간 숙주 → 게 가재
광절열두조충	• 제1 중간 숙주 → 물벼룩 • 제2 중간 숙주 → 연어, 숭어, 농어

식중독

0 5

1. 세균에 의한 식중독

❶ 구분

감염형 식중독	살모넬라 식중독, 장염비브리오 식중독, 병원성대장균 식중독 등으로 식중독의 원인이 직접 세균에 의하여 발생하는 중독을 말한다.
독소형 식중독	보툴리누스 식중독, 포도상구균 식중독, 웰치균 식중독 등으로 식중독의 원인인 세균이 분비하는 독소에 의하여 발생하는 중독을 말한다.

❷ 종류 및 증상

구분	식중독 종류	감염원 및 증상
감염형 식중독	살모넬라	• 살모넬라균에 오염된 식품, 파리, 쥐, 바퀴가 전파한다. • 원인 식품으로 육류 및 그 가공품, 어패류, 우유 및 유제품이 있다. • 증상 : 24시간 이내 발열, 구토, 복통, 설사, 인축 공통으로 발병하며, 발열이 특징이다. • 예방 : 열에 약하므로 가열(60℃에서 30분이면 사멸)하여 예방한다.
	감염비브리오	• 호염성 비브리오균, 어패류 생식 및 하절기에 주로 발생한다. • 해수(염분 3%)에서 잘 생육한다. • 증상 : 설사와 구토, 발열, 복통 등이다.
	병원성대장균	• 원인균은 병원성대장균이며, 잠복기는 10~24시간 정도이다. • 증상 : 설사, 발열, 두통, 복통 등이다.
독소형 식중독	웰치균	• 어패류 및 육류와 가공 식품이 원인이다. • 증상 : 심한 설사, 복통 등이다. • 예방법 : 혐기성, 내열성이므로 조리 후 급냉 또는 저온 보관한다.
	보툴리누스	• 신경 독소인 뉴로톡신(neurotoxin)으로 살균되지 않은 통조림 등에서 발생하며, 치사율이 64~68% 정도이다. • 증상 : 언어 장애, 신경 마비, 시력 장애, 동공 확대 등이다.
	포도상구균	• 황색포도상구균이 원인이며, 독소는 엔토로톡신(enterotoxin)이다. • 원인 식품으로 우유 및 유제품, 떡, 빵, 과자류 등이 있다. • 잠복기가 3~5시간으로 짧다. • 우리나라에서 많이 발생하는 식중독이며, 조리자의 화농에 의해 감염된다.

2. 자연독에 의한 식중독

테트로도톡신(tetrodotoxin)	복어(난소와 고환에 다량 함유)
베네루핀(venerupin)	모시조개, 굴 등의 독소
삭시톡신(saxitoxin)	섭조개, 대합조개 등의 독소
무스카린(muscarine)	광대버섯
솔라닌(solanine)	감자(발아 부위, 싹이 틀 때 생성되는 물질)
고시폴(gossypol)	면실유(잘못 정제된 면실에 남아 있는 특성 물질)
시큐톡신(cicutoxin)	독미나리
맥각 알칼로이드(맥각 alkaloid)	맥각
아미그달린(amygdalin)	청매

3. 유해 금속에 의한 식중독

As(비소)	밀가루로 오인하여 식품에 첨가되어 구토, 위통, 경련을 일으키는 급성 중독
Pb(납)	도료, 안료, 농약 등에 의해 오염, 피로, 소화기 장애 등의 증상
Hg(수은)	미나마타병으로 구토, 혈변을 일으키는 급성 중독
Cd(카드뮴)	용기나 도구에 도금된 카드뮴 성분으로 이타이이타이병을 일으키며 신장 장애, 골연화증 등의 증상
Zn(아연)	기구의 합금, 도금 재료의 성분으로 복통, 설사, 구토, 경련 등의 증상
At(안티몬)	법랑, 도자기 착색제로 사용되며 구토, 설사, 경련 등의 증상
Sn(주석)	통조림관 내면의 도금 재료로 사용되며 구토, 설사, 복통 등의 증상

4. 유해 첨가물에 의한 중독

표백제	롱가리트 등
방부제	붕산, 불소화합물, 승홍, 포름알데히드, 페놀 및 그 유도체 등
착색료	아우라민, 로다민 B 등
증량제	탄산칼슘, 탄산나트륨, 규산알루미늄, 규산마그네슘, 산성백토 등
감미료	페놀라틴, 둘신, 사이클라메이트, 에틸렌글리콜 등

5. 농약에 의한 중독

유기인제제	파라치온, 텝(Tepp)
유기염소제	디디티(DDT), 비에이치씨(BHC) 등

6. 식중독 환자의 조치 사항

먼저 환자의 구호에 최선을 다한 다음 원인을 찾아 사고의 확대를 막아야 한다. 위장 증세가 나타나면 즉시 진단을 받은 후 보건소에 신고할 뿐만 아니라 식중독의 원인 식품이나 분변 구토물의 정확한 상황을 제시한다.

7. 하절기 원·부재료 중점 관리 사항

❶ 원료 검수 체제 확립(입고 시 검사) : 특히 난류, 유제품, 너트류, 페이스트류 등
❷ 원료 관리 시설의 점검(냉장고, 저온 창고 등)
❸ 원료 사용 전 관능검사 실시 철저 : 변질, 오염 등의 증상 판단
❹ 원료 취급자의 개인위생 관리를 철저히 한다.
❺ 부재료의 보관 중 흡습, 변형 여부를 철저히 관리한다.
❻ 표시사항 등 변경 이전품 관리를 강화한다.
❼ 전 제품 제조실 입고 전에 에어클리너로 청소를 해야 한다.
❽ 원·부재료의 사전 예방 및 사후 관리 철저

8. 개인위생

복장(위생복 착용)	• 위생모와 위생복을 착용하고 복장은 항상 청결해야 한다. • 위생복을 착용하고 외출하는 것을 금지한다.
감염 예방	• 손을 항상 청결히 하고 손의 세척과 소독을 철저히 한다. • 정기적으로 건강 진단을 받는다. • 정기적 또는 임시로 예방 접종을 받는다. • 피부병, 화농 등이 있는 사람의 작업을 금지시킨다.

식품 첨가물

0 6

1. 식품 첨가물의 정의

식품 위생법 제2조 제3항에 '첨가물(food additive)이라 함은 식품을 제조, 가공 또는 보존함에 있어 식품에 첨가, 혼합, 침윤, 기타의 방법으로 사용되는 물질을 말한다.'라고 규정되어 있다.

2. 사용 목적

❶ 식품의 외관을 만족시키고 기호성을 높이기 위해(기호성)

❷ 식품의 변질, 변패를 방지하기 위해

❸ 식품의 품질을 개량하여 저장성을 높이기 위해(저장성)

❹ 식품의 향과 풍미를 개선하고 영양을 강화하기 위해

❺ 식품의 제조에 사용하기 위해

3. 식품 첨가물의 구비 조건

❶ 사용하기 간편하고, 가격이 저렴해야 한다.

❷ 독성이 없거나 극히 적어야 한다(안정성).

❸ 미량으로 효과가 커야 한다.

❹ 변질 미생물에 대한 증식 억제 효과가 커야 한다.

❺ 무미, 무취이고 자극성이 없어야 한다.

❻ 공기 및 열에 안전하고 pH에 의한 영향을 받지 않아야 한다.

4. 판매 금지된 식품 첨가물

❶ 부패 또는 변패되었거나 미숙한 것

❷ 유해 또는 유독 물질이 함유되었거나 부착된 것

❸ 불결하거나 이물질의 혼입 및 첨가된 것

❹ 병원 미생물에 의해 오염된 것

❺ 중요 성분 또는 영양 성분의 전부나 일부가 감소되어 고유의 가치를 잃게 된 것

5. 식품 첨가물의 표시

❶ 일반 표시 기준 사항 : 표시 항목은 용기 또는 포장의 보기 쉬운 곳에 알아보기 쉽도록 한글로 표시하여야 하며, 용기 또는 포장이 투시할 수 있는 것일 때에는 그 내부에 표시한다.

❷ 공통 표시 기준 사항

제품명	제품은 허가받은 명칭을 같은 크기의 글자로 표시하여야 하며, 특정 성분을 제품명으로 사용하고자 하는 경우 성분 배합 기준에 규정된 기준 함량 이상이어야 한다. 단, 특정 성분을 제품명으로 사용할 경우, 반드시 제품명 아래에 그 성분 및 함량을 4호 활자 이상으로 표시한다.
제조업소명	식품 및 첨가물을 제조한 업소는 제조업소명 및 소재지를 표시해야 한다. 제조업소명 외에 판매업소명을 병기하여 표시하고자 할 때에는 제조업소명과 같거나 작은 크기의 활자로 표시해야 한다.
제조년월일	제품 포장의 오른쪽 아래에 5호 활자 이상으로 지워지지 않는 잉크 또는 각인을 사용하여 년월 일 또는 XX.XX.XX로 잘 보이도록 표시하여야 하며, 자동 포장기의 사용으로 인하여 표시가 곤란한 경우에는 같은 위치에 표시 부위를 명시하여야 한다.
허가번호와 용량	허가관청의 영업 허가번호 및 품목제조 허가번호를 표시하여야 하며 내용물의 용량, 중량 또는 개수를 표시하여야 한다.
명칭과 용도, 함량	첨가물이 함유된 식품에 있어서는 그 함유된 첨가물의 명칭과 용도를 표시한다. 또 향을 첨가할 목적으로 사용되는 것을 제외한 화학적 합성품을 혼합한 첨가물에 있어서는 혼합된 화학적 합성품의 명칭 및 함량을 표시해야 한다.
개별 표시사항	어떤 식품 첨가물이 품목으로 생산, 유통되는 경우 '식품 첨가물'의 표시를 하여야 하며, 혼합 제제 제품에 있어서는 '혼합 제제'로 표시하여야 한다. 다른 색소를 혼합 또는 희석한 제제에 있어서는 '혼합' 또는 '희석'이라는 표시와 실제의 색상 명칭을 표기하여야 한다.

6. 식품 첨가물의 분류

❶ 식품 공학적 기능에 따른 첨가물의 분류

A) 보존료(방부제) : 미생물의 발육을 억제하는 정균 작용과 미생물을 살균시키는 살균 작용, 식품 또는 세균이 생성하는 효소 작용을 억제하여 식품의 신선도를 보존하는 물질을 말한다.

방부제의 종류	사용 가능 식품류
디하이드로아세트산	치즈, 버터, 마가린
프로피온산칼슘, 프로피온산나트륨	빵류, 과자류
소르브산염	어육 제품, 된장, 고추장
안식향산염(벤조산)	간장, 청량음료

B) 산화방지제(항산화제) : 식품 중의 지방질 성분이나 유지류가 산패를 일으키는 유도 기간 및 산화 속도를 연장하는 물질 또는 요인들이라 정의한다.

항산화제 종류		용도
합성 항산화제	BHA	옥수수기름, 각종 정제류
	BHT	쇼트닝, 마가린 등
	PG	식용 유지, 지방산 식품류 등
자연 항산화제	비타민 E(토코페롤)	쇼트닝, 각종 식용류 등
	세사몰	참기름에 존재한다.

C) 밀가루 개량제 : 제분한 밀가루의 가공성을 향상하기 위해 표백과 숙성이라는 과정에서 화학적 개량제를 첨가한다. 신선한 밀로 제분한 밀가루에는 글루텐의 성질이 약하고 신장력은 큰데 반해서 탄력성이 부족하다. 밀가루에 함유되어 있는 -SH기가 단백질 분해 효소인 프로테아제를 활성시키기 때문이다. 밀가루 개량제는 이와 같은 작용을 억제시켜 밀가루의 가공적성을 향상시키며, 장시간 저장 중의 품질 변화를 억제하기 위해서도 사용한다. 숙성 온도는 24~27℃이며, 숙성 기간은 3~4주가 바람직하다.

제빵용 밀가루의 글루텐 강화용	제빵용 밀가루의 발효 촉진용
과황산암모늄, 브롬산칼륨 과붕산소다, 과산화아세톤 비타민 C	염화암모늄, 황산암모늄 인산암모늄, 아밀라아제

D) 표백제 : 밀을 제분하면 밀가루는 누른빛의 크림색을 나타내는데, 이것은 밀가루에 함유되어 있는 지용성 카로티노이드에 속하는 크산토필이 주체가 되는 황색색소 때문이다. 이 색소는 대기 중에서 산호와 접촉하게 되면 산화가 이루어져 탈색이 되는데 이와 같은 현상을 자연 표백이라고 한다. 껍질 부위에 있는 밀기울의 색소(플라보노이드계)는 표백제에 의해 표백이 되지 않는다.

> × **TIP** ×   밀가루의 환원 표백의 문제점
>
> 밀기울에 함유된 짙은 색을 표백하기 위해 환원 표백을 하면 밀가루의 생명인 글루텐의 그물구조를 이완시켜 밀가루의 가공적성이 훼손되어 품질이 떨어지는 밀가루가 된다.

밀가루에 사용되는 화학 표백제	• 과산화벤졸 • 삼염화질소 • 과산화질소 • 염소 • 이산화염소

E) 이형제 : 빵, 과제 제조 시 반죽된 것이 용기나 모형 틀 등에 붙거나 빵, 과자 제품을 오븐에서 굽기를 할 때 달라붙어서 적당하게 굽히지 않거나 발효에 의한 가스 형성이 불균일한 경우를 방지하기 위해 첨가하는 물질을 말한다. 이형제는 대두유, 미강유 등의 액상 유지에 유화제, 증점제(호료)를 첨가하여 부착성을 향상시킨 것이며, 왁스, 파라핀, 식물성 유지, 동물성 유지(라드) 등이 이형제로 사용 가능하지만 현재 유동 파라핀이 유일하게 허가되어 있다. 유동 파라핀의 빵 속 최대 잔존 허용량은 0.1% 이하이며, 물을 이형제로 사용하는 제과 제품은 시폰 케이크, 엔젤 푸드 케이크 등이다.

F) 영양 강화제 : 밀가루 제품 등에 식품 영양 강화 목적을 위해 필수영양소를 인위적으로 첨가하는 첨가물로서 비타민류, 미기염류, 아미노산류 등이 있다

G) 품질 개량제 : 스테아릴 젖산 칼슘, 피로인산나트륨, 폴리인산나트륨 등을 말하며, 식품의 품질을 향상시키기 위하여 사용한다.

H) 증점제(호료) : 식품의 물성과 촉감을 향상시키기 위해 사용하는 첨가물을 말하며, 종류에는 카제인, 메틸셀룰로오스, 알긴산나트륨 등이 있다.

I) 계면활성제 : 두 액체가 혼합될 때 두 액체가 동일 종류가 아닌 경우에는 계면을 형성하게 되며 또한 장력이 형성된다. 이와 같이 계면에 작용하게 되는 계면자유에너지 또는 계면 장력을 급격하게 감소시켜줌으로써 혼합액체체계를 안정화시켜 주는 물질들을 말한다.

J) 소포제 : 식품 첨가물로 식품 제조 공정에서 단백질이나 질소화합물에 의해 거품이 발생하는 경우가 많다. 일단 제조 공정 중에 거품이 형성되면 우선 작업이 어렵고 발효 미생물의 호기조건을 방해하며 미생물 생육이 억제되고 거품 때문에 규정된 용량 이상의 제조 용기를 사용해야 하는 여러 가지 문제점을 개선하고자 불필요한 거품의 생성을 억제 또는 제거하기 위하여 사용하는 첨가물을 말한다.

기능	소포제는 주로 지방질 또는 지방유도체가 가지고 있는데, 거품 생성의 주원인은 단백질에 기인하므로 소포제를 첨가하여 단백질의 소수성과 친수성부분의 균형을 깨트려 거품 형성을 억제시키는 기능을 한다.
구비 조건	• 거품액에 불용성이어야 한다. • 표면 장력이 가능한 한 적어야 한다. • 거품액에 가능한 한 잘 분산되어야 한다.
종류	일반적으로 유화제(표면장력제, 계면활성제)가 소포제의 기능을 수행하는 경우도 있으며, 필요에 따라 분산제를 첨가하여 소포제의 안정성과 분산성을 높여주기도 한다. 대부분 공업용으로 사용되고 있으며, 실리콘수지(규소수지)만이 식품에 사용이 허가되어 있다. 소포제는 소포 외 목적으로는 사용할 수 없으며 사용량은 0.05g/kg 이하로 한다.

K) 피막제 : 식품 첨가물의 일종으로 수확 후의 과일이나 채소류 등의 호흡 작용과 증산 작용을 억제하기 위하여 표면에 계면활성제와 같은 피막제 등을 뿌리는 첨가물을 말한다.

기능	• 수분의 손실을 예방한다. • 공기 출입을 방지하여 저장 중에 발생하는 감량과 손상을 방지하여 신선도를 유지한다. • 식품 표면에 광택을 부여한다. • 상품의 가치를 높인다.
종류	• 몰포린지방산염 • 초산비닐수지

L) 발색제 : 착색료와 다르게 자신은 무색이며, 그 자체에 의해서는 절대 착색되지 않으나 식품 중에 존재하는 유색 물질과 상호작용하여 색을 발현시키거나 또는 색을 고정, 안정, 선명하게 하여 발색을 촉진시키는 첨가물을 말한다.

M) 착색료 : 식품, 약품, 화장품을 비롯하여 인체의 일부분에 색깔을 낼 수 있는 능력을 가진 색소로 안료, 기타 물질을 말한다.

사용 목적	식품의 크기, 가공 및 저장 중에 색상이 퇴색된 것을 아름답게 착색시켜 기호면에서 식욕을 촉진시키고 상품 면에서 가치를 높이기 위하여 사용한다.
천연 색소	• 식물성 색소 : 클로로필, 카로티노이드, 안토시안, 플라보노이드 등 • 동물성 색소 : Hb, Mb
합성 색소(인공 색소) 중에서 타르계	식용 색소 황색 5·6호, 식용 색소 적색 3·4·40호, 식용 색소 오렌지색, 식용 색소 녹색 3호 등

구비 조건	• 인체에 독성이 없을 것 • 체내에서 축적되지 않을 것 • 미량으로도 효과가 있을 것 • 물리, 화학적 변화에 안정할 것 • 식품 첨가물 공전에 수록되어 있을 것

N) 착향료 : 식품 위생법에 의하면 착향료는 식품의 제조, 가공, 보존 목적으로 식품에 혼합, 침윤, 그 외의 방법으로 사용되는 것 중에 향기 발생 목적으로 사용하는 첨가물을 말한다. 착향료를 식품에 사용할 경우 식욕 증진이나 품질 향상, 기호성 증진 또는 좋지 않은 냄새를 은폐하거나 좋은 냄새를 강화하기 위해 의도적으로 첨가하는 식품 첨가물의 일종이다.

용해 상태에 의한 분류	수용성 향료=알코올성 향료
	유성 향료=비알코올성 향료
	유화 향료
	고체성 향료
	결정성 고체 형태
	분말 형태
	에센스 향료 : 현재 가장 널리 사용되고 있는 착향료로 식물 원료에서 방향 성분을 분리한 테르펜(terpenes)을 100배 농축한 것이며 식품에 방향 목적으로 0.01~0.1% 정도 사용한다. 이는 향료 성분이 농축되어 있으며, 매우 안정적이고 약간의 천연 항산화제를 함유하므로 주로 버터 크림에 사용된다.

O) 살균제 : 소독이란 유해 미생물의 생활력을 빼앗아 사멸시키거나 또는 증식력을 잃게 하는 것으로 주로 화학물질을 사용하며 특히 병원균을 대상으로 할 때 사용한다. 그러나 멸균 또는 살균이란 용어는 병원균, 비병원균을 막론하고 모든 미생물을 사멸시키는 것을 말한다. 살균제 및 소독제는 여러 가지의 종류가 있지만 현재 식품 첨가물로서 허용된 것은 5종이다.

종류	차아염소산나트륨
	표백분
	과산화수소
	이소시아늄산이염화나트륨

P) 감미료(감미제) : 감미료의 본질은 단맛을 내는 첨가물로 식품의 조리, 가공 등에 주로 사용되며, 김미료에는 천연 감미료와 인공 감미료로 구분한다.

천연 감미료	감미 기능과 영양적 기능을 동시에 가지고 있으며 주로 당류를 말한다. 단맛을 가지고 있는 물질의 대부분은 당류로 -OH그룹을 가지고 있다(예 : 과당>전화당>설탕>포도당>맥아당>유당).
인공 감미료	비영양적인 감미료로 감미 목적으로만 첨가되는 물질을 말한다. 구조적으로 수산기보다 질소화합물이 많고 일부 아미노산계가 포함되어 있다.

> **× TIP ×   허용 감미료의 종류와 사용 기준**
>
> ① 사카린나트륨
> - 식빵, 이유식, 백설탕, 포도당, 물엿, 벌꿀 및 알사탕류에 사용해서는 안 된다.
> - 설탕의 300~500배 정도의 감미를 갖고 있다.
>
> ② 아스파탐
> - 주로 비가열 식품인 식사 대용 곡류 가공품, 청량음료, 아이스크림, 빙과, 잼, 분말수프, 발효유, 탁주 등 이외의 식품에 사용해서는 안 된다.
> - 설탕의 100~200배 정도의 감미를 갖고 있으며 다른 당류 및 인공 감미료들과 상승 작용도 한다.
>
> ③ 스테비오시드
> - 스테비아 마른 잎에서 추출된 디테르펜(diterpene) 배당체로 백색의 흡습성을 결정한다.
> - 감미는 설탕의 300배 정도이다.
> - 식빵, 이유식, 백설탕, 포도당, 물엿, 벌꿀, 알사탕, 우유 및 유제품에 사용해서는 안 된다. 주로 소주류에 많이 사용한다.
>
> ④ 글리시리진산이나트륨
> - 된장과 간장 이외의 식품에 사용해서는 안 된다.

❷ 식품 첨가물 사용 목적에 의한 분류

사용 목적	종류
관능(기호)을 만족시키는 첨가물	조미료, 감미료, 산미료, 착색료, 착향료, 발색제, 표백제
식품의 변질, 변패를 방지하는 첨가물	보존료(방부제), 살균제, 산화방지제
식품의 품질 개량 및 유지하는 첨가물	품질개량제, 밀가루개량제, 증점제, 안정제, 유화제, 이형제, 피막제, 추출제, 용제 등
식품 제조에 필요한 첨가물	소포제, 식품 제조용 첨가제 등
식품 영양 강화용 첨가물	강화제(비타민류, 무기질류, 아미노산류 등)
기타	팽창제, 제빵 개량제, 이스트 푸드, 껌 기초제 등

현장 실무 및 공장 위생

1. 현장 실무

❶ 생산 관리의 개요 : 경영에서 사람, 재료, 자금의 3요소를 유효적절하게 사용하여 좋은 물건을 저렴한 비용으로 필요한 만큼을 필요한 시기에 만들어내기 위한 관리 또는 경영을 위한 수단과 방법을 말한다.

❷ 기업 활동의 기능

직능조직	하위자가 전문 분야를 담당할 몇 사람의 상급자로부터 지휘, 명령을 받아 업무를 수행하는 조직으로 수평적 분업에 의해 경영 능률이 향상되나 기업의 질서 및 명령 계통에 혼란이 생길 수 있다.
라인-스텝조직	지휘 및 명령 계통은 일원화하면서 전문가 스텝으로 활용하는 조직으로 관리 기능의 전문화 및 지휘, 명령, 계통의 강력화가 이루어지며, 조직이 방대한 기업에서는 관리가 어렵고 반대로 소규모의 조직에서는 바람직한 시스템이다.

2. 생산 계획 : 수요 예측에 따라 여러 활동을 계획하는 일을 생산 계획이라 하며, 넓은 의미의 생산 관리 중에 모든 계획이 포함되나 흔히 생산해야 할 상품의 종류, 수량, 품질, 생산 시기, 실행 예산 등을 구체적이고 과학적으로 계획을 수립하는 것을 말한다.

❶ 생산 계획의 기본 요소
- 과거의 생산 실적(월별, 품종별, 제품별 등)
- 경쟁 회사의 생산 동향
- 경영자의 생산 방침
- 제품의 수요 예측 자료
- 과거 생산 비용의 분석 자료
- 생산 능력과 과거 생산 실적 비교

❷ 원가의 구성 요소 : 원가는 직접비(재료비, 노무비, 경비)에 제조 간접비를 가산한 제조 원가, 그리고 판매, 일반 관리비를 가산한 총원가로 구성된다.

- 총원가=(직접비+제조 간접비)+판매+관리비
  =제조 원가+판매비+관리비
- 순이익=총이익-(판매비+관리비)
  (총이익=매출액-총원가)

❸ 원가를 계산하는 목적
- 이익을 산출하기 위해서
- 가격을 결정하기 위해서
- 원가 관리를 위해서

❹ 원가를 절감하는 방법

원료비의 원가 절감	• 구매 관리는 철저히 하고 가격과 결제 방법을 합리화시킨다. • 생산 수율(제품 생산량/원료 사용량)을 향상시킨다. • 원료의 선입선출 관리로 불량품 감소 및 재료 손실을 최소화한다. • 공정별 품질 관리를 철저히 하여 불량률을 최소화한다.
불량률 감소로 원가 절감	• 작업자 태도와 점검 : 작업 표준이나 작업 지시 등의 내용 기준을 설정하여 수시로 점검한다. • 기술 수준 향상 : 적정 기술 보유자를 배치하거나 교육 기간을 통해 교육을 실시한다. • 작업 여건의 개선 : 작업 표준화를 실시하고 작업장의 정리, 정돈과 적정 조명을 설치한다.
노무비의 절감	• 표준화와 단순화를 계획한다. • 생산의 소요 시간, 공정 시간을 단축한다. • 생산 기술 측면에서 제조 방법을 개선한다. • 설비 관리를 철저히 하여 가동률을 높인다. • 교육, 훈련을 통해 주인정신과 생산 능률을 향상시킨다.

× TIP × 제과·제빵 공정상의 조도 기준(Lux)

작업 내용	표준 조도	한계 조도(Lux)
장식(수작업) 데커레이션, 마무리 작업 등	500	300~700
계량, 반죽, 정형, 조리 작업 등	200	150~300
굽기, 포장, 장식(기계 작업) 등	100	70~150
발효	50	30~70

3. 생산 시스템 : 원료의 투입에서 생산 활동을 포함하여 완제품 제조까지의 전 과정을 관리하는 것을 생산 시스템이라 한다.

❶ 투입 : 제품을 제조하기 위해 필요한 각종 원재료를 사용한 양을 말한다.

❷ 산출 : 생산 활동을 통해서 제품이 완성되어 나온 생산량을 말한다.

4. 식품 공장의 작업 환경 : 식품의 위생을 청결하게 유지하면서 안정성을 확보하기 위한 가장 기본적인 사항이 청소 및 정리·정돈이다. 다음의 3가지 조건을 준수하고 아무리 건강한 식품 취급자가 위생적인 원료를 사용하여 음식물을 위생적으로 처리한다 할지라도 식품 제조, 가공 시설이나 재료의 보전 시설들이 위생적으로 확보되지 않으면 건전 식품의 창출은 불가능하다.

❶ 사용할 원료가 위생적으로 안전해야 한다.

❷ 식품을 취급하는 사람이 위생 관념을 갖고 있어야 한다.

❸ 식품을 취급하는 시설이 위생적으로 관리가 되어야 한다.

5. 공장 위생 및 개인위생

❶ 공장 위생

A) 공장 건물의 입지 조건

주변 환경의 공기 청정	식품을 제조 가공하는 공장 주변의 청정은 식품의 안정성 확보를 위해 중요한 조건이다. 공장들의 밀집 지대, 많은 사람의 주거 지역, 비포장도로의 인접 지역은 악취 먼지 및 부유세균 등이 많아서 부적합하다.
양질의 용수와 수량 확보	식품을 제조 가공하는 공장은 수질이 가장 중요하며, 수량도 수질과 마찬가지로 중요하다.
오수, 폐수물 처리의 편리성	일반적으로 하천은 어느 정도의 자정 작용으로 오수를 희석, 산화, 폭기, 침전, 분해 등으로 자연적으로 정화를 해주지만 고형 폐기물은 물성이 안정하여 매몰 등에 의하여 환경오염 물질화가 될 수 있으므로 이들에 대한 처리에 편리하도록 사전 검토가 충분하여야 한다.
운수, 교통 및 전력 사정	운수, 교통 및 전력은 생산과 운반비에 직접적인 영향을 주지만 운송에 의한 지연이나 파손 등으로 제품 품질에 막대한 결함이 발생되기 때문에 사전에 철저한 검토가 있어야 한다.

B) 공장 건물의 구조

- 원료로부터 시작하는 제조 공정은 반드시 일정 방향으로 진행되어야 한다.
- 청결과 불결 지역의 작업이 서로 교차되어서는 안 된다.
- 시설 설계는 병원 미생물의 오염을 전제로 하여 이에 대응하는 적절한 배려가 있어야 한다.

작업장의 면적	작업장의 면적은 구체적으로 면적이 제시되어 있지는 않지만, 공장에서 종업원의 건강 관리와 작업 능률 및 품질, 위생상의 여러 가지 문제점 등이 밀접한 관계를 가지므로 적절한 면적 확보는 중요한 요소이다.
바닥	불침수성이고, 표면이 편편하여 청소하기가 쉽고 내구성인 자제로 한다. 배수구는 측면으로부터 약 15cm 띄어서 벽에 평행하게 하고 실외 배수구에 통하는 부분은 방서 구조(30메시)로 한다. 바닥의 경사는 1cm 높이가 적당하고 배수구의 경사는 3/100 이상으로 배수가 빠르고 물이 고여 썩은 냄새가 최소화할 수 있다.
벽의 조건	바닥과 같이 불침수성 재료로 처리하고 평면이 평평하여 청소하기 쉽게 한다. 내측 벽 하부는 부식되기 쉬우므로 약 1m 정도의 높이까지는 타일이나 시멘트 등의 불침투성 재료로 시공하는 것이 좋다.
천장	평평하고 밝은 색의 재료로 처리하고 가능하면 수세도 할 수 있으면 좋다. 통풍이 잘되고 수증기의 응축에 의한 물방울이 생겨 식품에 직접 떨어져서 식품을 오염시키는 것을 막기 위하여 천장은 벽을 향해서 완만하게 경사지도록 한다.
채광, 조명	자연의 햇볕을 충분히 이용하기 위해서 창의 면적은 벽의 면적을 기준으로 할 때 70% 이상이며, 바닥의 면적을 기준으로 하면 20~30% 정도로 하는 것이 좋다. 야간이나 인공 광선에 의한 조명을 이용하는데 조도는 50Lux 이상이 바람직하다.
환기, 통풍	식품의 제조, 가공 시설에는 효과적으로 환기 또는 배기를 할 수 있는 설비를 하게 되는데 창이나 천장은 수증기나 폐기 등이 빨리 배출될 수 있게 배기팬이나 벤츄레이터 등을 이용하여 인공적으로 환기를 하기도 한다.
방충, 방서	쥐와 곤충의 출입을 방지하기 위해 작업장 내외의 배수구와 출입구 또는 화장실과 출입구에는 방서 시설을 한다. 조리장과 창문에는 방충, 방서용 금속망으로 30메시 정도의 것이 적당하다.
배수	하수도 폐수탱크 등은 당국이 인정하는 적당한 처리 방법과 시설로 되어 있어야 하고, 폐수는 배수관을 통하여 역류의 가능성이 있으면 안 된다. 건물 주위의 배수구는 적당한 경사가 필요하며, 항상 청결하고 배수 및 빗물이 자연적으로 흘러 내려가야 한다.

01 물과 기름 같이 서로 잘 혼합되지 않는 두 종류의 액체를 혼합할 때 사용하는 물질을 유화제라 한다. 다음 중 천연 유화제는?

① 구연산
② 고시폴
③ 레시틴
④ 세사몰

02 이형제를 가장 잘 설명한 것은?

① 가수분해에 사용된 산제의 중화에 사용되는 첨가물이다.
② 과자나 빵을 구울 때 형틀에서 제품의 분리를 용이하게 하는 첨가물이다.
③ 거품을 소멸, 억제하기 위해 사용하는 첨가물이다.
④ 원료가 덩어리지는 것을 방지하기 위해 사용하는 첨가물이다.

03 빵이나 카스텔라 등을 부풀게 하기 위하여 첨가하는 합성 팽창제의 주성분은?

① 염화나트륨
② 탄산나트륨
③ 탄산수소나트륨
④ 탄산칼슘

04 세균성 식중독의 특징으로 가장 맞은 것은?

① 2차 감염이 빈번하다.
② 잠복기는 일반적으로 길다.
③ 감염성이 거의 없다.
④ 극소량의 섭취균량으로도 발생 가능하다.

---

01 해설

달걀노른자의 레시틴 성분이 유일한 천연 유화제이다.

정답 : ③

02 해설

이형제는 빵의 제조 과정에서 빵 반죽을 분할기에서 분할할 때나 구울 때 달라붙지 않게 하고 모양을 그대로 유지하기 위하여 사용하는 것이다.

정답 : ②

03 해설

합성 팽창제인 탄산수소나트륨은 중조, 소다라고도 한다.

정답 : ③

04 해설

경구 감염병과 비교한 세균성 식중독의 특징
• 2차 감염이 거의 없다.
• 잠복기가 일반적으로 짧다.
• 대량의 생균에 의해서 발병한다.

정답 : ③

05 병원성대장균 식중독의 가장 적합한 예방책은?

① 곡류의 수분을 10% 이하로 조정한다.
② 어류의 내장을 제거하고 충분히 세척한다.
③ 어패류는 수돗물로 깨끗이 씻는다.
④ 건강보균자나 환자의 분변 오염을 방지한다.

05 해설

①은 곰팡이 식중독, ②는 복어 식중독, ③은 장염비브리오 식중독, ④는 병원성대장균 식중독 예방법이다.

정답 : ④

06 살모넬라균 식중독에 대한 설명으로 옳은 것은?

① 극소량의 균량 섭취로 발병한다.
② 가열해도 사멸되지 않는다.
③ 10만 이상의 살모넬라균을 다량으로 섭취 시 발병한다.
④ 해수세균에 해당한다.

06 해설

살모넬라균 식중독은 직접 세균에 의해 발생하는 중독으로 다량의 균을 섭취해야 발병한다. 해수세균은 장염비브리오균이다.

정답 : ③

07 포도상구균에 의한 식중독 예방책으로 가장 부적당한 것은?

① 조리장을 깨끗이 한다.
② 섭취 전에 60℃ 정도로 가열한다.
③ 멸균된 기구를 사용한다.
④ 화농성 질환자의 조리 업무를 금한다.

07 해설

황색포도상구균의 장관독인 엔테로톡신은 내열성이 있어 열에 쉽게 파괴되지 않는다.

정답 : ②

08 화농성 질병이 있는 사람이 만든 제품을 먹고 식중독을 일으켰다면 가장 관계 깊은 원인균은?

① 장염비브리오균   ② 살모넬라균
③ 보툴리누스균   ④ 포도상구균

08 해설

포도상구균의 원인균은 황색포도상구균이다. 화농이란 외상을 입은 피부나 각종 장기에 고름이 생기는 것이다.

정답 : ④

09 장염비브리오균에 감염 되었을 때 나타나는 주요 증상은?

① 급성 위장염 질환
② 피부농포
③ 신경 마비 증상
④ 간경변 증상

09 해설

급성 위장염이란 빠르게 위 및 장에 염증, 식중독을 일으키는 질환이다.

정답 : ①

10 독소형 식중독에 속하는 것은?

① 포도상구균

② 장염비브리오균

③ 병원성대장균

④ 살모넬라균

11 정제가 불충분한 기름 중에 남아 식중독을 일으키는 물질인 고시폴은 어느 기름에서 유래하는가?

① 피마자유   ② 콩기름

③ 면실유   ④ 미강유

12 식품 등을 통해 감염되는 경구 감염병의 특징과 거리가 먼 것은?

① 원인 미생물은 세균, 바이러스 등이다.

② 미량의 균량에서도 감염을 일으킨다.

③ 2차 감염이 빈번하게 일어난다.

④ 화학물질이 원인이 된다.

13 경구 감염병에 대한 다음 설명 중 잘못된 것은?

① 2차 감염이 일어난다.

② 미량의 균량으로도 감염을 일으킨다.

③ 장티푸스는 세균에 의하여 발생한다.

④ 이질, 콜레라는 바이러스에 의하여 발생한다.

14 식품 조리 및 취급 과정 중 교차 오염이 발생하는 경우와 거리가 먼 것은?

① 씻지 않은 손으로 샌드위치 만들기

② 생고기를 자른 가위로 냉면 면발 자르기

③ 생선을 다듬던 도마로 샐러드용 채소 썰기

④ 반죽에 생고구마 조각을 얹어 쿠키 굽기

15 단백질 식품이 미생물의 분해 작용에 의하여 형태, 색택, 경도, 맛 등의 본래의 성질을 잃고 악취를 발생하거나 독물을 생성하여 먹을 수 없게 되는 현상은?

① 변패   ② 산패
③ 부패   ④ 발효

16 세균성 식중독과 비교하여 볼 때 경구 감염병의 특징으로 볼 수 없는 것은?

① 적은 양의 균으로도 질병을 일으킬 수 있다.
② 2차 감염이 된다.
③ 잠복기가 비교적 짧다.
④ 면역이 잘 된다.

17 다음 중 살모넬라균의 주요 감염원은?

① 채소류
② 육류
③ 곡류
④ 과일류

18 다음 중 감염형 세균성 식중독에 속하는 것은?

① 파라티푸스균
② 보툴리누스균
③ 포도상구균
④ 장염비브리오균

19 식기나 기구의 오용으로 구토, 경련, 설사, 골연화증의 증상을 일으키며 이타이이타이병의 원인이 되는 유해성 금속물질은?

① 비소   ② 아연
③ 카드뮴   ④ 수은

15 해설

부패란 단백질이 미생물의 작용에 의해 악취를 내며 분해되는 현상이다.

정답 : ③

16 해설

경구 감염병의 잠복기는 일반적으로 길다.

정답 : ③

17 해설

살모넬라균은 어류, 육류, 튀김 등에서 주로 감염된다.

정답 : ②

18 해설

감염형 세균성 식중독의 종류에는 살모넬라균 식중독, 장염비브리오균 식중독, 병원성대장균 식중독 등이 있다.

정답 : ④

19 해설

• 비소는 밀가루와 비슷하여 식품에 혼입되는 경우가 많으며 구토, 위통, 경련 등을 일으키는 급성 중독과 피부 발진, 간 종창, 탈모 등을 일으키는 만성 중독이 있다.
• 아연은 가구의 합금, 도금 재로로 쓰이며, 산성 식품에 의해 아연염이 된다. 또는 가열하면 산화아연이 되고 위속에서는 염화아연이 되어 중독을 일으킨다.
• 수은은 먹이 연쇄 등을 통해 식품에 이행되며 미나마타병의 원인 물질이다.

정답 : ③

20 해설

산화방지제인 비타민은 비타민 E
이다.

정답 : ④

20 다음 중 산화방지제와 거리가 먼 것은?

① 부틸히드록시아니솔
② 디부틸히드록시톨루엔
③ 몰식자산프로필
④ 비타민 A

21 해설

차아염소산나트륨은 식품의 부패
원인균이나 병원균을 시멸시키기
위한 살균제다.

정답 : ③

21 다음 첨가물 중 합성 보존료가 아닌 것은?

① 데히드로 초산
② 소르빈산
③ 차아염소산나트륨
④ 프로피온산나트륨

22 해설

유동파라핀은 이형제이다.

정답 : ②

22 빵의 제조 과정에서 빵 반죽을 분할기에서 분할할 때나 구울
때 달라붙지 않게 하고 모양을 그대로 유지하기 위하여 사용되는 첨
가물은?

① 프로필렌글리콜   ② 유동파라핀
③ 카세인   ④ 대두인지질

23 해설

프로피온산나트륨은 빵류와 과자류
에 미생물의 번식으로 식품의 변질
을 방지하기 위해 사용하는 방부제
(보존료)이다.

정답 : ②

23 빵, 과자 제조 시에 첨가하는 팽창제가 아닌 것은?

① 암모늄명반
② 프로피온산나트륨
③ 탄산수소나트륨
④ 염화암모늄

24 해설

대장균은 분변세균 오염지침이기에
위생학적으로 중요시한다.

정답 : ②

24 식품 중의 대장균을 위생학적으로 중요하게 다루는 주된 이
유는?

① 식중독균이기 때문에
② 분변세균이 오염지침이기 때문에
③ 부패균이기 때문에
④ 대장염을 일으키기 때문에

25 감자에 독성분이 많이 들어 있는 부분은?

① 감자즙　　　　　　② 노란 부분
③ 겉껍질　　　　　　④ 싹 튼 부분

25 해설

감자의 독은 솔라닌으로 싹 튼 부분에 있다.
정답 : ④

26 자연독 식중독과 그 독성 물질을 잘못 연결한 것은?

① 무스카린 – 버섯 중독
② 베네루핀 – 모시조개 중독
③ 솔라닌 – 맥각 중독
④ 테트로도톡신 – 복어 중독

26 해설

• 솔라닌은 감자의 싹이 난 부분의 독소이다.
• 맥각이란 호밀, 귀리, 보리 따위의 씨방에 밀생한 맥각균의 균사이다. 맥각의 독소는 에르고톡신이다.
정답 : ③

27 감염병의 발생 요인이 아닌 것은?

① 감염 경로
② 감염원
③ 숙주감수성
④ 계절

27 해설

감염병의 발생 요인은 감염 경로, 감염원, 숙주감수성이다.
정답 : ④

영양학

<table>
<tr><td></td><td>0 1</td><td></td></tr>
</table>

영양소의 기능

1. **영양소란** : 식품에 함유되어 있는 여러 성분 중 체내에서 흡수되어 생활 유지를 위한 생리적 기능에 이용되는 것을 말한다. 영양소는 단백질, 지방, 탄수화물, 무기질, 비타민, 물의 6종류이며 체내 기능에 따라 열량소, 구성소, 조절소로 나눈다.

2. 영양소의 종류

열량소	탄수화물, 지방, 단백질
구성소	단백질, 무기질, 지방, 물
조절소	무기질, 비타민, 물

<table>
<tr><td></td><td>02</td><td style="text-align:center"># 탄수화물</td></tr>
</table>

탄수화물

탄소(C), 수소(H), 산소(O)의 3가지 원소로 이루어진 유기화합물이다. $C_m(H_2O)_n$으로 당질이라고도 한다. 자연계에 널리 분포되어 있는 식품의 기본적인 성분으로 인류의 가장 중요한 에너지원이며 1g당 4kcal의 열량을 낸다.

1. 탄수화물의 종류

❶ 단당류 : 더 이상 가수분해되지 않는 가장 단순한 탄수화물로 탄소 원자 수에 따라 3탄당, 4탄당, 5탄당, 6탄당 등으로 분류된다.

포도당	• 탄수화물의 최종 분해산물이며, 환원당이다. • 자연계에 널리 분포되어 있으며, 특히 포도에 많이 함유되어 있다. • 혈당의 구성 성분이다. • 포도당은 동물 체내의 간장에서 글리코겐 형태로 저장된다. • 상대 감미도는 75이다.
과당	• 꿀, 과즙에 많이 들어 있다. • 단맛이 가장 강하고 흡습성과 용해도가 크다. • 상대 감미도는 175이다.
갈락토오스	• 자연계에 단독으로 존재하지 않고 포도당과 결합하여 유당의 형태로 존재한다. • 단당류 중 가장 빨리 소화 흡수된다. • 해조류에서 추출할 수 있다. • 상대 감미도는 32이다.

❷ 이당류 : 이당류는 가수분해하여 2분자의 단당류를 생성한다.

자당 (포도당+과당)	• 사탕수수나 사탕무에서 얻을 수 있다. • 상대 감미도의 기준이 된다(감미도100). • 효소나 산에 의해 가수분해되면 포도당과 과당이 생성된다.
맥아당 (포도당+포도당)	• 곡식이 발아할 때 생기며, 엿기름 속에 많이 함유되어 있다. • 전분이 가수분해되는 과정에서 생긴 중간 생성물이다. • 엿기름 속에 들어 있는 아밀라아제에 의해 전분을 가수분해시켜 만든 식혜의 단맛의 성분이다. • 쉽게 발효하지 않아 위점막을 자극하지 않으므로 어린이나 소화기 계통의 환자에게 좋다.

유당 (포도당+갈락토오스)	• 유일하게 포유동물의 젖에 존재하며, 찬물에 용해가 어렵다. • 당류 중 단맛이 가장 약하며, 결정화가 빠르다. • 상대 감미도는 16이며, 칼슘의 흡수를 돕는다. • 대장 내에서 유산균을 자라게 하여 정장 작용을 하며, 소화 흡수가 빠르다.

> × **TIP** ×   전화당
>
> 자당이 가수분해될 때 생기는 중간산물로 포도당과 과당이 1:1로 혼합된 당이다. 감미도가 설탕의 1.3배이고 흡습성이 있다.

❸ 다당류 : 여러 개의 단당류가 결합된 것을 말한다.

전분	• 곡류의 주성분으로 대부분 열량 에너지원이 된다. • 여러 개의 포도당이 축합되어 이루어진 것이다. • 아밀로오즈와 아밀로펙틴이 20:80의 비율로 구성되어 있다. • 찹쌀이나 찰옥수수의 전분은 아밀로펙틴이 100%이다.
덱스트린	• 전분이 가수분해되는 과정에서 생기는 중간산물이다. • 싹트는 종자, 엿, 조청 등에 들어 있다.
글리코겐	• 유일한 동물성 전분이며, 무색, 무취, 무미이다. • 주로 간에 저장된다. • 쉽게 포도당으로 변해 에너지원으로 쓰인다.
셀룰로오스	• 채소의 줄기, 잎, 열매의 껍질 등에 들어 있다. • 체내에는 소화 효소가 없어서 소화되지 않는다. • 변비 방지, 대장암 예방
펙틴	• 미숙한 과일 껍질 부분에 특히 많이 존재한다. • 잼, 젤리를 만드는 데 응고제로 사용된다. • 펙틴도 섬유소와 같이 인체 내에는 소화 효소가 없어 소화되지 않는다.
한천	• 해조류(우뭇가사리)에 들어 있다. • 양갱을 만드는 데 응고제로 쓰인다. • 응고력은 젤라틴의 10배이다.
알긴산	• 다시마, 미역 등의 갈조류의 세포막 구성 성분이다. • 증점제 호료로 사용된다.

아밀로오스	• α-1.4 결합(직쇄구조) • 요오드 반응은 청색을 띤다. • 비교적 적은 분자량
아밀로펙틴	• α-1.4 결합과 α-1.6 결합(측쇄구조) • 요오드 반응은 적자색을 띤다. • 분자구조는 아밀로오즈에 비해 크고 복잡하다. • 퇴화의 경향이 적다.

× TIP × 아밀로오스와 아밀로펙틴

2. 탄수화물의 기능

❶ 에너지 공급원(1g당 4kcal)

❷ 소화 흡수율 98%

❸ 간에서 글리코겐 형태로 저장되었다가 필요 시 포도당으로 분해되어 사용

❹ 단백질 절약 작용을 하며, 혈당을 유지한다.

<table>
<tr><td>0 3</td><td>지방</td></tr>
</table>

탄소(C), 수소(H), 산소(O)의 3가지 원소로 구성되어 있다. 물에는 녹지 않고 에테르, 클로로포름, 벤젠 등의 유기용매에 녹는다. 탄수화물, 단백질과 함께 생명체를 이루는 주요 성분으로 1g당 9kcal의 열량을 낸다. 지 방질이 분해되면 지방산과 글리세롤이 된다.

1. 지방의 종류

❶ 단순 지방 : 고급 지방산과 알코올의 결합체로서 알코올의 종류에 따라 유지, 왁스로 나뉜다.

유지	• 실온에서 액체 형태를 오일이라 한다. • 실온에서 고체 형태를 지방이라 한다.
왁스	• 고급 지방산과 고급 1가 알코올이 결합한 고체 형태의 단순 지방이다. • 사람의 소화기 내에서 가수분해시키는 소화 효소가 없으므로 영양소로 이용되지 못한다. • 납촉, 납종이의 원료로 사용된다.

❷ 복합 지방 : 지방산, 알코올 외에 다른 분자군을 함유하는 지질을 복합 지방이라 한다. 주로 동물의 뇌, 신경조직, 식물 종자 등에 많이 존재한다. 단순 지방과 달리 친수성이 있어 식물의 유화제 등으로 이용된다. 구성 물질에 따라 인지질, 당지질, 단백지질로 나뉜다.

인지질	• 레시틴 : 달걀의 노른자, 콩기름 및 동물조직 중에서 간에 존재하며, 유화 작용이 있어 쇼트 닝이나 마가린의 유화제로 사용된다. • 세파린 : 동물조직 및 뇌조직에서 얻으며 혈액 응고에 중요한 작용을 한다.
당지질	• 당류가 결합된 지질을 말한다.
단백지질	• 단백질과 결합된 지질을 말한다.

❸ 유도 지방 : 비누화되지 않는 물질(불검화물)을 말한다. 스테롤, 고급 알코올, 탄화수소, 지용성 비타민 등이 있으며, 스테롤 은 동물의 뇌, 신경, 척추 등에 존재한다.

콜레스테롤	• 동물체의 거의 모든 세포, 특히 신경조직, 뇌조직에 많이 들어 있으며 사람의 혈관에 쌓이면 동맥경화증을 유발한다.
	• 불포화 지방산의 운반체이다.
	• 세포의 구성 성분이다.
	• 적혈구의 파괴를 예방 및 보호한다.
	• 담즙산 및 스테로이드 호르몬의 전구체이다.
	• 자외선을 받으면 비타민 D3로 변한다.
	• 동물성 스테롤이다.
에르고스테롤	• 자외선을 받으면 비타민 D2로 변한다.
	• 효모나 맥각, 표고버섯 등에 많이 들어 있다.
	• 식물성 스테롤이다.

❹ 지방산 : 자연계에 존재하는 지방산은 작수의 탄소 원자가 직쇄상으로 결합된 화합물이다. 탄소의 수는 4~26개 정도이다.

포화 지방산	• 탄소와 탄소 사이의 결합으로 이중결합이 없는 지방산을 말한다.
	• 탄소 수가 증가할수록 융점이 높아진다.
	• 탄소 수가 10 이하인 지방산을 저급 지방산 또는 휘발성 지방산이라 한다.
	• 팔미트산, 스테아르산 등이 있다.
불포화 지방산	• 이중결합이 있는 지방산을 말한다.
	• 상온에서 액체 상태로 존재한다.
	• 이중결합이 많을수록 불포화도가 높다.
	• 불포화도가 높을수록 융점이 낮아진다.
	• 올레산(이중결합 1개), 리놀레산(이중결합 2개), 리놀렌산(이중결합 3개), 아라키돈산(이중결합 4개)
필수 지방산	• 천연의 동식물성 유지의 성분으로 존재라는 리놀레산, 리놀렌산, 아라키돈산이 있다.
	• 체내에서 합성되지 않지만, 성장에 꼭 필요하므로 반드시 음식물로 섭취해야 하는 지방산을 말한다.
	• 성장 촉진, 피부 보호, 동맥경화증을 예방한다.
	• 식물성 기름 중 대두유에 많이 함유되어 있어 결핍증은 거의 일어나지 않는다.

2. 지방의 기능

❶ 지방 1g은 9kcal의 열량을 발생하는 열량원이다.

❷ 피하지방을 구성하고, 체온을 보존시킨다.

❸ 지용성 비타민의 흡수를 돕는다.

❹ 외부 충격으로부터 인체 내 주요 장기를 보호해준다.

단백질

탄소(C), 수소(H), 산소(O) 외에 질소(N) 등의 원소로 이루어진 유기화합물이다. 질소의 함량은 단백질의 종류에 따라 약간의 차이는 있으나 평균 16% 정도이다. 단백질의 기본 구성 성분은 아미노산이며 탄수화물, 지방과 같은 에너지원으로 몸의 근육과 여러 조직을 형성하는 생명 유지에 필수적인 영양소이다.

1. 아미노산의 종류 : 단백질을 구성하고 있는 기본 단위는 아미노산이다. 자연계에 20여 종이 존재한다.

필수 아미노산	• 포체 내에서 합성되지 않으므로 반드시 음식물에서 섭취해야 하는 아미노산으로 동물성 단백질에 많이 함유되어 있다. • 종류 : 이소류신, 류신, 페닐알라닌, 트레오닌, 발린, 트립토판, 메티오닌(황 함유 아미노산), 리신 (곡류에 부족하기 쉬운 염기성 아미노산) • 어린이에게는 히스티딘, 알기닌이 추가되어 총10가지이다.
불필수 아미노산	• 체내 합성이 가능한 아미노산이다. • 필수 아미노산을 뺀 나머지 아미노산으로 알라닌, 글리시닌, 세린 시스테인, 시스틴, 티로신 등이 있다.

> × **TIP** × 질소계수
>
> 질소의 함량은 단백질의 종류에 따라 15~18% 정도 함유하고 있으며, 일반 식품에서 단백질 질소 함량은 평균 16%이다.
> ○ 질소계수 : 100/16=6.25
> ○ 단백질의 양은 질소의 양에 질소계수를 곱하면 산출할 수 있다.
> ○ 밀 단백질의 질소계수는 5.7이다.

2. 단백질의 종류

❶ 단순 단백질 : 아미노산만으로 이루어진 단백질이다.

분류	특징	종류
알부민	물, 묽은 산, 알칼리에 녹으며 가열과 알코올에 응고된다.	오브알부민(흰자) 미오겐(근육)
글루테닌	묽은 산, 알칼리에 녹고, 70% 알코올에 녹지 않는다.	글루테닌(밀) 오리제닌(쌀)
글로불린	묽은 염류 용액에 녹고 물에 녹지 않는다.	오보글로불린(흰자) 락토글로불린(우유) 글리시닌(대두)
프로타민	물, 묽은 산, 염류 용액에 녹고 가열에 의해 응고되지 않는다.	살몬(연어) 글루페인(정어리)
프롤라민	산, 알칼리, 70~90% 알코올에 녹는다.	호리데인(보리) 제인(옥수수)
히스톤	물, 묽은 산에 녹는 염기성 단백질이다.	글로불린(적혈구)
알부미노이드	보통 용매에 잘 녹지 않으며, 진한 산 또는 알칼리에 녹는다.	케라틴콜라겐(뼈, 가죽)

❷ 복합 단백질 : 아미노산 외에 다른 유기화합물(당질, 지질, 인산, 색소) 등이 결합된 것이다.

분류	특징	종류
리포 단백질	지질이 결합하여 형성된다.	리포비텔린
색소 단백질	금속 유기색소가 결합하여 형성된다.	헤모글로빈 미오글로빈(근육)
핵 단백질	핵산이 결합하여 형성된다.	뉴클레오히스톤 뉴클레오프로타민
인 단백질	단순 단백질과 인산이 결합하여 형성된다.	카제인(우유)
당 단백질	단순 단백질과 탄수화물이 결합하여 형성된다.	오보뮤신(난백)

❸ 유도 단백질 : 단백질이 미생물 효소, 가열 등의 작용에 의해 부분적으로 분해되어 생긴 물질로 분해 정도에 따라 1차 유도 단백질과 2차 유도 단백질로 나뉜다.

1차 유도 단백질	젤라틴 등
2차 유도 단백질	프로테오스, 펩톤 등

3. 영양학적 분류

완전 단백질	필수 아미노산이 충분히 함유되어 있어 정상적인 성장을 돕는 단백질을 말한다.
불완전 단백질	필수 아미노산 함량이 부족한 단백질로 동물의 성장 지연과 체중을 감소시킨다.

4. 단백질의 영양 평가 : 단백질의 영양적 가치는 아미노산의 조성에 의해 좌우된다. 즉 필수 아미노산의 종류와 그 함량에 따라서 결정된다. 단백질의 영양적 가치를 결정하는 방법은 여러 가지가 있으나 일반적으로 단백가, 생물가 등이 많이 이용된다.

5. 단백질의 기능

❶ 단백질 1g은 4kcal의 열량을 발생하는 열량원이다.

❷ 체세포를 구성, 성장기나 임신기, 병의 회복기에 필요한 새 조직을 형성한다.

❸ 체내에서 일어나는 각종 효소와 호르몬 작용의 주요 구성 성분이며 혈장 단백질 및 혈색소, 항체 등의 형성에 필요하다.

❹ 산과 알칼리의 완충 작용이 있어 체성분을 중성으로 유지시켜준다.

6. 단백질의 성질

❶ 등전점 : 양(+)전화와 음(-)전화의 양이 같아서 단백질이 중성이 되는 시점

❷ 변성 : 가열, 압력, 냉동, 산, 알칼리, 중금속 등에 의한 변화 또는 생리적 활성을 잃게 되는 성질

❸ 응고성 : 열, 산, 알칼리에 의해 응고하는 성질

7. 단백질 권장량

❶ 성인 하루 필요량은 1g/1kg이다.

❷ 성인 남자는 70g, 성인 여자는 60g 임신·수유부는 90g이다.

❸ 부족하면 카시오카, 마라스무스 같은 질병이 나타난다.

<table>
<tr>
<td></td>
<td>

05

</td>
<td>

무기질

</td>
</tr>
</table>

미네랄 또는 회분이라고도 하며, 탄소(C), 수소(H), 산소(O), 질소(N) 외의 나머지 원소들로 인체에 약 4~5%를 차지한다.

1. 무기질의 종류

칼슘(Ca)	<ul><li>체내의 무기질 중 가장 많은 양을 차지하며, 인산칼슘 형태로 존재한다.</li><li>99%는 뼈와 치아를 형성하고 나머지 1%는 혈액과 근육에 존재한다.</li><li>혈액 응고에 관여한다.</li><li>흡수율은 10~30%이며, 비타민 D는 흡수를 도와주고, 옥살산은 흡수를 방해한다.</li><li>결핍증 : 구루병, 골연화증, 골다공증</li><li>급원 식품 : 우유 및 유제품, 뼈째 먹는 생선, 달걀 등</li></ul>
인(P)	<ul><li>체내에 칼슘 다음으로 많다. 칼슘과 결합하여 뼈와 치아를 구성한다.</li><li>체액의 pH를 조절한다.</li><li>각종 비타민과 결합하여 조효소를 형성한다.</li><li>흡수율 70% 이상으로 결핍증은 거의 없다.</li><li>급원 식품 : 우유, 치즈, 육류, 콩류, 어패류, 난황 등</li></ul>
철(Fe)	<ul><li>적혈구 중 헤모글로빈의 구성 성분으로 조혈 작용을 한다.</li><li>간장, 근육, 골수에 존재한다.</li><li>흡수율은 10%이다. 아스코르빈산은 철의 흡수를 돕는다.</li><li>결핍증 : 빈혈</li><li>급원 식품 : 동물의 간, 난황, 살코기, 콩류, 녹색채소 등</li></ul>
구리(Cu)	<ul><li>헤모글로빈 형성 시 촉매 작용을 한다.</li><li>결핍증 : 악성 빈혈</li><li>급원 식품 : 동물의 내장, 해산물, 견과류, 콩류 등</li></ul>
요오드(I)	<ul><li>갑상선 호르몬인 티록신의 구성 성분이다.</li><li>결핍증 : 갑상선종, 부종 등</li><li>급원 식품 : 해초류, 어패류 등</li></ul>

나트륨(Na)	• 염소화 결합해 염화나트륨의 형태로 체액에 존재한다. • 혈액, 체액의 삼투압을 조절한다. • 육체노동자에게 필요한 무기질이다. • 과잉증 : 동맥경화증 • 급원 식품 : 소금, 육류, 우유 등
염소(Cl)	• 위액 중염산의 성분으로 산도를 조절하고 소화를 돕는다. • 체액의 삼투압을 조절한다.
마그네슘(Mg)	• 70%는 인산염, 탄산염의 형태로 칼슘과 함께 뼈와 이를 구성하고, 나머지는 근육, 뇌, 신경, 체액 중에 존재한다. • 신경의 흥분을 억제한다. • 식물성 식품을 섭취하면 마그네슘 결핍은 거의 없다. • 급원 식품 : 곡류, 채소, 견과류, 콩류 등
칼륨(K)	• 인산염, 단백질과 결합하여 근육, 장기 등의 세포벽에 존재한다. • 체액의 pH와 삼투압을 조절한다. • 보통 식사를 하는 경우 결핍은 거의 없다. • 급원 식품 : 밀가루, 밀의 배아, 현미, 참깨 등
코발트(Co)	• 조혈 작용을 하는 비타민 B의 구성 성분이다. • 간접적으로 적혈구 구성 관여한다. • 결핍증 : 악성 빈혈 • 급원 식품 : 간, 이자, 콩, 해조류 등
불소(F)	• 뼈와 치아에 들어 있으며, 충치 예방의 효과가 있다.
아연(Zn)	• 당질 대사에 관여하고, 인슐린 합성에 관여한다.
황(S)	• 피부, 손톱, 모발 등에 풍부하다.

2. 산과 알칼리의 평형 : 단백질과 무기질은 산과 염기에 대한 완충 작용을 하므로 혈액과 체액의 정상 pH가 유지된다.

산성 식품	황, 인, 염소 같은 산성을 띠는 무기질을 많이 포함한 식품을 말한다.
염기성 식품	칼슘, 칼륨, 나트륨, 마그네슘, 철 같은 알칼리성을 띠는 무기질을 많이 포함한 식품을 말한다.

비타민

체내에 극히 미량 함유되어 있으나, 생리 작용 조절과 성장을 유지하는 데 절대적으로 필요한 유기 영양소로 조효소 역할을 한다. 그러나 체내에서 합성이 되지 않으므로 음식물로 섭취해야 한다.

1. 비타민의 일반적 성질

지용성 비타민 (비타민 A, 비타민 D, 비타민 E, 비타민 K)	• 지방이나 지방을 녹이는 유기용매에 녹는다. • 필요 이상 섭취되어 포화상태가 되면 체내에 저장, 축적된다. • 결핍증은 서서히 나타난다. • 전구체가 존재한다.
수용성 비타민 (비타민 B군, 비타민 C, 나이아신, 엽산, 판토텐산)	• 물에 녹는다. • 필요 이상 섭취하면 체외로 방출된다. • 결핍증이 비교적 빨리 나타난다.

2. 비타민의 종류

비타민 A (항야맹증 비타민)	• 기름과 유기용매에 녹는다. • 상피세포의 건강을 유지시킨다. • 시홍(로돕신)의 생성에 관여하여 야맹증, 안염을 방지한다. • 전구체로는 식물계의 황색 색소인 카로틴이 있다. 카로틴은 동물 체내에서 쉽게 비타민 A로 전환되어 프로비타민 A라고도 한다. • 결핍증 : 야맹증, 건조성안염, 각막연화증, 발육 지연, 상피세포의 각질화 • 급원 식품 : 간유, 버터, 김, 난황, 녹황색채소
비타민 D (항구루병 비타민)	• 칼슘과 인의 흡수를 돕는다. • 전구체로는 에르고스테롤과 콜레스테롤이 있다. • 결핍증 : 구루병, 골연화증, 골다공증 • 급원 식품 : 간유, 난황, 버터, 표고버섯 등
비타민 E (항산화성 비타민)	• 생식 기능을 정상적으로 유지시킨다. • 천연 항산화 작용을 하며, 세포막과 조직의 손상을 방지한다. • 결핍증 : 쥐의 불임증 • 급원 식품 : 곡류의 배아유, 옥수수기름, 면실유, 난황, 우유

비타민 K (혈액 응고 비타민)	• 간에서 혈액 응고에 필요한 프로트롬빈의 형성을 돕는다. • 결핍증 : 혈액 응고 지연 • 급원 식품 : 녹색채소, 간유, 난황 등
비타민 B1 (항각기병 비타민)	• 당질 대사의 보조 작용을 한다. • 식욕을 촉진시킨다. • 결핍증 : 각기병, 식욕 부진, 피로, 권태감 • 급원 식품 : 쌀겨, 대두, 땅콩, 돼지고기, 난황 등
비타민 B2 (성장 촉진 비타민, 항구각성 비타민)	• 발육을 촉진하고 입안의 점막을 보호한다. • 효소 및 조효소의 구성 성분으로 빛에 의해 쉽게 분해된다. • 결핍증 : 구각구순염, 설염, 피부염, 발육 장애 • 급원 식품 : 우유, 치즈, 간, 달걀, 녹색채소, 살코기 등
나이아신 (항펠라그라 비타민)	• 60mg의 트립토판이 체내에 1mg의 나이아신으로 전환된다. • 결핍증 : 펠라그라병, 피부염 • 급원 식품 : 간, 육류, 콩, 효모, 생선 등
엽산	• 헤모글로빈, 핵산 형성에 필요하다. • 결핍증 : 빈혈, 장염, 설사 • 급원 식품 : 간, 두부, 치즈, 밀, 난황, 효모 등
판토텐산	• 탄수화물과 지방대사에 관여한다. • 결핍증 : 식욕 부진, 정신 장애 • 급원 식품 : 효모, 치즈, 콩 등
아스코르빈산 (항괴혈병 비타민)	• 공기에 노출되면 산화되고 열에 의하여 쉽게 파괴된다. • 철의 흡수를 돕고, 탄수화물, 지방, 단백질 대사에 관여한다. • 세균에 대한 저항력을 증가시키며, 상처 회복에 효과적이다. • 결핍증 : 괴혈병, 저항력 감소 • 급원 식품 : 신선한 채소, 과일 등

07 물

인체의 중요한 구성 성분으로, 체중의 약 2/3를 차지한다.

1. 기능

❶ 영양소의 용매로서 체내 화학 반응의 촉매 역할을 하며, 삼투압을 조절하여 체액을 정상으로 유지시킨다.

❷ 영양소와 노폐물을 운반하고 체온을 조절한다.

❸ 체내 분비액의 주요 성분이다.

❹ 외부의 자극으로부터 내장 기관을 보호한다.

2. 권장량 : 성인은 1kcal당 1ml, 영유아는 1kcal당 1.5ml가 필요하다. 과잉 시 부종과 피로를 느끼며, 일반적으로 20% 이상 상실되면 사망한다.

소화와 흡수

1. **소화** : 음식물이 소화기관을 통과하는 동안 작은 단위로 나뉘어 체내에 흡수되기 쉬운 상태가 되는 것을 말한다. 소화 작용을 나누면 다음과 같다.

기계적 소화 작용	이로 씹어 부수는 일 및 위와 소장의 연동 작용
화학적 소화 작용	소화액에 있는 소화 효소에 의해 소화되는 작용
발효 작용	소장의 하부에서 대장에 이르는 곳에서 분해하는 작용

2. 소화 흡수율

❶ 영양소의 소화 흡수 정도를 나타내는 지표이다.

❷ 섭취량에 대한 이용량을 백분율로 나타낸 값이다.

❸ 음식물을 잘 씹으면 높아지고 음식물의 종류나 조리, 가공 방법에 따라 달라진다.

❹ 탄수화물 : 98%, 지방 : 95%, 단백질 : 92%

3. 소장에서의 흡수

작용 부위	효소명	기질
구강	프티알린	탄수화물
위	펩신	단백질
	소량의 리파아제	지방
	레닌(유아의 위에만 존재)	우유의 카제인
소장	수크라아제(인베르타아제)	자당
	말타아제	맥아당
	락타아제	유당
	트립신	단백질
	키모트립신	단백질
	리파아제	지방
	스테압신	지방
대장	물	

4. 기초대사 : 생명 현상을 유지하기 위해 필요한 최소한의 에너지이다. 즉 심장 박동, 두뇌 활동, 호흡 작용, 혈액 순환 등의 유지와 근육 및 신경의 전달 작용에 필요한 에너지를 말한다. 식품의 소화 흡수 및 근육의 활동에 필요한 에너지는 제외된다.

❶ 정상인의 1일 기초대사량은 1,200~1,800kcal이다.

❷ 체표면적에 비례한다.

❸ 나이가 많을수록 적어진다.

01 다음 중 포화 지방산을 가장 많이 함유하고 있는 식품은?

① 올리브유

② 버터

③ 콩기름

④ 홍화유

02 비타민의 결핍 증상이 잘못 짝지어진 것은?

① 비타민 B1 - 각기병

② 비타민 C - 괴혈병

③ 비타민 B2 - 야맹증

④ 나이아신 - 펠라그라

03 단순 단백질이 아닌 것은?

① 알부민   ② 글로불린

③ 글리코프로테인   ④ 글루테닌

04 지방의 소화에 대한 설명 중 올바른 것은?

① 소화는 대부분 위에서 일어난다.

② 소화를 위해 담즙산이 필요하다.

③ 지방은 수용성 물질의 소화를 돕는다.

④ 유지가 소화, 분해되면 단당류가 된다.

05 인체 내에서 합성되지 않는 필수 아미노산은?

① 글리신
② 알라닌
③ 트립토판
④ 시스틴

05 해설

필수 아미노산 : 트립토판, 이솔신, 류신, 리신, 메티오닌, 트레오닌, 페닐알라닌, 발린

정답 : ③

06 빈혈 예방과 관계가 가장 먼 영양소는?

① 철
② 칼슘
③ 비타민 B12
④ 코발트

06 해설

칼슘은 골격과 치아를 튼튼하게 한다.

정답 : ②

07 위액 중 염산의 작용으로 잘못된 것은?

① 펩신의 최적 pH를 유지해준다.
② 단백질의 변성과 팽화를 돕는다.
③ 펩시노겐을 펩신으로 활성화시킨다.
④ 전분을 소화시켜준다.

07 해설

염산은 단백질을 분해하는 데 도움을 주고 음식을 통해서 들어온 박테리아나 미생물을 파괴시켜 음식을 소독하며 비타민 B12를 생산하기 위하여 필요하다. 또한 미네랄의 흡수를 도와주고 소장으로 소화 효소를 분비하도록 신호를 전달하는 역할을 한다.

정답 : ④

08 지방의 과잉 섭취가 원인이 아닌 질병은?

① 관상동맥질환
② 유방암
③ 비만
④ 골다공증

08 해설

골다공증은 뼈의 성장에 기본이 되는 뼈 기질이 적게 만들어지거나 뼈의 칼슘이 크게 감소하여 생기는 질병이다.

정답 : ④

09 밥을 오래 씹으면 단맛이 나는데 이것은 밥 속에 어떤 영양소가 들어 있기 때문인가?

① 단백질
② 비타민
③ 탄수화물
④ 지방질

09 해설

전분이 소화 효소에 의해 포도당으로 분해되어 단맛이 난다.

정답 : ③

10 해설

결핍 증세 : 피부염, 습진, 피부 질환

정답 : ④

10 다음 결핍 증세 중 필수 지방산의 결핍으로 인해 발생하는
것은?

① 신경통

② 결막염

③ 안질

④ 피부염

11 해설

무기질과 비타민은 우리 몸이 생리 기능을 조절하는 조절 영양소이다.

정답 : ④

11 생리 기능의 조절 작용을 하는 영양소는?

① 탄수화물과 지방

② 탄수화물과 단백질

③ 지방질과 단백질

④ 무기질과 비타민

12 해설

수용성 비타민은 비타민 B군과 비타민 C가 있다.

정답 : ①

12 다음 중 수용성 비타민은?

① 비타민 B1

② 비타민 A

③ 비타민 D

④ 비타민 E

13 해설

라드는 돼지의 지방으로 동물성 기름이다.

정답 : ④

13 콜레스테롤이 함유되어 있는 식품은?

① 옥수수유

② 대두유

③ 들기름

④ 라드

14 해설

지용성 비타민은 비타민 A, 비타민 D, 비타민 E, 비타민 K가 있다.

정답 : ①

14 다음 중 지용성 비타민은?

① 비타민 A

② 비타민 C

③ 티아민

④ 니아신

15 다음 영양소 중 1차, 2차, 3차, 4차 구조를 가진 물질은?

① 탄수화물
② 단백질
③ 지질
④ 무기질

15 해설

단백질은 복잡한 구조의 고분자 화합물이다.

정답 : ②

16 우유의 칼슘 흡수를 방해하는 인자는?

① 비타민 C
② 인
③ 유당
④ 포도당

16 해설

칼슘과 인의 체내 비율은 1:1이며, 칼슘보다 인의 섭취 증가 시 인산칼슘을 형성하여 칼슘의 흡수를 저해한다.

정답 : ②

17 단백질의 분해 효소 중 췌액에 존재하는 것은?

① 프로테아제
② 펩신
③ 트립신
④ 레닌

17 해설

트립신은 췌액에 존재하는 단백질 분해 효소이다. 펩신은 위에 존재하는 단백질 분해 효소이며 레닌은 반추 동물의 위에 존재한다.

정답 : ③

18 다음 단백질 중 수용성인 것은?

① 글로불린
② 프롤라민
③ 알부미노이드
④ 알부민

18 해설

수용성 단백질은 알부민, 프로타민, 히스톤이 있다.

정답 : ④

19 다음 중 필수 아미노산이 아닌 것은?

① 트레오닌
② 이소류신
③ 발린
④ 알라닌

19 해설

필수 아미노산 : 이소류신, 류신, 리신, 페닐알라닌, 트리토판, 메틸오닌, 발린, 트레오닌, 어린이(알기닌, 히스티딘)

정답 : ④

20 해설

근육의 수축 이완을 조절하는 영양
소는 칼슘이다.

정답 : ②

20 음식물로 섭취한 단백질이 인체에서 수행하는 중요 기능과 거리가 먼 것은?

① 새로운 조직이나 성장에 필요하다.
② 근육의 수축 이완을 조절한다.
③ 체성분의 중성 유지에 필요하다.
④ 필요 시 에너지를 생성한다.

21 해설

섬유소는 포도당으로 이루어진 다
당류이다.

정답 : ①

21 섬유소를 완전하게 가수분해하면 무엇이 생기는가?

① 포도당
② 설탕
③ 아밀로오스
④ 맥아당

22 해설

밀가루 제분 시 비타민이 있는 배유
가 제거되기 때문에 비타민이 부족
하다.

정답 : ④

22 일반적으로 빵, 과자로 식사를 대신할 때 가장 부족하기 쉬운 영양소는?

① 탄수화물   ② 단백질
③ 지방   ④ 비타민

23 해설

황 함유 아미노산 : 시스틴, 시스테
인, 메티오닌

정답 : ④

23 다음 아미노산 중 필수 아미노산이며 분자 구조에 황을 함유하고 있는 것은?

① 리신   ② 발린
③ 티로신   ④ 메티오닌

24 해설

강화제는 식품의 빛깔이나 풍미를
변화시키지 않고 부족한 영양소를
보완하는 식품 첨가물이다.

정답 : ②

24 식품에 부족한 성분을 보충, 식품의 영양소를 첨가할 목적으로 사용되는 것은?

① 조미료
② 강화제
③ 품질 개량제
④ 유화제

25 당뇨병과 직접적인 관계가 있는 것은?

① 필수 아미노산
② 필수 지방산
③ 비타민
④ 포도당

26 동물성 지방을 많이 섭취하였을 때 발생할 수 있는 질병은?

① 신장병
② 골다공증
③ 부종
④ 동맥경화증

27 다음 중 단백질 가수분해 효소가 아닌 것은?

① 펩신
② 트립신
③ 아밀라아제
④ 레닌

28 1g 중 칼로리가 가장 높은 것은?

① 녹말가루
② 설탕
③ 식용유
④ 우유

29 다음의 탄수화물 중에서 분자량이 가장 큰 것은?

① 전분
② 포도당
③ 과당
④ 맥아당

제과기능사 모의고사

제과기능사 모의고사 1회

01 머랭 제조에 대한 설명으로 옳은 것은?

① 기름기나 노른자가 없어야 튼튼한 거품이 나온다.

② 일반적으로 흰자 100에 대하여 설탕 50의 비율로 만든다.

③ 저속으로 거품을 올린다.

④ 설탕을 믹싱 초기에 첨가하여야 부피가 커진다.

02 다음 중 쿠키의 과도한 퍼짐 원인이 아닌 것은?

① 반죽의 되기가 너무 묽을 때

② 유지 함량이 적을 때

③ 설탕 사용량이 많을 때

④ 굽는 온도가 너무 낮을 때

03 반죽형 케이크의 반죽 제조법에 대한 설명이 틀린 것은?

① 크림법 : 유지와 설탕을 넣어 가벼운 크림 상태로 만든 후 달걀을 넣는다.

② 블렌딩법 : 밀가루와 유지를 넣고 유지에 의해 밀가루가 가볍게 피복되도록 한 후 건조, 액체 재료를 넣는다.

③ 설탕/물법 : 건조 재료를 혼합한 후 설탕 전체를 넣어 포화용액을 만드는 방법이다.

④ 1단계법 : 모든 재료를 한꺼번에 넣고 믹싱하는 방법이다.

04 일반적으로 초콜릿은 코코아와 카카오 버터로 나누어져 있다. 초콜릿 56%를 사용할 때 코코아의 양은 얼마인가?

① 35%   ② 37%

③ 38%   ④ 41%

05 반죽 온도 조절을 위한 고려 사항으로 적절하지 않은 것은?

① 마찰계수를 구하기 위한 필수적인 요소는 반죽 결과 온도, 원재료 온도, 작업장 온도, 사용되는 물 온도, 작업장 상대 습도이다.

② 기준이 되는 반죽 온도보다 결과 온도가 높다면 사용하는 물(배합수) 일부를 얼음으로 사용하여 희망하는 반죽 온도를 맞춘다.

③ 마찰계수란 일정량의 반죽을 일정한 방법으로 믹싱할 때 반죽 온도에 영향을 미치는 마찰열을 실질적인 수치로 환산한 것이다.

④ 계산된 사용수 온도가 56℃ 이상일 때는 뜨거운 물을 사용할 수 없으며, 영하로 나오더라도 절대치의 차이라는 개념에서 얼음계산법을 적용한다.

06 파운드 케이크를 팬닝할 때 밑면의 껍질 형성을 방지하기 위한 팬으로 가장 적합한 것은?

① 일반팬   ② 이중팬

③ 은박팬   ④ 종이팬

07 유화제를 사용하는 목적이 아닌 것은?

① 물과 기름이 잘 혼합되게 한다.

② 빵이나 케이크를 부드럽게 한다.

③ 빵이나 케이크가 노화되는 것을 지연시킬 수 있다.

④ 달콤한 맛이 나게 하는 데 사용한다.

08 케이크 제품의 굽기 후 제품 부피가 기준보다 작은 경우의 원인이 아닌 것은?

① 틀의 바닥에 공기나 물이 들어갔다.

② 반죽의 비중이 높았다.

③ 오븐의 굽기 온도가 높았다.

④ 반죽을 팬닝한 후 오래 방치했다.

09 도넛 글레이즈가 끈적이는 원인과 대응 방안으로 틀린 것은?

① 유지 성분과 수분의 유화 평형 불안정 - 원재료 중 유화제 함량을 높임

② 온도, 습도가 높은 환경 - 냉장 진열장 사용 또는 통풍이 잘되는 장소 선택

③ 안정제, 농후화제 부족 - 글레이즈 제조 시 첨가된 껌류의 함량을 높임

④ 도넛 제조 시 지친 반죽, 2차 발효가 지나친 반죽 사용 - 표준 제조 공정 준수

10 도넛 튀김용 유지로 가장 적당한 것은?

① 라드 ② 유화 쇼트닝

③ 면실유 ④ 버터

11 초콜릿 제품을 생산하는 데 필요한 도구는?

① 디핑 포크(Dipping forks)

② 오븐(oven)

③ 파이 롤러(pie roller)

④ 워터 스프레이(water spray)

12 화이트 레이어 케이크의 반죽 비중으로 가장 적합한 것은?

① 0.90~1.0 ② 0.45~0.55

③ 0.60~0.70 ④ 0.75~0.85

13 케이크 반죽이 30L 용량의 그릇 10개에 가득 차 있다. 이것으로 분할 반죽 300g짜리 600개를 만들었다. 이 반죽의 비중은?

① 0.8 ② 0.7

③ 0.6 ④ 0.5

14 퍼프 페이스트리의 휴지가 종료되었을 때 손으로 살짝 누르게 되면 다음 중 어떤 현상이 나타나는가?

① 누른 자국이 남아 있다.

② 누른 자국이 원상태로 올라온다.

③ 누른 자국이 유동성 있게 움직인다.

④ 내부의 유지가 흘러나온다.

15 다음 중 제과·제빵 재료로 사용되는 쇼트닝에 대한 설명으로 틀린 것은?

① 쇼트닝을 경화유라고 말한다.

② 쇼트닝은 불포화 지방산의 이중결합에 촉매 존재하에 수소를 첨가하여 제조한다.

③ 쇼트닝성과 공기포집 능력을 갖는다.

④ 쇼트닝은 융점이 매우 낮다.

16 다음 중 발효 시간을 연장시켜야 하는 경우는?

① 식빵 반죽 온도가 27℃이다.

② 발효실 온도가 24℃이다.

③ 이스트 푸드가 충분하다.

④ 1차 발효실 상대 습도가 80%이다.

17 제빵 시 굽기 단계에서 일어나는 반응에 대한 설명으로 틀린 것은?

① 반죽 온도가 60℃로 오르기까지 효소의 작용이 활발해지고 휘발성 물질이 증가한다.

② 글루텐은 90℃부터 굳기 시작하여 빵이 다 구워질 때까지 천천히 계속된다.

③ 반죽 온도가 60℃에 가까워지면 이스트가 죽기 시작한다. 그와 함께 전분이 호화하기 시작한다.

④ 표피 부분이 160℃를 넘어서면 당과 아미노산이 마이야르 반응을 일으켜 멜라노이드를 만들고, 당의 캐러멜화 반응이 일어나며 전분이 덱스트린으로 분해된다.

18 어느 제과점의 이번 달 생산 예상 총액이 1000만 원인 경우, 목표 노동 생산성은 5000원/시/인, 생산 가동 일수가 20일, 1일 작업 시간 10시간인 경우 소요 인원은?

① 4명　　　　　② 6명
③ 8명　　　　　④ 10명

19 냉각으로 인한 빵 속의 수분 함량으로 적당한 것은?

① 약 5%　　　　② 약 15%
③ 약 25%　　　④ 약 38%

20 다음 제품 중 2차 발효실의 습도를 가장 높게 설정해야 되는 것은?

① 호밀빵　　　　② 햄버거빵
③ 불란서빵　　　④ 빵 도넛

21 노타임 반죽법에 사용되는 산화, 환원제의 종류가 아닌 것은?

① ADA(azodicarbonamide)
② L-시스테인
③ 소르브산
④ 요오드칼슘

22 80% 스펀지에서 전체 밀가루가 2000g, 전체 가수율이 63%인 경우, 스펀지에 55%의 물을 사용하였다면 본반죽에 사용할 물의 양은?

① 380g　　　　② 760g
③ 1140g　　　④ 1260g

23 어린 반죽(발효가 덜 된 반죽)으로 제조를 할 경우 중간 발효 시간은 어떻게 조절되는가?

① 길어진다.　　　② 짧아진다.
③ 같다.　　　　④ 판단할 수 없다.

24 다음 중 식빵에서 설탕이 과다할 경우 대응책으로 가장 적합한 것은?

① 소금 양을 늘린다.
② 이스트 양을 늘린다.
③ 반죽 온도를 낮춘다.
④ 발효 시간을 줄인다.

25 둥글리기의 목적과 거리가 먼 것은?

① 공 모양의 일정한 모양을 만든다.
② 큰 가스는 제거하고 작은 가스는 고르게 분산시킨다.
③ 흐트러진 글루텐을 재정렬한다.
④ 방향성 물질을 생성하여 맛과 향을 좋게 한다.

26 냉동 반죽의 해동을 높은 온도에서 빨리 할 경우 반죽의 표면에서 물이 나오는 드립 현상이 발생하는데 그 원인이 아닌 것은?

① 얼음 결정이 반죽의 세포를 파괴 손상
② 반죽 내 수분의 빙결 분리
③ 단백질의 변성
④ 급속 냉동

27 제빵 생산의 원가를 계산하는 목적으로만 연결된 것은?

① 순이익과 총매출의 계산
② 이익 계산, 가격 결정, 원가 관리
③ 노무비, 재료비, 경비 산출
④ 생산량 관리, 재고 관리, 판매 관리

28 다음 중 빵의 냉각 방법으로 가장 적합한 것은?

① 바람이 없는 실내에서 냉각
② 강한 송풍을 이용한 급랭
③ 냉동실에서 냉각
④ 수분 분사 방식

29 식빵 제조 시 수돗물 온도 20℃, 사용할 물의 온도 10℃, 사용할 물의 양 4kg일 때 사용할 얼음의 양은?

① 100g ② 200g
③ 300g ④ 400g

30 건포도 식빵 제조 시 2차 발효에 대한 설명으로 틀린 것은?

① 최적의 품질을 위해 2차 발효를 짧게 한다.
② 식감이 가볍고 잘 끊어지는 제품을 만들 때는 2차 발효를 약간 길게 한다.
③ 밀가루의 단백질의 질이 좋은 것일수록 오븐 스프링이 크다.
④ 100% 중종법보다 70% 중종법이 오븐 스프링이 좋다.

31 밀가루 중에 손상전분이 제빵 시에 미치는 영향으로 옳은 것은?

① 반죽 시 흡수가 늦고 흡수량이 많다.
② 반죽 시 흡수가 빠르고 흡수량이 적다.
③ 발효가 빠르게 진행된다.
④ 제빵과 아무 관계가 없다.

32 다음 중 밀가루에 함유되어 있지 않은 색소는?

① 카로틴 ② 멜라닌
③ 크산토필 ④ 플라본

33 일반적으로 신선한 우유의 pH는?

① 4.0~4.5 ② 3.0~4.0
③ 5.5~6.0 ④ 6.5~6.7

34 글리세린(glycerin, glycerol)에 대한 설명으로 틀린 것은?

① 무색, 무취한 액체이다.
② 3개의 수산기(-OH)를 가지고 있다.
③ 색과 향의 보존을 도와준다.
④ 탄수화물의 가수분해로 얻는다.

35 제빵에 있어 일반적으로 껍질을 부드럽게 하는 재료는?

① 소금 ② 밀가루
③ 마가린 ④ 이스트 푸드

36 전분을 효소나 산에 의해 가수분해시켜 얻은 포도당액을 효소나 알칼리 처리로 포도당과 과당으로 만들어 놓은 당의 명칭은?

① 전화당 ② 맥아당
③ 이성화당 ④ 전분당

37 빵 반죽의 이스트 발효 시 주로 생성되는 물질은?

① 물+이산화탄소 ② 알코올+이산화탄소
③ 알코올+물 ④ 알코올+글루텐

38 직접 반죽법에 의한 발효 시 가장 먼저 발효되는 당은?

① 맥아당(maltose) ② 포도당(glucose)
③ 과당(fructose) ④ 갈락토오스(galactose)

39 제빵 시 경수를 사용할 때 조치 사항이 아닌 것은?

① 이스트 사용량 증가 ② 맥아 첨가
③ 이스트 푸드의 양 감소 ④ 급수량 감소

40 달걀의 특징적 성분으로 지방의 유화력이 강한 성분은?

① 레시틴(lecithin) ② 스테롤(sterol)
③ 세팔린(cephalin) ④ 아비딘(avidin)

41 다음 당류 중 감미도가 가장 낮은 것은?

① 유당 ② 전화당
③ 맥아당 ④ 포도당

42 다음 중 밀가루 제품의 품질에 가장 크게 영향을 주는 것은?

① 글루텐의 함유량

② 빛깔, 맛, 향기

③ 비타민 함유량

④ 원산지

43 유화제에 대한 설명으로 틀린 것은?

① 계면활성제라고도 한다.

② 친유성기와 친수성기를 각 50%씩 갖고 있어 물과 기름의 분리를 막아준다.

③ 레시틴, 모노글리세라이드, 난황 등이 유화제로 쓰인다.

④ 빵에서는 글루텐과 전분 사이로 이동하는 자유수의 분포를 조절하여 노화를 방지한다.

44 비터 초콜릿 32% 중에서 코코아가 약 얼마 정도 함유되어 있는가?

① 8%   ② 16%

③ 20%   ④ 24%

45 껌류에 대한 설명으로 틀린 것은?

① 유화제, 안정제, 점착제 등으로 사용된다.

② 낮은 온도에서도 높은 점성을 나타낸다.

③ 무기질과 단백질로 구성되어 있다.

④ 친수성 물질이다.

46 아미노산의 성질에 대한 설명 중 옳은 것은?

① 모든 아미노산은 선광성을 갖는다.

② 아미노산은 융점이 낮아서 액상이 많다.

③ 아미노산은 종류에 따라 등전점이 다르다.

④ 천연 단백질을 구성하는 아미노산은 주로 D형이다.

47 무기질에 대한 설명으로 틀린 것은?

① 나트륨은 결핍증이 없으며 소금, 육류 등에 많다.

② 마그네슘 결핍증은 근육 약화, 경련 등이며 생선, 견과류 등에 많다.

③ 철은 결핍 시 빈혈 증상이 있으며 시금치, 두류 등에 많다.

④ 요오드 결핍 시에는 갑상선종이 생기며 유제품, 해조류 등에 많다.

48 단백질의 소화, 흡수에 대한 설명으로 틀린 것은?

① 단백질은 위에서 소화되기 시작한다.

② 펩신은 육류 속 단백질 일부를 폴리펩티드로 만든다.

③ 췌장에서 분비된 트립신에 의해 십이지장에서 더 작게 분해된다.

④ 소장에서 단백질이 완전히 분해되지는 않는다.

49 우유 1컵(200mL)에 지방이 6g이라면 지방으로부터 얻을 수 있는 열량은?

① 6kcal   ② 24kcal

③ 54kcal   ④ 120kcal

50 혈당의 저하와 가장 관계가 깊은 것은?

① 인슐린   ② 리파아제

③ 프로테아제   ④ 펩신

51 식자재의 교차 오염을 예방하기 위한 보관 방법으로 잘못된 것은?

① 원재료와 완성품을 구분하여 보관

② 바닥과 벽으로부터 일정 거리를 띄워 보관

③ 뚜껑이 있는 청결한 용기에 덮개를 덮어서 보관

④ 식자재와 비식자재를 함께 식품 창고에 보관

52 경구 감염병과 거리가 먼 것은?

① 유행성 간염   ② 콜레라

③ 세균성 이질   ④ 일본뇌염

53 마시는 물 또는 식품을 매개로 발생하고 집단 발생의 우려가 커서 발생 또는 유행 즉시 방역 대책을 수립하여야 하는 감염병은?

① 제1군 감염병　　② 제2군 감염병

③ 제3군 감염병　　④ 제4군 감염병

54 세균이 분비한 독소에 의해 감염을 일으키는 것은?

① 감염형 세균성 식중독

② 독소형 세균성 식중독

③ 화학성 식중독

④ 진균독 식중독

55 식품 첨가물의 사용에 대한 설명 중 틀린 것은?

① 식품 첨가물 공정에서 식품 첨가물의 규격 및 사용 기준을 제한하고 있다.

② 식품 첨가물은 안전성이 입증된 것으로 최대 사용량의 원칙을 적용한다.

③ GRAS란 역사적으로 인체에 해가 없는 것이 인정된 화합물을 의미한다.

④ ADI란 일일 섭취 허용량을 의미한다.

56 위해요소중점관리기준(HACCP)을 식품별로 정하여 고시하는 자는?

① 보건복지부장관

② 식품의약품안전청장

③ 시장, 군수 또는 구청장

④ 환경부장관

57 경구 감염병에 관한 설명 중 틀린 것은?

① 미량의 균으로 감염이 가능하다.

② 식품은 증식 매체이다.

③ 감염환이 성립된다.

④ 잠복기가 길다.

58 주기적으로 열이 반복되어 나타나므로 파상열이라고 불리는 인수 공통 감염병은?

① Q열　　　　　② 결핵

③ 브루셀라병　　④ 돈단독

59 메틸알코올의 중독 증상과 거리가 먼 것은?

① 두통　　　　　② 구토

③ 실명　　　　　④ 환각

60 보툴리누스 식중독에서 나타날 수 있는 주요 증상 및 증후가 아닌 것은?

① 구토 및 설사　　② 호흡 곤란

③ 출혈　　　　　④ 사망

1	2	3	4	5	6	7	8	9	10
①	②	③	①	②	②	④	①	①	③
11	12	13	14	15	16	17	18	19	20
①	④	③	①	④	②	②	④	④	②
21	22	23	24	25	26	27	28	29	30
④	①	①	②	④	④	②	①	④	④
31	32	33	34	35	36	37	38	39	40
③	②	④	④	④	③	②	②	④	①
41	42	43	44	45	46	47	48	49	50
①	①	②	③	③	③	①	④	③	①
51	52	53	54	55	56	57	58	59	60
④	④	①	②	②	②	④	③	④	③

제과기능사 모의고사 2회

01 다음 제품 중 비중이 가장 낮은 것은?

① 젤리 롤 케이크　　② 버터 스펀지 케이크

③ 파운드 케이크　　④ 옐로 레이어 케이크

02 퍼프 페이스트리 굽기 후 결점과 원인으로 틀린 것은?

① 수축 : 밀어 펴기 과다, 너무 높은 오븐 온도

② 수포 생성 : 단백질 함량이 높은 밀가루로 반죽

③ 충전물 흘러나옴 : 충전물의 양 과다, 봉합 부적절

④ 작은 부피 : 수분이 없는 경화 쇼트닝을 충전용 유지로 사용

03 흰자를 이용한 머랭 제조 시 좋은 머랭을 얻기 위한 방법이 아닌 것은?

① 사용 용기 내에 유지가 없어야 한다.

② 머랭의 온도를 따뜻하게 한다.

③ 노른자를 첨가한다.

④ 주석산 크림을 넣는다.

04 공장 설비 시 배수관의 최소 내경으로 알맞은 것은?

① 5cm　　　　　② 7cm

③ 10cm　　　　④ 15cm

05 설탕 공예용 당액 제조 시 고농도화된 당의 결정을 막아주는 재료는?

① 중조　　　　　② 주석산

③ 포도당　　　　④ 베이킹파우더

06 실내 온도 25℃, 밀가루 온도 25℃, 설탕 온도 25℃, 유지 온도 20℃, 달걀 온도 20℃, 수돗물 온도 23℃, 마찰계수 21, 반죽 희망 온도가 22℃라면 사용할 물의 온도는?

① -4℃　　　　　② -1℃

③ 0℃　　　　　④ 8℃

07 스펀지 케이크 400g짜리 완제품을 만들 때 굽기 손실이 20%라면 분할 반죽의 무게는?

① 600g　　　　② 500g

③ 400g　　　　④ 300g

08 소프트 롤을 말 때 겉면이 터지는 경우 조치 사항이 아닌 것은?

① 팽창이 과도한 경우 팽창제 사용량을 감소시킨다.

② 설탕의 일부를 물엿으로 대치한다.

③ 저온 처리하여 말기를 한다.

④ 덱스트린의 점착성을 이용한다.

09 다음 제품 중 냉과류에 속하는 제품은?

① 무스 케이크　　② 젤리 롤 케이크

③ 소프트 롤 케이크　④ 양갱

10 도넛을 튀길 때 사용하는 기름에 대한 설명으로 틀린 것은?

① 기름이 적으면 뒤집기가 쉽다.

② 발연점이 높은 기름이 좋다.

③ 기름이 너무 많으면 온도를 올리는 시간이 길어진다.

④ 튀김 기름의 평균 깊이는 12~15cm 정도가 좋다.

11 케이크 도넛의 껍질색을 진하게 내려고 할 때 설탕의 일부를 무엇으로 대치하여 사용하는가?

① 물엿

② 포도당

③ 유당

④ 맥아당

12 퍼프 페이스트리 제조 시 다른 조건이 같을 때 충전용 유지에 대한 설명으로 틀린 것은?

① 충전용 유지가 많을수록 결이 분명해진다.

② 충전용 유지가 많을수록 밀어 펴기가 쉬워진다.

③ 충전용 유지가 많을수록 부피가 커진다.

④ 충전용 유지는 가소성 범위가 넓은 파이용이 적당하다.

13 시퐁 케이크 제조 시 냉각 전에 팬에서 분리되는 결점이 나타났을 때의 원인과 거리가 먼 것은?

① 굽기 시간이 짧다.

② 밀가루 양이 많다.

③ 반죽에 수분이 많다.

④ 오븐 온도가 낮다

14 아이싱에 사용하는 안정제 중 적정한 농도의 설탕과 산이 있어야 쉽게 굳는 것은?

① 한천

② 펙틴

③ 젤라틴

④ 로커스트빈검

15 튀김에 기름을 반복 사용할 경우 일어나는 주요한 변화 중 틀린 것은?

① 중합의 증가

② 변색의 증가

③ 점도의 증가

④ 발연점의 상승

16 빵 90g짜리 520개를 만들기 위해 필요한 밀가루 양은? (제품 배합율 180%, 발효 및 굽기 손실은 무시)

① 10kg

② 18kg

③ 26kg

④ 31kg

17 노무비를 절감하는 방법으로 바람직하지 않은 것은?

① 표준화

② 단순화

③ 설비 휴무

④ 공정 시간 단축

18 발효가 지나친 반죽으로 빵을 구웠을 때의 제품 특성이 아닌 것은?

① 빵 껍질색이 밝다.

② 신 냄새가 있다.

③ 체적이 적다.

④ 제품의 조직이 고르다.

19 다음 중 굽기 과정에서 일어나는 변화로 틀린 것은?

① 글루텐이 응고된다.

② 반죽의 온도가 90℃일 때 효소의 활성이 증가한다.

③ 오븐 팽창이 일어난다.

④ 향이 생성된다.

20 제빵의 일반적인 스펀지 반죽 방법에서 가장 적당한 스펀지 온도는?

① 12~15℃

② 18~20℃

③ 23~25℃

④ 29~32℃

21 비용적의 단위로 옳은 것은?

① cm³/g

② cm²/g

③ cm³/ml

④ cm²/ml

22 연속식 제빵법에 관한 설명으로 틀린 것은?

① 액체 발효법을 이용하여 연속적으로 제품을 생산한다.

② 발효 손실 감소, 인력 감소 등의 이점이 있다.

③ 3~4기압의 디벨로퍼로 반죽을 제조하기 때문에 많은 양의 산화제가 필요하다.

④ 자동화 시설을 갖추기 위해 설비 공간의 면적이 많이 소요된다.

23 다음 제빵 공정 중 시간보다 상태로 판단하는 것이 좋은 공정은?

① 포장
② 분할
③ 2차 발효
④ 성형

24 중간 발효에 대한 설명으로 틀린 것은?

① 중간 발효는 온도 32℃ 이내, 상대 습도 75% 전후에서 실시한다.
② 반죽의 온도, 크기에 따라 시간이 달라진다.
③ 반죽의 상처 회복과 성형을 용이하게 하기 위함이다.
④ 상대 습도가 낮으면 덧가루 사용량이 증가한다.

25 제빵 공정 중 팬닝 시 틀(팬)의 온도로 가장 적합한 것은?

① 20℃
② 32℃
③ 55℃
④ 70℃

26 이스트 2%를 사용했을 때 150분 발효시켜 좋은 결과를 얻었다면, 100분 발효시켜 같은 결과를 얻기 위해 얼마의 이스트를 사용하면 좋을까?

① 1%
② 2%
③ 3%
④ 4%

27 다음 중 반죽 10kg을 혼합할 때 가장 적합한 믹서의 용량은?

① 8kg
② 10kg
③ 15kg
④ 30kg

28 제빵 냉각법 중 적합하지 않은 것은?

① 급속 냉각
② 자연 냉각
③ 터널식 냉각
④ 에어콘디션식 냉각

29 냉동 반죽에 사용되는 재료와 제품의 특성에 대한 설명 중 틀린 것은?

① 일반 제품보다 산화제 사용량을 증가시킨다.
② 저율배합인 프랑스빵이 가장 유리하다.
③ 유화제를 사용하는 것이 좋다.
④ 밀가루는 단백질의 함량과 질이 좋은 것을 사용한다.

30 오버 베이킹에 대한 설명으로 옳은 것은?

① 높은 온도의 오븐에서 굽는다.
② 짧은 시간 굽는다.
③ 제품의 수분 함량이 많다.
④ 노화가 빠르다.

31 술에 대한 설명으로 틀린 것은?

① 달걀 비린내, 생크림의 비린 맛 등을 완화시켜 풍미를 좋게 한다.
② 양조주란 곡물이나 과실을 원료로 하여 효모로 발효시킨 것이다.
③ 증류주란 발효시킨 양조주를 증류한 것이다.
④ 혼성주란 증류주를 기본으로 하여 정제당을 넣고 과실 등의 추출물로 향미를 낸 것으로 대부분 알코올 농도가 낮다.

32 맥아에 함유되어 있는 아밀라아제를 이용하여 전분을 당화시켜 엿을 만든다. 이때 엿에 주로 함유되어 있는 당류는?

① 포도당
② 유당
③ 과당
④ 맥아당

33 식염이 반죽의 물성 및 발효에 미치는 영향에 대한 설명으로 틀린 것은?

① 흡수율이 감소한다.
② 반죽 시간이 길어진다.
③ 껍질 색상을 더 진하게 한다.
④ 프로테아제의 활성을 증가시킨다.

34 다음 중 코팅용 초콜릿이 갖추어야 하는 성질은?

① 융점이 항상 낮은 것

② 융점이 항상 높은 것

③ 융점이 겨울에는 높고, 여름에는 낮은 것

④ 융점이 겨울에는 낮고, 여름에는 높은 것

35 어떤 밀가루에서 젖은 글루텐을 채취하여보니 밀가루 100g에서 36g이 되었다. 이때 단백질 함량은?

① 9%
② 12%

③ 15%
④ 18%

36 다음 중 효소에 대한 설명으로 틀린 것은?

① 생체 내의 화학 반응을 촉진시키는 생체 촉매이다.

② 효소 반응은 온도, pH, 기질 농도 등에 영향을 받는다.

③ β-아밀라아제를 액화 효소, α-아밀라아제를 당화 효소라 한다.

④ 효소는 특정 기질에 선택적으로 작용하는 기질 특이성이 있다.

37 동물의 가죽이나 뼈 등에서 추출하며 안정제로 사용되는 것은?

① 젤라틴
② 한천

③ 펙틴
④ 카라기난

38 제빵에 가장 적합한 물은?

① 경수
② 연수

③ 아경수
④ 알칼리수

39 생이스트의 구성 비율이 올바른 것은?

① 수분 8%, 고형분 92% 정도

② 수분 92%, 고형분 8% 정도

③ 수분 70%, 고형분 30% 정도

④ 수분 30%, 고형분 70% 정도

40 커스터드 크림에서 달걀은 주로 어떤 역할을 하는가?

① 쇼트닝 작용
② 결합제

③ 팽창제
④ 저장성

41 다음 중 유지의 산패와 거리가 먼 것은?

① 온도
② 수분

③ 공기
④ 비타민 E

42 버터를 쇼트닝으로 대치하려 할 때 고려해야 할 재료와 거리가 먼 것은?

① 유지 고형질
② 수분

③ 소금
④ 유당

43 믹서 내에서 일어나는 물리적 성질을 파동 곡선기록기로 기록하여 밀가루의 흡수율, 믹싱 시간, 믹싱 내구성 등을 측정하는 기계는?

① 패리노그래프
② 익스텐소그래프

③ 아밀로그래프
④ 분광 분석기

44 휘핑용 생크림에 대한 설명 중 틀린 것은?

① 유지방 40% 이상의 진한 생크림을 쓰는 것이 좋음

② 기포성을 이용하여 제조함

③ 유지방이 기포 형성의 주체임

④ 거품의 품질 유지를 위해 높은 온도에서 보관함

45 단당류 2~10개로 구성된 당으로, 장내의 비피더스균 증식을 활발하게 하는 당은?

① 올리고당
② 고과당

③ 물엿
④ 이성화당

46 식빵에 당질 50%, 지방 5%, 단백질 9%, 수분 24%, 회분 2%가 들어 있다면 식빵을 100g 섭취하였을 때 열량은?

① 281kcal   ② 301kcal

③ 326kcal   ④ 506kcal

47 단백질의 가장 주요한 기능은?

① 체온 유지   ② 유화 작용

③ 체조직 구성   ④ 체액의 압력 조절

48 수분의 필요량을 증가시키는 요인이 아닌 것은?

① 장기간의 구토, 설사, 발열

② 지방이 많은 음식을 먹은 경우

③ 수술, 출혈, 화상

④ 알코올 또는 카페인의 섭취

49 불포화 지방산에 대한 설명 중 틀린 것은?

① 불포화 지방산은 산패되기 쉽다.

② 고도 불포화 지방산은 성인병을 예방한다.

③ 이중결합 2개 이상의 불포화 지방산은 모두 필수 지방산이다.

④ 불포화 지방산이 많이 함유된 유지는 실온에서 액상이다.

50 글리코겐이 주로 합성되는 곳은?

① 간, 신장   ② 소화관, 근육

③ 간, 혈액   ④ 간, 근육

51 식품 위생법에서 식품 등의 공전은 누가 작성, 보급 하는가?

① 보건복지부장관   ② 식품의약품안전청장

③ 국립보건원장   ④ 시, 도지사

52 변질되기 쉬운 식품을 생산지로부터 소비자에게 전달하기까지 저온으로 보존하는 시스템은?

① 냉장유통체계   ② 냉동유통체계

③ 저온유통체계   ④ 상온유통체계

53 식중독 발생 현황에서 발생 빈도가 높은 우리나라 3대 식중독 원인 세균이 아닌 것은?

① 살모넬라균   ② 포도상구균

③ 장염 비브리오균   ④ 바실러스 세레우스

54 어육이나 식육의 초기 부패를 확인하는 화학적 검사 방법으로 적합하지 않은 것은?

① 휘발성 염기질소량의 측정

② pH의 측정

③ 트리메틸아민 양의 측정

④ 탄력성의 측정

55 아래에서 설명하는 식중독 원인균은?

- 미호기성 세균이다.
- 발육 온도는 약 30~46℃ 정도이다.
- 원인 식품은 오염된 식육 및 식육가공품, 우유 등이다.
- 소아에서는 이질과 같은 설사 증세를 보인다.

① 캄필로박터 제주니   ② 바실러스 세레우스

③ 장염비브리오   ④ 병원성대장균

56 산화방지제와 거리가 먼 것은?

① 부틸히드록시아니솔(BHA)

② 디부틸히드록시톨루엔(BHT)

③ 몰식자산프로필(PG)

④ 비타민 A

57 식품 첨가물에 의한 식중독으로 규정되지 않는 것은?

① 허용되지 않은 첨가물의 사용

② 불순한 첨가물의 사용

③ 허용된 첨가물의 과다 사용

④ 독성 물질을 식품에 고의로 첨가

58 황색포도상구균 식중독의 특징으로 틀린 것은?

① 잠복기가 다른 식중독균보다 짧으며 회복이 빠르다.

② 치사율이 다른 식중독균보다 낮다.

③ 그람양성균으로 장내독소를 생산한다.

④ 발열이 24~48시간 정도 지속된다.

59 병원체가 음식물, 손, 식기, 완구, 곤충 등을 통하여 입으로 침입하여 감염을 일으키는 것 중 바이러스에 의한 것은?

① 이질   ② 폴리오

③ 장티푸스   ④ 콜레라

60 오염된 우유를 먹었을 때 발생할 수 있는 인수 공통 감염병이 아닌 것은?

① 파상열   ② 결핵

③ Q-열   ④ 야토병

1	2	3	4	5	6	7	8	9	10
①	②	③	③	②	①	②	③	①	①
11	12	13	14	15	16	17	18	19	20
②	②	②	②	④	③	③	④	②	③
21	22	23	24	25	26	27	28	29	30
①	④	③	④	②	③	③	①	②	④
31	32	33	34	35	36	37	38	39	40
④	④	④	④	②	③	①	③	③	②
41	42	43	44	45	46	47	48	49	50
④	④	①	④	①	①	③	②	③	④
51	52	53	54	55	56	57	58	59	60
②	③	④	④	①	④	④	④	②	④

제과기능사 모의고사 3회

01 파운드 케이크를 구울 때 윗면이 자연적으로 터지는 경우가 아닌 것은?

① 굽기 시작 전에 증기를 분무할 때

② 설탕 입자가 용해되지 않고 남아 있을 때

③ 반죽 내 수분이 불충분할 때

④ 오븐 온도가 높아 껍질 형성이 너무 빠를 때

02 도넛 글레이즈의 사용 온도로 가장 적합한 것은?

① 49℃   ② 39℃

③ 29℃   ④ 19℃

03 제빵 공장에서 5인이 8시간 동안 옥수수 식빵 500개, 바게트 빵 550개를 만들었다. 개당 제품의 노무비는 얼마인가? (단, 시간당 노무비는 4000원이다.)

① 132원   ② 142원

③ 152원   ④ 162원

04 엔젤 푸드 케이크 제조 시 팬에 사용하는 이형제로 가장 적절한 것은?

① 쇼트닝   ② 밀가루

③ 라드   ④ 물

05 케이크의 부피가 작아지는 원인에 해당하는 것은?

① 강력분을 사용한 경우

② 액체 재료가 적은 경우

③ 크림성이 좋은 유지를 사용한 경우

④ 달걀 양이 많은 반죽의 경우

06 쇼트 브레드 쿠키의 성형 시 주의할 점이 아닌 것은?

① 글루텐 형성 방지를 위해 가볍게 뭉쳐서 밀어 편다.

② 반죽의 휴지를 위해 성형 전에 냉동고에 동결시킨다.

③ 반죽을 일정한 두께로 밀어 펴서 원형 또는 주름 커터로 찍어낸다.

④ 달걀노른자를 바르고 조금 지난 뒤 포크로 무늬를 그려 낸다.

07 반죽형 케이크를 구웠더니 너무 가볍고 부서지는 현상이 나타났다. 그 원인이 아닌 것은?

① 반죽에 밀가루 양이 많았다.

② 반죽의 크림화가 지나쳤다.

③ 팽창제 사용량이 많았다.

④ 쇼트닝 사용량이 많았다.

08 생크림에 대한 설명으로 옳지 않은 것은?

① 생크림은 우유로 제조한다.

② 유사 생크림은 팜, 코코넛유 등, 식물성 기름을 사용하여 만든다.

③ 생크림은 냉장 온도에서 보관하여야 한다.

④ 생크림의 유지 함량은 82% 정도이다.

09 찜을 이용한 제품에 사용되는 팽창제의 특성은?

① 지속성   ② 속효성

③ 지효성   ④ 이중팽창

10 커스터드 크림의 재료에 속하지 않은 것은?

① 우유   ② 달걀

③ 설탕   ④ 생크림

11 도넛 튀김기에 붓는 기름의 평균 깊이로 가장 적당한 것은?

① 5~8cm ② 9~12cm

③ 12~15cm ④ 16~19cm

12 다음 쿠키 중에서 상대적으로 수분이 적어서 밀어펴는 형태로 만드는 제품은?

① 드롭 쿠키 ② 스냅 쿠키

③ 스펀지 쿠키 ④ 머랭 쿠키

13 다음 중 반죽의 얼음 사용량 계산 공식으로 옳은 것은?

① 얼음={물 사용량×(수돗물 온도-사용수 온도)}/(80+수돗물의 온도)

② 얼음={물 사용량×(수돗물 온도+사용수 온도)}/(80+수돗물의 온도)

③ 얼음={물 사용량×(수돗물 온도×사용수 온도)}/(80+수돗물의 온도)

④ 얼음={물 사용량×(계산된 물 온도-사용수 온도)}/(80+수돗물의 온도)

14 컵의 물을 담은 무게가 300g이고 반죽을 담은 무게가 260g일 때 비중은? (단, 비중 컵의 무게는 50g이다.)

① 0.64 ② 0.74

③ 0.84 ④ 1.04

15 블렌딩법에 대한 설명으로 옳은 것은?

① 건조 재료와 달걀, 물을 가볍게 믹싱하다가 유지를 넣어 반죽하는 방법이다.

② 설탕 입자가 고와 스크래핑이 필요 없고 대규모 생산회사에서 이용하는 방법이다.

③ 부피를 우선으로 하는 제품에 이용하는 방법이다.

④ 유지와 밀가루를 먼저 믹싱하는 방법이며, 제품의 유연성이 좋다.

16 일반적으로 작은 규모의 제과점에서 사용하는 믹서는?

① 수직형 믹서 ② 수평형 믹서

③ 초고속 믹서 ④ 커터 믹서

17 갓 구워낸 빵을 식혀 상온으로 낮추는 냉각에 관한 설명으로 틀린 것은?

① 빵 속의 온도를 35~40℃로 낮추는 것이다.

② 곰팡이 및 기타 균의 피해를 막는다.

③ 절단, 포장을 용이하게 한다.

④ 수분 함량을 25%로 낮추는 것이다.

18 식빵 제조 시 과도한 부피의 제품이 되는 원인은?

① 소금량의 부족 ② 오븐 온도가 높음

③ 배합수의 부족 ④ 미숙성 소맥분

19 원가의 구성에서 직접 원가에 해당되지 않는 것은?

① 직접 재료비 ② 직접 노무비

③ 직접 경비 ④ 직접 판매비

20 냉동 빵에서 반죽의 온도를 낮추는 가장 주된 이유는?

① 수분 사용량이 많아서

② 밀가루의 단백질 함량이 낮아서

③ 이스트 활동을 억제하기 위해서

④ 이스트 사용량이 감소해서

21 성형 후 공정으로 가스 팽창을 최대로 만드는 단계로 가장 적합한 것은?

① 1차 발효 ② 중간 발효

③ 펀치 ④ 2차 발효

22 스펀지 발효에서 생기는 결함을 없애기 위하여 만들어진 제조법으로 ADMI법이라고 불리는 제빵법은?

① 액종법(liquid ferments)

② 비상 반죽법(emergency dough method)

③ 노타임 반죽법(no timedough method)

④ 스펀지 도우법(sponge dough method)

23 500g짜리 완제품 식빵 500개를 주문받았다. 총 배합률은 190%이고, 발효 손실은 2%, 굽기 손실은 10%일 때 20kg짜리 밀가루는 몇 포대 필요한가?

① 6포대　　　　② 7포대

③ 8포대　　　　④ 9포대

24 빵의 관능적 평가법에서 외부적 특성을 평가하는 항목으로 틀린 것은?

① 대칭성　　　　② 껍질 색상

③ 껍질 특성　　　④ 맛

25 제빵용 팬기름에 대한 설명으로 틀린 것은?

① 종류에 상관없이 발연점이 낮아야 한다.

② 무색, 무미, 무취이어야 한다.

③ 정제 라드. 식물유, 혼합유도 사용된다.

④ 과다하게 칠하면 밑껍질이 두껍고 어둡게 된다.

26 다음 중 정상적인 스펀지 반죽을 발효시키는 동안 스펀지 내부의 온도 상승은 어느 정도가 가장 바람직한가?

① 1~2℃　　　　② 4~6℃

③ 8~10℃　　　④ 12~14℃

27 불란서빵 제조 시 스팀 주입이 많을 경우 생기는 현상은?

① 껍질이 바삭바삭하다.　② 껍질이 벌어진다.

③ 질긴 껍질이 된다.　　④ 균열이 생긴다.

28 제빵용 밀가루의 적정 손상전분의 함량은?

① 1.5~3%　　　② 4.5~8%

③ 11.5~14%　　④ 15.5~17%

29 스펀지 도우법에서 가장 적합한 스펀지 반죽의 온도는?

① 10~20℃　　　② 22~26℃

③ 34~38℃　　　④ 42~46℃

30 빵 반죽의 손 분할이나 기계 분할은 가능한 한 몇 분 이내로 완료하는 것이 좋은가?

① 15~20분　　　② 25~30분

③ 35~40분　　　④ 45~50분

31 튀김 기름에 스테아린을 첨가하는 이유에 대한 설명으로 틀린 것은?

① 기름의 침출을 막아 도넛 설탕이 젖는 것을 방지한다.

② 유지의 융점을 높인다.

③ 도넛에 설탕이 붙는 점착성을 높인다.

④ 경화제(hardener)로 튀김 기름의 3~6%를 사용한다.

32 밀가루 25kg에서 젖은 글루텐 6g을 얻었다면 이 밀가루는 다음 어디에 속하는가?

① 박력분　　　　② 중력분

③ 강력분　　　　④ 제빵용 밀가루

33 아이싱 크림에 많이 쓰이는 퐁당을 만들 때 끓이는 온도로 가장 적합한 것은?

① 78~80℃　　　② 98~100℃

③ 114~116℃　　④ 130~132℃

34 제빵에서 설탕의 역할이 아닌 것은?

① 이스트의 영양분이 됨　② 껍질색을 나게 함

③ 향을 향상시킴　　　④ 노화를 촉진시킴

35 메이스(mace)와 같은 나무에서 생산되는 것으로 단맛의 향기가 있는 향신료는?

① 넛메그　　　　② 시나몬
③ 클로브　　　　④ 오레가노

36 패리노그래프에 관한 설명 중 틀린 것은?

① 흡수율 측정　　② 믹싱 시간 측정
③ 믹싱 내구성 측정　④ 전분의 점도 측정

37 유지를 고온으로 계속 가열하였을 때 다음 중 점차 낮아지는 것은?

① 산가　　　　　② 점도
③ 과산화물가　　④ 발연점

38 제빵에 적정한 물의 경도는 120~180ppm인데, 이는 다음 중 어느 분류에 속하는가?

① 연수　　　　　② 아경수
③ 일시적 경수　　④ 영구적 경수

39 달걀에 대한 설명 중 옳은 것은?

① 노른자에 가장 많은 것은 단백질이다.
② 흰자는 대부분이 물이고 그 다음 많은 성분은 지방질이다.
③ 껍질은 대부분 탄산칼슘으로 이루어져 있다.
④ 흰자보다 노른자 중량이 더 크다.

40 제빵에서 소금의 역할이 아닌 것은?

① 글루텐을 강화시킨다.
② 유해균의 번식을 억제시킨다.
③ 빵의 내상을 희게 한다.
④ 맛을 조절한다.

41 화학적 팽창에 대한 설명으로 잘못된 것은?

① 효모보다 가스 생산이 느리다.
② 가스를 생산하는 것은 탄산수소나트륨이다.
③ 중량제로 전분이나 밀가루를 사용한다.
④ 산의 종류에 따라 작용 속도가 달라진다.

42 아밀로그래프(Amylograph)에서 50℃에서의 점도(minimum viscosity)와 최종 점도(final viscosity) 차이를 표시하는 것으로 노화도를 나타내는 것은?

① 브레이크 다운(break down)
② 세트 백(setback)
③ 최소 점도(minimum viscosity)
④ 최대 점도(maximum viscosity)

43 지방의 산화를 가속시키는 요소가 아닌 것은?

① 공기와의 접촉이 많다.
② 토코페롤을 첨가한다.
③ 높은 온도로 여러 번 사용한다.
④ 자외선에 노출시킨다.

44 자당 10%를 이성화해서 10.52%의 전화당을 얻었다. 포도당과 과당의 비율은?

① 포도당 7.0%, 과당 3.52%
② 포도당 5.26%, 과당 5.26%
③ 포도당 3.52%, 과당 7.0%
④ 포도당 2.63%, 과당 7.89%

45 빵에서 탈지분유의 역할이 아닌 것은?

① 흡수율 감소　　② 조직 개선
③ 완충제 역할　　④ 껍질색 개선

46 식품의 열량(kcal) 계산공식으로 맞는 것은? (단, 각 영양소 양의 기준은 g 단위로 한다.)

① (탄수화물의 양+단백질의 양)×4+(지방의 양×9)

② (탄수화물의 양+지방의 양)×4+(단백질의 양×9)

③ (지방의 양+단백질의 양)×4+(탄수화물의 양×9)

④ (탄수화물의 양+지방의 양)×9+(단백질의 양×4)

47 포화 지방산과 불포화 지방산에 대한 설명 중 옳은 것은?

① 포화 지방산은 이중결합을 함유하고 있다.

② 포화 지방산은 할로겐이나 수소 첨가에 따라 불포화될 수 있다.

③ 코코넛 기름에는 불포화 지방산이 더 높은 비율로 들어 있다.

④ 식물성 유지에는 불포화 지방산이 더 높은 비율로 들어 있다.

48 유용한 장내세균의 발육을 왕성하게 하여 장에 좋은 영향을 미치는 이당류는?

① 설탕(sucrose)　② 유당(lactose)

③ 맥아당(maltose)　④ 포도당(glucose)

49 괴혈병을 예방하기 위해 어떤 영양소가 많은 식품을 섭취해야 하는가?

① 비타민 A　② 비타민 C

③ 비타민 D　④ 비타민 B1

50 필수 아미노산이 아닌 것은?

① 트레오닌　② 이소루신

③ 발린　④ 알라닌

51 다음 중 병원체가 바이러스인 질병은?

① 유행성 간염　② 결핵

③ 발진티푸스　④ 말라리아

52 살모넬라균의 특징이 아닌 것은?

① 그람음성간균이다.

② 발육 최적 pH는 7~8, 온도는 37℃이다.

③ 60℃에서 20분 정도의 가열로 사멸한다.

④ 독소에 의한 식중독을 일으킨다.

53 다음 중 부패로 볼 수 없는 것은?

① 육류의 변질　② 달걀의 변질

③ 어패류의 변질　④ 열에 의한 식용유의 변질

54 균체의 독소 중 뉴로톡신을 생산하는 식중독균은?

① 포도상구균　② 클로스트리듐 보툴리눔균

③ 장염비브리오균　④ 병원성대장균

55 인수 공통 감염병으로만 짝지어진 것은?

① 폴리오, 장티푸스　② 탄저, 리스테리아증

③ 결핵, 유행성 간염　④ 홍역, 브루셀라증

56 식품에 식염을 첨가함으로써 미생물 증식을 억제하는 효과와 관계가 없는 것은?

① 탈수 작용에 의한 식품 내 수분 감소

② 산소의 용해도 감소

③ 삼투압 증가

④ 펩티드 결합의 분해

57 빵의 제조 과정에서 빵 반죽을 분할기에서 분할할 때 달라붙지 않게 하는 첨가물은?

① 호료(thickening agent)　② 피막제(coating agent)

③ 용제(solvents)　④ 이형제(release agent)

58 화학적 식중독을 유발하는 원인이 아닌 것은?

① 복어독　　　　② 불량한 포장 용기

③ 유해한 식품 첨가물　④ 농약에 오염된 식품

59 다음 중 음식물을 매개로 전파되지 않는 것은?

① 이질　　　　② 장티푸스

③ 콜레라　　　　④ 광견병

60 우리나라에서 지정된 식품 첨가물 중 버터류에 사용할 수 없는 것은?

① 터셔리부틸히드로퀴논(tbhq)

② 식용색소 황색4호

③ 부틸히드록시아니솔(BHA)

④ 디부틸히드록시틀루엔(BHT)

1	2	3	4	5	6	7	8	9	10
①	①	③	④	①	②	①	④	②	④
11	12	13	14	15	16	17	18	19	20
③	②	①	③	④	①	④	①	④	③
21	22	23	24	25	26	27	28	29	30
④	①	③	④	①	②	③	②	②	①
31	32	33	34	35	36	37	38	39	40
③	①	③	④	①	④	④	②	③	③
41	42	43	44	45	46	47	48	49	50
①	②	②	②	①	①	④	②	②	④
51	52	53	54	55	56	57	58	59	60
①	④	④	②	②	④	④	①	④	②

제과기능사 모의고사 4회

01 젤리 롤 케이크는 어떤 배합을 기본으로 하여 만드는 제품인가?

① 스펀지 케이크 배합

② 파운드 케이크 배합

③ 하드 롤 배합

④ 슈크림 배합

02 다음 중 호화에 대한 설명 중 맞는 것은?

① 호화는 주로 단백질과 관련된 현상이다.

② 호화되면 소화되기 쉽고 맛이 좋아진다.

③ 호화는 냉장 온도에서 잘 일어난다.

④ 유화제를 사용하면 호화를 지연시킬 수 있다.

03 도넛을 튀길 때의 설명으로 틀린 것은?

① 튀김 기름의 깊이는 12cm 정도가 알맞다.

② 자주 뒤집어 타지 않도록 한다.

③ 튀김 온도는 185℃ 정도로 맞춘다.

④ 튀김 기름에 스테아린을 소량 첨가한다.

04 다음 중 버터 크림 당액 제조 시 설탕에 대한 물 사용량으로 알맞은 것은?

① 25%   ② 80%

③ 100%   ④ 125%

05 다음 중 비교적 스크래핑을 가장 많이 해야 하는 제법은?

① 공립법   ② 별립법

③ 설탕/물법   ④ 크림법

06 굳어진 설탕 아이싱 크림을 여리게 하는 방법으로 부적합한 것은?

① 설탕 시럽을 더 넣는다.

② 중탕으로 가열한다.

③ 전분이나 밀가루를 넣는다.

④ 소량의 물을 넣고 중탕으로 가온한다.

07 찜류 또는 찜만쥬 등에 사용하는 팽창제의 특성이 아닌 것은?

① 팽창력이 강하다.

② 제품의 색을 희게 한다.

③ 암모니아 냄새가 날 수 있다.

④ 중조와 산제를 이용한 팽창제이다.

08 반죽형 쿠키 중 수분을 가장 많이 함유하는 쿠키는?

① 쇼트 브래드 쿠키

② 드롭 쿠키

③ 스냅 쿠키

④ 스펀지 쿠키

09 퍼프 페이스트리의 접기 공정에 관한 설명으로 옳은 것은?

① 접는 모서리는 직각이 되어야 한다.

② 접기 수와 밀어 펴놓은 결의 수는 동일하다.

③ 접히는 부위가 동일하게 포개어지지 않아도 된다.

④ 구워낸 제품이 한쪽으로 터지는 경우 접기와는 무관하다.

10 언더 베이킹에 대한 설명으로 틀린 것은?

① 높은 온도에서 짧은 시간 굽는 것이다.

② 중앙 부분이 익지 않는 경우가 많다.

③ 제품이 건조되어 바삭바삭하다.

④ 수분이 빠지지 않아 껍질이 쭈글쭈글하다.

11 다음 중 포장 시에 일반적인 빵, 과자 제품의 냉각 온도로 가장 적합한 것은?

① 22℃   ② 32℃

③ 38℃   ④ 47℃

12 반죽의 비중과 관계가 가장 적은 것은?

① 제품의 부피   ② 제품의 기공

③ 제품의 조직   ④ 제품의 점도

13 반죽형 케이크의 결점과 원인의 연결이 잘못된 것은?

① 고율배합 케이크의 부피가 작음 - 설탕과 액체 재료의 사용량이 적었다.

② 굽는 동안 부풀어 올랐다가 가라앉음 - 설탕과 팽창제 사용량이 많았다.

③ 케이크 껍질에 반점이 생김 - 입자가 굵고 크기가 서로 다른 설탕을 사용했다.

④ 케이크가 단단하고 질김 - 고율배합 케이크에 맞지 않는 밀가루를 사용했다.

14 용적 2050cm³인 팬에 스펀지 케이크 반죽을 400g으로 분할할 때 좋은 제품이 되었다면 용적 2870 cm³인 팬에 적당한 분할 무게는?

① 440g   ② 480g

③ 560g   ④ 600g

15 고율배합에 대한 설명으로 틀린 것은?

① 화학 팽창제를 적게 쓴다.

② 굽는 온도를 낮춘다.

③ 반죽 시 공기 혼입이 많다.

④ 비중이 높다.

16 팬닝 방법 중 풀만 브래드와 같이 뚜껑을 덮어 굽는 제품에 반죽을 길게 늘려 U자, N자, M자형으로 넣는 방법은?

① 직접 팬닝   ② 트위스트 팬닝

③ 스파이럴 팬닝   ④ 교차 팬닝

17 제빵 생산 시 물 온도를 구할 때 필요한 인자와 가장 거리가 먼 것은?

① 쇼트닝 온도   ② 실내 온도

③ 마찰계수   ④ 밀가루 온도

18 냉동 반죽법의 재료 준비에 대한 사항 중 틀린 것은?

① 저장 온도는 -5℃가 적합하다.

② 노화방지제를 소량 사용한다.

③ 반죽은 조금 되게 한다.

④ 크로와상 등의 제품에 이용된다.

19 연속식 제빵법을 사용하는 장점과 가장 거리가 먼 것은?

① 인력의 감소

② 발효향의 증가

③ 공장 면적과 믹서 등 설비의 감소

④ 발효 손실의 감소

20 주로 소매점에서 자주 사용하는 믹서로 거품형 케이크 및 빵 반죽이 모두 가능한 믹서는?

① 수직 믹서(vertical mixer)

② 스파이럴 믹서(spiral mixer)

③ 수평 믹서(horizontal mixer)

④ 핀 믹서(pin mixer)

21 표준 식빵의 재료 사용 범위로 부적합한 것은?

① 설탕 0~8%　　　② 생이스트 1.5~5%

③ 소금 5~10%　　④ 유지 0~5%

22 1인당 생산 가치는 생산 가치를 무엇으로 나누어 계산하는가?

① 인원수　　　　② 시간

③ 임금　　　　　④ 원 재료비

23 포장에 대한 설명 중 틀린 것은?

① 포장은 제품의 노화를 지연시킨다.

② 뜨거울 때 포장하여 냉각 손실을 줄인다.

③ 미생물에 오염되지 않은 환경에서 포장한다.

④ 온도, 충격 등에 대한 품질 변화에 주의한다.

24 굽기 손실이 가장 큰 제품은?

① 식빵　　　　　② 바게트

③ 단팥빵　　　　④ 버터롤

25 다음 중 빵의 노화 속도가 가장 빠른 온도는?

① -18~-1℃　　　② 0~10℃

③ 20~30℃　　　④ 35~45℃

26 이스트 푸드에 대한 설명으로 틀린 것은?

① 발효를 조절한다.

② 밀가루 중량 대비 1~5%를 사용한다.

③ 이스트의 영양을 보급한다.

④ 반죽 조절제로 사용한다.

27 다음의 빵 제품 중 일반적으로 반죽의 되기가 가장 된 것은?

① 피자 도우　　　② 잉글리시 머핀

③ 단과자빵　　　④ 팥앙금빵

28 이스트 2%를 사용하여 4시간 발효시킨 경우 양질의 빵을 만들었다면 발효 시간을 3시간으로 단축하자면 얼마 정도의 이스트를 사용해야 하는가?

① 약 1.5%　　　② 약 2.0%

③ 약 2.7%　　　④ 약 3.0%

29 2차 발효의 상대 습도를 가장 낮게 하는 제품은?

① 옥수수 식빵　　② 데니시 페이스트리

③ 우유 식빵　　　④ 팥앙금빵

30 데니시 페이스트리에서 롤인 유지 함량 및 접기 횟수에 대한 내용 중 틀린 것은?

① 롤인 유지 함량이 증가할수록 제품 부피는 증가한다.

② 롤인 유지 함량이 적어지면 같은 접기 횟수에서 제품의 부피가 감소한다.

③ 같은 롤인 유지 함량에서는 접기 횟수가 증가할수록 부피는 증가하다 최고점을 지나면 감소한다.

④ 롤인 유지 함량이 많은 것이 롤인 유지 함량이 적은 것보다 접기 횟수가 증가함에 따라 부피가 증가하다가 최고점을 지나면 감소하는 현상이 현저하다.

31 버터 크림을 만들 때 흡수율이 가장 높은 유지는?

① 라드　　　　　　② 경화 라드

③ 경화 식물성 쇼트닝　④ 유화 쇼트닝

32 제빵에서 밀가루, 이스트, 물과 함께 기본적인 필수 재료는?

① 분유   ② 유지

③ 소금   ④ 설탕

33 향신료를 사용하는 목적 중 틀린 것은?

① 향기를 부여하여 식욕을 증진시킨다.

② 육류나 생선의 냄새를 완화시킨다.

③ 매운 맛과 향기로 혀, 코, 위장을 자극하여 식욕을 억제시킨다.

④ 제품에 식욕을 불러일으키는 색을 부여한다.

34 우유 단백질 중 함량이 가장 많은 것은?

① 락토알부민   ② 락토글로불린

③ 글루테닌   ④ 카제인

35 α-아밀라아제에 대한 설명으로 틀린 것은?

① β-아밀라이제에 비하여 열 안정성이 크다.

② 당화 효소라고도 한다.

③ 전분의 내부 결함을 가수분해할 수 있어 내부 아밀라아제라고도 한다.

④ 액화 효소라고도 한다.

36 다음 중 아밀로펙틴의 함량이 가장 많은 것은?

① 옥수수 전분   ② 찹쌀 전분

③ 멥쌀 전문   ④ 감자 전분

37 빵을 만들 때 설탕의 기능이 아닌 것은?

① 이스트의 영양원   ② 빵껍질의 색

③ 풍미 제공   ④ 기포성 부여

38 밀가루 반죽을 끊어질 때까지 늘려서 반죽의 신장성을 알아보는 것은?

① 아밀로그래프   ② 패리노그래프

③ 익스텐소그래프   ④ 믹소그래프

39 어떤 케이크를 생산하는 데 전란이 1000g이 필요하다. 껍질 포함 60g짜리 달걀은 몇 개 있어야 하는가?

① 17개   ② 19개

③ 21개   ④ 23개

40 기름 및 지방에 대한 설명 중 옳은 것은?

① 모노글리세라이드는 글리세롤의 -OH 3개 중 하나에만 지방산이 결합된 것이다.

② 기름의 가수분해는 온도와 별 상관이 없다.

③ 기름의 비누화는 가성소다에 의해 낮은 온도에서 진행 속도가 빠르다.

④ 기름의 산패는 기름 자체의 이중결합과 무관하다.

41 다음 중 과당을 분해하여 CO_2 가스와 알코올을 만드는 효소는?

① 리파아제(Lipase)   ② 프로테아제(protease)

③ 치마아제(zymase)   ④ 말타아제(maltase)

42 자유수를 올바르게 설명한 것은?

① 당류와 같은 용질에 작용하지 않는다.

② 0℃ 이하에서도 얼지 않는다.

③ 정상적인 물보다 그 밀도가 크다.

④ 염류, 당류 등을 녹이고 용매로서 작용한다.

43 초콜릿을 템퍼링한 효과에 대한 설명 중 틀린 것은?

① 입안에서의 용해성이 나쁘다.

② 광택이 좋고 내부 조직이 조밀하다.

③ 팻 블룸(fat bloom)이 일어나지 않는다.

④ 안정한 결정이 많고 결정형이 일정하다.

44 글루텐의 탄력성을 부여하는 것은?

① 글루테닌　　　　② 글리아딘

③ 글로불린　　　　④ 알부민

45 다음 중 밀가루에 대한 설명으로 틀린 것은?

① 밀가루는 회분 함량에 따라 강력분, 중력분, 박력분으로 구분한다.

② 전체 밀알에 대해 껍질은 13~14%, 배아는 2~3%, 내배유는 83~85% 정도 차지한다.

③ 제분 직후의 밀가루는 제빵 적성이 좋지 않다.

④ 숙성한 밀가루는 글루텐의 질이 개선되고 흡수성을 좋게 한다.

46 지방의 연소와 합성이 이루어지는 장기는?

① 췌장　　　　　　② 간

③ 위장　　　　　　④ 소장

47 어떤 분유 100g의 질소 함량이 4g이라면 분유 100g은 약 몇 g의 단백질을 함유하고 있는가? (단, 단백질 중 질소 함량은 16%)

① 5g　　　　　　　② 15g

③ 25g　　　　　　④ 35g

48 다음 중 심혈관계 질환의 위험 인자로 가장 거리가 먼 것은?

① 고혈압과 중성지질 증가

② 골다공증과 빈혈

③ 운동 부족과 고지혈증

④ 당뇨병과 지단백 증가

49 인체의 수분 소요량에 영향을 주는 요인과 가장 거리가 먼 것은?

① 기온　　　　　　② 신장의 기능

③ 활동력　　　　　④ 염분의 섭취량

50 다음 중 이당류로만 묶인 것은?

① 맥아당, 유당, 설탕　　② 포도당, 과당, 맥아당

③ 설탕, 갈락토오스, 유당　④ 유당, 포도당, 설탕

51 감자의 싹이 튼 부분에 들어 있는 독소는?

① 엔테로톡신　　　② 삭카린나트륨

③ 솔라닌　　　　　④ 아미그달린

52 조리빵류의 부재료로 활용되는 육가공품의 부패로 인해 암모니아와 염기성 물질이 형성될 때 pH 변화는?

① 변화가 없다.　　② 산성이 된다.

③ 중성이 된다.　　④ 알칼리성이 된다.

53 음식물을 섭취하고 약 2시간 후에 심한 설사 및 구토를 하게 되었다. 다음 중 그 원인으로 가장 유력한 독소는?

① 테트로도톡신　　② 엔테로톡신

③ 아플라톡신　　　④ 에르고톡신

54 인체 유래 병원체에 의한 전염병의 발생과 전파를 예방하기 위한 올바른 개인위생 관리로 가장 적합한 것은?

① 식품 작업 중 화장실 사용 시 위생복을 착용한다.

② 설사증이 있을 때에는 약을 복용한 후 식품을 취급한다.

③ 식품 취급 시 장신구는 순금 제품을 착용한다.

④ 정기적으로 건강검진을 받는다.

55 경구 전염병의 예방 대책 중 전염 경로에 대한 대책으로 올바르지 않은 것은?

① 우물이나 상수도의 관리에 주의한다.

② 하수도 시설을 완비하고, 수세식 화장실을 설치한다.

③ 식기, 용기, 행주 등은 철저히 소독한다.

④ 환기를 자주 시켜 실내 공기의 청결을 유지한다.

56 다음 중 세균과 관계없는 식중독은?

① 장염비브리오 식중독

② 웰치 식중독

③ 진균독 식중독

④ 살모넬라 식중독

57 유지산패도를 측정하는 방법이 아닌 것은?

① 과산화물가(peroxide value, POV)

② 휘발성염기질소(volatile basic nitrogen value, VBN)

③ 카르보닐가(carbonyl value, CV)

④ 관능검사

58 빵의 제조 과정에서 빵 반죽을 분할기에서 분할할 때나 구울 때 달라붙지 않게 하고, 모양을 그대로 유지하기 위하여 사용되는 첨가물을 이형제라고 한다. 다음 중 이형제는?

① 유동파라핀   ② 명반

③ 탄산수소나트륨   ④ 염화암모늄

59 식품 첨가물 공정 상 표준 온도는?

① 20℃   ② 25℃

③ 30℃   ④ 35℃

60 부패에 영향을 미치는 요인에 대한 설명으로 맞는 것은?

① 중온균의 발유적온은 46~60℃

② 효모의 생육최적 pH는 10 이상

③ 결합수의 함량이 많을수록 부패가 촉진

④ 식품 성분의 조직 상태 및 식품의 저장 환경

1	2	3	4	5	6	7	8	9	10
①	②	②	①	④	③	④	②	①	③
11	12	13	14	15	16	17	18	19	20
③	④	①	③	④	④	①	①	②	①
21	22	23	24	25	26	27	28	29	30
③	①	②	②	②	②	①	③	②	④
31	32	33	34	35	36	37	38	39	40
④	③	③	④	②	②	④	③	②	①
41	42	43	44	45	46	47	48	49	50
③	④	①	①	①	②	②	②	②	①
51	52	53	54	55	56	57	58	59	60
③	④	②	④	④	③	②	①	①	④

제과기능사 모의고사 5회

01 다음 설명 중 맛과 향이 떨어지는 원인이 아닌 것은?

① 설탕을 넣지 않는 제품은 맛과 향이 제대로 나지 않는다.
② 저장 중 산패된 유지, 오래된 달걀로 인한 냄새를 흡수한 재료는 품질이 떨어진다.
③ 탈향의 원인이 되는 불결한 팬의 사용과 탄화된 물질이 제품에 붙으면 맛과 외양을 악화시킨다.
④ 굽기 상태가 부적절하면 생재료 맛이나 탄 맛이 남는다.

02 반죽형으로 제조되는 케이크 제품은?

① 파운드 케이크　② 시폰 케이크
③ 레몬 시크론 케이크　④ 스파이스 케이크

03 핑거 쿠키 성형 시 가장 적정한 길이(cm)는?

① 3　② 5
③ 9　④ 12

04 다음 유지 중 성질이 다른 것은?

① 버터　② 마가린
③ 샐러드유　④ 쇼트닝

05 비중이 높은 제품의 특징이 아닌 것은?

① 기공이 조밀하다.　② 부피가 작다.
③ 껍질색이 진하다.　④ 제품이 단단하다.

06 거품을 올린 흰자에 뜨거운 시럽을 첨가하면서 고속으로 믹싱하여 만드는 아이싱은?

① 마시멜로 아이싱　② 콤비네이션 아이싱
③ 초콜릿 아이싱　④ 로얄 아이싱

07 퐁당 아이싱이 끈적거리거나 포장지에 붙는 경향을 감소시키는 방법으로 옳지 않은 것은?

① 아이싱을 다소 덥게(40℃) 하여 사용한다.
② 아이싱에 최대의 액체를 사용한다.
③ 굳은 것은 설탕시럽을 첨가하거나 데워서 사용한다.
④ 젤라틴, 한천 등과 같은 안정제를 적절하게 사용한다.

08 쿠키에 팽창제를 사용하는 주된 목적은?

① 제품의 부피를 감소시키기 위해
② 딱딱한 제품을 만들기 위해
③ 퍼짐과 크기를 조절을 위해
④ 설탕 입자의 조절을 위해

09 케이크 팬용적 410cm³에 100g의 스펀지 케이크 반죽을 넣어 좋은 결과를 얻었다면, 팬용적 1230cm³에 넣어야 할 스펀지 케이크의 반죽 무게(g)는?

① 123　② 200
③ 300　④ 410

10 도넛의 튀김 온도로 가장 적당한 온도 범위는?

① 105℃ 내외　② 145℃ 내외
③ 185℃ 내외　④ 250℃ 내외

11 일반적인 과자 반죽의 결과 온도로 가장 알맞은 것은?

① 10~13℃　② 22~24℃
③ 26~28℃　④ 32~34℃

12 베이킹파우더를 많이 사용한 제품의 결과와 거리가 먼 것은?

① 밀도가 크고 부피가 작다.

② 속결이 거칠다.

③ 오븐 스프링이 커서 찌그러지기 쉽다.

④ 속 색이 어둡다.

13 푸딩에 대한 설명 중 맞는 것은?

① 우유와 설탕은 120℃로 데운 후 달걀과 소금을 넣어 혼합한다.

② 우유와 소금의 혼합 비율은 100:10이다.

③ 달걀의 열변성에 의한 농후화 작용을 이용한 제품이다.

④ 육류, 과일, 채소, 빵을 섞어 만들지는 않는다.

14 주방 설계에 있어 주의할 점이 아닌 것은?

① 가스를 사용하는 장소에는 환기 시설을 갖춘다.

② 주방 내의 여유 공간을 확보한다.

③ 종업원의 출입구와 손님용 출입구는 별도로 하여 재료의 반입은 종업원 출입구로 한다.

④ 주방의 환기는 소형의 것을 여러 개 설치하는 것보다 대형의 환기장치 1개를 설치하는 것이 좋다.

15 과일 케이크를 구울 때 증기를 분사하는 목적과 거리가 먼 것은?

① 향의 손실을 막는다.

② 껍질을 두껍게 만든다.

③ 표피의 캐러멜화 반응을 연장한다.

④ 수분의 손실을 막는다.

16 발효 손실의 원인이 아닌 것은?

① 수분이 증발하여

② 탄수화물이 탄산가스로 전환되어

③ 탄수화물이 알코올로 전환되어

④ 재료 계량의 오차로 인해

17 오븐 스프링이 일어나는 원인이 아닌 것은?

① 가스압

② 용해 탄산가스

③ 전분호화

④ 알코올 기화

18 원가 관리 개념에서 식품을 저장하고자 할 때 저장 온도로 부적합한 것은?

① 상온 식품은 15~20℃에서 저장한다.

② 보냉 식품은 10~15℃에서 저장한다.

③ 냉장 식품은 5℃ 전후에서 저장한다.

④ 냉동 식품은 -40℃ 이하로 저장한다.

19 다음 중 파이롤러를 사용하기에 부적합한 제품은?

① 스위트 롤

② 데니시 페이스트리

③ 크로와상

④ 브리오슈

20 냉동 반죽의 사용 재료에 대한 설명 중 틀린 것은?

① 유화제는 냉동 반죽의 가스 보유력을 높이는 역할을 한다.

② 물은 일반 제품보다 3~5% 줄인다.

③ 일반 제품보다 산화제 사용량을 증가시킨다.

④ 밀가루는 중력분을 10% 정도 혼합한다.

21 팬닝 시 주의할 사항으로 적합하지 않은 것은?

① 팬에 적정량의 팬 오일을 바른다.

② 틀이나 철판의 온도를 25℃로 맞춘다.

③ 반죽의 이음매가 틀의 바닥에 놓이도록 팬닝한다.

④ 반죽의 무게와 상태를 정하여 비용적에 맞추어 적당한 반죽량을 넣는다.

22 제빵 과정에서 2차 발효가 덜 된 경우에 나타나는 현상은?

① 기공이 거칠다.

② 부피가 작아진다.

③ 브레이크와 슈레이드가 부족하다.

④ 빵 속 색깔이 회색같이 어둡다.

23 여름철에 빵의 부패 원인균의 곰팡이 및 세균을 방지하기 위한 방법으로 부적당한 것은?

① 작업자 및 기계, 기구를 청결히 하고 공장 내부의 공기를 순환시킨다.

② 이스트 첨가량을 늘리고 발효 온도를 약간 낮게 유지하면서 충분히 굽는다.

③ 초산, 젖산 및 사워 등을 첨가하여 반죽은 pH를 낮게 유지한다.

④ 보존료인 소르빈산을 반죽에 첨가한다.

24 다음 중 소프트 롤에 속하지 않는 것은?

① 디너 롤 　　　　② 프렌치 롤

③ 브리오슈 　　　　④ 치즈 롤

25 스펀지 반죽법에서 스펀지 반죽의 재료가 아닌 것은?

① 설탕 　　　　② 물

③ 이스트 　　　　④ 밀가루

26 500g의 식빵을 2개 만들려고 한다. 총 배합율은 180%이고 발효 손실은 1% , 굽기 손실은 12%라고 가정할 때 사용할 밀가루 무게는 약 얼마인가? (단, 계산의 답은 소수점 첫째 자리에서 반올림한다.)

① 319g 　　　　② 638g

③ 568g 　　　　④ 284g

27 빵의 노화를 지연시키는 방법 중 잘못된 것은?

① 18℃에서 밀봉 보관한다.

② 2~ 10℃에서 보관한다.

③ 당류를 첨가한다.

④ 방습 포장지로 포장한다.

28 빵제품의 제조 공정에 대한 설명으로 올바르지 않은 것은?

① 반죽은 무게 또는 부피에 의하여 분할한다.

② 둥글리기에서 과다한 덧가루를 사용하면 제품에 줄무늬가 생성된다.

③ 중간 발효 시간은 보통 10~20분이며, 27~29℃에서 실시한다.

④ 성형은 반죽을 일정한 형태로 만드는 1단계 공정으로 이루어져 있다.

29 식빵 반죽을 혼합할 때 반죽의 온도 조절에 가장 크게 영향을 미치는 원료는?

① 밀가루 　　　　② 설탕

③ 물 　　　　④ 이스트

30 빵을 구워낸 직후의 수분 함량과 냉각 후 포장 직전의 수분 함량으로 가장 적합한 것은?

① 35%, 27% 　　　　② 45%, 38%

③ 60%, 52% 　　　　④ 68%, 60%

31 다음 중 제빵용 효모에 함유되어 있지 않은 효소는?

① 프로테아제 　　　　② 말타아제

③ 사카리아제 　　　　④ 인버타아제

32 우유에 함유되어 있는 당으로 제빵용 효모에 의하여 발효되지 않는 것은?

① 포도당 　　　　② 유당

③ 설탕 　　　　④ 과당

33 다음 중 pH가 중성인 것은?

① 식초　　　　② 수산화나트륨용액

③ 중조　　　　④ 증류수

34 껌류에 대한 설명으로 틀린 것은?

① 유화제, 안정제, 점착제 등으로 사용된다.

② 낮은 온도에서도 높은 점성을 나타낸다.

③ 무기질과 단백질로 구성되어 있다.

④ 친수성 물질이다.

35 달걀 중에서 껍질을 제외한 고형질은 약 몇 %인가?

① 15%　　　　② 25%

③ 35%　　　　④ 45%

36 패리노그래프에 대한 설명으로 틀린 것은?

① 혼합하는 동안 일어나는 반죽의 물리적 성질을 파동 곡선 기록기로 기록하여 해석한다.

② 흡수율, 믹싱 내구성, 믹싱 시간 등을 판단할 수 있다.

③ 곡선이 500B.U.에 도달하는 시간 등으로 밀가루의 특성을 알 수 있다.

④ 반죽의 신장도를 cm 단위로 측정한다.

37 식용 유지의 산화방지제로 항산화제를 사용하고 있는데 항산화제는 직접 산화를 방지하는 물질과 항산화 작용을 보조하는 물질 또는 앞의 두 작용을 가진 물질로 구분한다. 항산화 작용을 보조하는 물질은?

① 비타민 C　　　② BHA

③ 비타민 A　　　④ BHT

38 밀알의 구성 요소 중 밀가루가 되는 내배유의 비율은 얼마인가?

① 14%　　　　② 36%

③ 65%　　　　④ 83%

39 유지의 산화 방지에 주로 사용되는 방법은?

① 수분 첨가　　　② 비타민 E 첨가

③ 단백질 제거　　④ 가열 후 냉각

40 비터 초콜릿 32% 중에는 코코아가 약 얼마 정도 함유 되어 있는가?

① 8%　　　　② 16%

③ 20%　　　　④ 24%

41 다음에서 이스트의 영양원이 되는 물질은?

① 인산칼슘　　　② 소금

③ 황산암모늄　　④ 브롬산칼슘

42 다음 중 동물성 단백질은?

① 덱스트린　　　② 아밀로오스

③ 글루텐　　　　④ 젤라틴

43 제빵에서의 수분 분포에 관한 설명으로 틀린 것은?

① 물이 반죽에 균일하게 분산되는 시간은 보통 10분 정도이다.

② 1차 발효와 2차 발효를 거치는 동안 반죽은 다소 건조하게 된다.

③ 발효를 거치는 동안 전분의 가수분해에 의해서 반죽 내 수분량이 변화한다.

④ 소금은 글루텐을 단단하게 하여 글루텐 흡수량의 약 8%를 감소시킨다.

44 다음 중 감미도가 가장 높은 것은?

① 포도당　　　　② 유당

③ 과당　　　　④ 맥아당

45 다음 중 패리노그래프로 알 수 없는 것은?

① 반죽의 흡수율 ② 반죽의 점탄성

③ 반죽의 안정도 ④ 반죽의 신장저항력

46 지방의 기능이 아닌 것은?

① 지용성 비타민의 흡수를 돕는다.

② 외부의 충격으로부터 장기를 보호한다.

③ 높은 열량을 제공한다.

④ 변의 크기를 증대시켜 장관 내 체류 시간을 단축시킨다.

47 밀가루가 75%의 탄수화물, 10%의 단백질, 1%의 지방을 함유하고 있다면 100g의 밀가루를 섭취하였을 때 얻을 수 있는 열량(kcal)은?

① 386 ② 349

③ 317 ④ 307

48 올리고당류의 특징으로 가장 거리가 먼 것은?

① 청량감이 있다.

② 감미도가 설탕의 20~30% 낮춘다.

③ 설탕에 비해 항충치성이 있다.

④ 장내 비피더스균의 증식을 억제한다.

49 당질의 대사 과정에 필요한 비타민으로서 쌀을 주식으로 하는 우리나라 사람에게 더욱 중요한 것은?

① 비타민 A ② 비타민 B1

③ 비타민 B12 ④ 비타민 D

50 필수 아미노산이 아닌 것은?

① 라이신 ② 메티오닌

③ 페닐알라닌 ④ 아라키돈산

51 대장균에 대한 설명으로 틀린 것은?

① 유당을 분해한다.

② 그람양성이다.

③ 호기성 또는 통성혐기성이다.

④ 무아포 간균이다.

52 화학적 식중독에 대한 설명으로 잘못된 것은?

① 유해 색소의 경우 급성 독성은 문제되나 소량을 연속적으로 섭취할 경우 만성 독성의 문제는 없다.

② 인공 감미료 중 싸이클라메이트는 발암성이 문제되어 사용이 금지되어 있다.

③ 유해성 보존료인 포르말린은 식품에 첨가할 수 없으며 플라스틱 용기로부터 식품 중에 용출되는 것도 규제하고 있다.

④ 유해성 표백제인 롱가릿 사용 시 포르말린이 오래도록 식품에 잔류할 가능성이 있으므로 위험하다.

53 빵이나 케이크에 허용되어 있는 보존료는?

① 프로피온산나트륨

② 안식향산

③ 데히드로초산

④ 소르비톨

54 식품의 부패 요인과 가장 거리가 먼 것은?

① 수분 ② 온도

③ 가열 ④ pH

55 제품의 유통기간 연장을 위해서 포장에 이용되는 불활성 가스는?

① 산소 ② 질소

③ 수소 ④ 염소

56　세균성 식중독과 비교하여 경구 전염병의 특징이 아닌 것은?

① 적은 양의 균으로도 질병을 일으킬 수 있다.

② 2차 감염이 된다.

③ 잠복기가 비교적 짧다.

④ 감염 후 면역 형성이 잘된다.

57　살모넬라균으로 인한 식중독의 잠복기와 증상으로 옳은 것은?

① 오염 식품 섭취 10~24시간 후 발열(38~40℃)이 나타나며 1주일 이내 회복이 된다.

② 오염 식품 섭취 10~20시간 후 오한과 혈액이 섞인 설사가 나타나며 이질로 의심되기도 한다.

③ 오염 식품 섭취 10~30시간 후 점액성 대변을 배설하고 신경 증상을 보여 곧 사망한다.

④ 오염 식품 섭취 8~20시간 후 복통이 있고 홀씨 A, F형의 독소에 의한 발병이 특징이다

58　장염비브리오균에 의한 식중독 유형은?

① 독소형 식중독　　② 감염형 식중독

③ 곰팡이독 식중독　④ 화학물질 식중독

59　인수 공통 전염병 중 오염된 우유나 유제품을 통해 사람에게 감염되는 것은?

① 탄저　　　　　　② 결핵

③ 야토병　　　　　④ 구제역

60　다음 중 HACCP 적용의 7가지 원칙에 해당하지 않는 것은?

① 위해 요소 분석　② HACCP 팀 구성

③ 한계 기준 설정　④ 기록 유지 및 문서 관리

1	2	3	4	5	6	7	8	9	10
①	①	②	③	③	①	②	③	③	③
11	12	13	14	15	16	17	18	19	20
②	①	③	④	②	④	③	④	④	④
21	22	23	24	25	26	27	28	29	30
②	②	④	②	①	②	②	④	③	②
31	32	33	34	35	36	37	38	39	40
③	②	④	③	②	④	①	④	②	③
41	42	43	44	45	46	47	48	49	50
③	④	④	③	④	④	②	④	②	④
51	52	53	54	55	56	57	58	59	60
②	①	①	③	②	③	①	②	②	②

제과기능사 모의고사 6회

01 초콜릿 케이크에서 우유 사용량을 구하는 공식은?

① 설탕+30-(코코아×1.5)+전란

② 설탕-30-(코코아×1.5)-전란

③ 설탕+30+(코코아×1.5)-전란

④ 설탕-30+(코코아×1.5)+전란

02 파운드 케이크를 구울 때 윗면이 자연적으로 터지는 경우가 아닌 것은?

① 반죽 내의 수분이 불충분한 경우

② 반죽 내에 녹지 않은 설탕 입자가 많은 경우

③ 팬에 분할한 후 오븐에 넣을 때까지 장시간 방치하여 껍질이 마른 경우

④ 오븐 온도가 낮아 껍질이 서서히 마를 경우

03 커스터드 푸딩은 틀에 몇 % 정도 채우는가?

① 55%   ② 75%

③ 95%   ④ 115%

04 반죽의 비중이 제품에 미치는 영향 중 관계가 가장 적은 것은?

① 제품의 부피   ② 제품의 조직

③ 제품의 점도   ④ 제품의 기공

05 빵의 포장 재료가 갖추어야 할 조건이 아닌 것은?

① 방수성일 것

② 위생적일 것

③ 상품 가치를 높일 수 있을 것

④ 통기성일 것

06 일반적으로 슈 반죽에 사용되지 않는 재료는?

① 밀가루   ② 달걀

③ 버터   ④ 이스트

07 반죽의 희망 온도가 27℃이고, 사용할 물의 양은 10kg, 밀가루의 온도가 20℃, 실내 온도가 26℃, 수돗물 온도가 18℃, 결과 온도가 30℃일 때 얼음의 양은 약 얼마인가?

① 0.4kg   ② 0.6kg

③ 0.81kg   ④ 0.92kg

08 슈 제조 시 반죽 표면을 분무 또는 침지시키는 이유가 아닌 것은?

① 껍질을 얇게 한다.

② 팽창을 크게 한다.

③ 기형을 방지한다.

④ 제품의 구조를 강하게 한다.

09 퍼프 페이스트리의 팽창은 주로 무엇에 기인하는가?

① 공기 팽창   ② 화학 팽창

③ 증기압 팽창   ④ 이스트 팽창

10 제과·제빵 공장에서 생산 관리 시 매일 점검할 사항이 아닌 것은?

① 제품당 평균 단가 ② 설비 가동률

③ 원재료율   ④ 출근율

11 일반적인 도넛의 가장 적당한 튀김 온도 범위는?

① 170~176℃   ② 180~195℃

③ 200~210℃   ④ 220~230℃

12 도넛의 설탕이 수분을 흡수하여 녹는 현상을 방지하기 위한 방법으로 잘못된 것은?

① 도넛에 묻는 설탕의 양을 증가시킨다.

② 튀김 시간을 증가시킨다.

③ 포장용 도넛의 수분은 38% 전후로 한다.

④ 냉각 중 환기를 더 많이 시키면서 충분히 냉각한다.

13 케이크 반죽에 있어 고율배합 반죽의 특성을 잘못 설명한 것은?

① 화학 팽창제의 사용은 적다.

② 구울 때 굽는 온도를 낮춘다.

③ 반죽하는 동안 공기와의 혼합은 양호하다.

④ 비중이 높다.

14 다음 제품 제조 시 2차 발효실의 습도를 가장 낮게 유지 하는 것은?

① 풀먼 식빵   ② 햄버거빵

③ 과자빵   ④ 빵 도넛

15 데니시 페이스트리 반죽의 적정 온도는?

① 18~22℃   ② 26~31℃

③ 35~39℃   ④ 45~49℃

16 도넛을 글레이즈할 때 글레이즈의 적정한 품온은?

① 24~27℃   ② 28~32℃

③ 33~36℃   ④ 43~49℃

17 분할을 할 때 반죽의 손상을 죽일 수 있는 방법이 아닌 것은?

① 스트레이트법보다 스펀지법으로 반죽한다.

② 반죽 온도를 높인다.

③ 단백질 양이 많은 질 좋은 밀가루로 만든다.

④ 가수량이 최적인 상태의 반죽을 만든다.

18 식빵의 옆면이 쑥 들어간 원인으로 옳은 것은?

① 믹서의 속도가 너무 높았다.

② 팬 용적에 비해 반죽의 양이 너무 많았다.

③ 믹싱 시간이 너무 길었다.

④ 2차 발효가 부족했다.

19 빵 발효에서 다른 조건이 같을 때 발효 손실에 대한 설명으로 틀린 것은?

① 반죽 온도가 낮을수록 발효 손실이 크다.

② 발효 시간이 길수록 발효 손실이 크다.

③ 소금, 설탕 사용량이 많을수록 발효 손실이 적다.

④ 발효실 온도가 높을수록 발효 손실이 크다.

20 다음 중 거품형 쿠키로 전란을 사용하는 제품은?

① 스펀지 쿠키   ② 머랭 쿠키

③ 스냅 쿠키   ④ 드롭 쿠키

21 다음 중 제품의 가치에 속하지 않는 것은?

① 교환 가치   ② 귀중 가치

③ 사용 가치   ④ 재고 가치

22 다음 중 어린 반죽에 대한 설명으로 옳지 않은 것은?

① 속색이 무겁고 어둡다.   ② 향이 강하다.

③ 부피가 작다.   ④ 모서리가 예리하다.

23 단과자빵 제조에서 일반적인 이스트의 사용량은?

① 0.1~1%   ② 3~7%

③ 8~10%   ④ 12~14%

24 일반적인 빵 반죽(믹싱)의 최적 반죽 단계는?

① 픽업 단계   ② 클린업 단계

③ 발전 단계   ④ 최종 단계

25 냉동 반죽의 특성에 대한 설명 중 틀린 것은?

① 냉동 반죽에는 이스트 사용량을 늘인다.

② 냉동 반죽에는 당, 유지 등을 첨가하는 것이 좋다.

③ 냉동 중 수분의 손실을 고려하여 될 수 있는 대로 진 반죽이 좋다.

④ 냉동 반죽은 분할량을 적게 하는 것이 좋다.

26 제빵 시 팬 기름의 조건으로 적합하지 않은 것은?

① 발연점이 낮을 것 ② 무취일 것

③ 무색일 것 ④ 산패가 잘 안 될 것

27 빵을 포장할 때 가장 적합한 빵의 온도와 수분 함량은?

① 30℃, 30% ② 35℃, 38%

③ 42℃, 45% ④ 48℃, 55%

28 믹서(Mixer)의 구성에 해당되지 않는 것은?

① 믹서볼(Mixer Bowl) ② 휘퍼(Whipper)

③ 비터(Beater) ④ 배터(Batter)

29 굽기 과정 중 일어나는 현상에 대한 설명 중 틀린 것은?

① 오븐 팽창과 전분호화 발생

② 단백질 변성과 효소의 불활성화

③ 빵 세포 구조 형성과 향의 발달

④ 캐러멜화 갈변 반응의 억제

30 최종 제품의 부피가 정상보다 클 경우의 원인이 아닌 것은?

① 2차 발효의 초과 ② 소금 사용량 과다

③ 분할량 과다 ④ 낮은 오븐 온도

31 실내 온도 25℃, 밀가루 온도 25℃, 설탕 온도 20℃, 유지 온도 22℃, 달걀 온도 20℃, 마찰계수가 12일 때 희망 온도를 22℃로 맞추려 한다. 사용할 물의 온도는?

① 7℃ ② 8℃

③ 9℃ ④ 15℃

32 달걀의 가식부에서 전란의 고형질은 얼마인가?

① 12% 정도 ② 25% 정도

③ 50% 정도 ④ 75% 정도

33 호밀에 관한 설명으로 틀린 것은?

① 호밀 단백질은 밀가루 단백질에 비하여 글루텐을 형성하는 능력이 떨어진다.

② 밀가루에 비하여 펜토산 함량이 낮아 반죽이 끈적거린다.

③ 제분율에 따라 백색, 중간색, 흑색 호밀가루로 분류한다.

④ 호밀분에 지방 함량이 높으면 저장성이 나쁘다.

34 물 중의 기름을 분산시키고 또 분산된 입자가 응집하지 않도록 안정화시키는 작용을 하는 것은?

① 팽창제 ② 유화제

③ 강화제 ④ 개량제

35 분당의 고형화를 방지하기 위하여 첨가하는 물질은?

① 껌류 ② 전분

③ 비타민 C ④ 분유

36 간이시험법으로 밀가루의 색상을 알아보는 시험법은?

① 페카시험 ② 킬달법

③ 침강시험 ④ 압력계시험

37 다음 중 일반적인 제품의 비용적이 틀린 것은?

① 파운드 케이크 : 2.40cm³/g

② 엔젤 푸드 케이크 : 4.71cm³/g

③ 레이어 케이크 : 5.05cm³/g

④ 스펀지 케이크 : 5.08cm³/g

38 지방의 산패를 촉진하는 인자와 거리가 먼 것은?

① 질소　　　　　　② 산소

③ 동　　　　　　　④ 자외선

39 단순 단백질인 알부민에 대한 설명으로 옳은 것은?

① 물이나 묽은 염류 용액에 녹고 열에 의해 응고된다.

② 물에는 불용성이나 묽은 염류 용액에 가용성이고 열에 의해 응고된다.

③ 중성 용매에는 불용성이나 묽은 산, 염기에는 가용성이다.

④ 곡식의 낟알에만 존재하며 밀의 글루테닌이 대표적이다.

40 제빵 시 소금 사용량이 적량보다 많을 때 나타나는 현상이 아닌 것은?

① 부피가 작다.　　② 과발효가 일어난다.

③ 껍질색이 검다.　④ 발효 손실이 적다.

41 이스트에 질소 등의 영양을 공급하는 제빵용 이스트 푸드의 성분은?

① 칼슘염　　　　　② 암모늄염

③ 브롬염　　　　　④ 요오드염

42 탈지분유 구성 중 50% 정도를 차지하는 것은?

① 수분　　　　　　② 지방

③ 유당　　　　　　④ 회분

43 건조 글루텐 중에 가장 많은 성분은?

① 단백질　　　　　② 전분

③ 지방　　　　　　④ 회분

44 제빵 제조 시 물의 기능이 아닌 것은?

① 글루텐 형성을 돕는다.

② 반죽 온도를 조절한다.

③ 이스트 먹이 역할을 한다.

④ 효소 활성화에 도움을 준다.

45 이스트에 함유되어 있지 않은 효소는?

① 인버타아제　　　② 말타아제

③ 치마아제　　　　④ 아밀라아제

46 다음 중 맥아당이 가장 많이 함유되어 있는 식품은?

① 우유　　　　　　② 꿀

③ 설탕　　　　　　④ 식혜

47 비타민 B1의 특징으로 옳은 것은?

① 단백질의 연소에 필요하다.

② 탄수화물 대사에서 조효소로 작용한다.

③ 결핍증은 펠라그라이다.

④ 인체의 성장 인자이며 항빈혈 작용을 한다.

48 난백의 교반에 의해 머랭으로 변하는 현상을 무엇이라고 하는가?

① 단백질 변성

② 단백질 평형

③ 단백질 강화

④ 단백질 변패

49 췌장에서 생성되는 지방 분해 효소는?

① 트립신   ② 아밀라아제

③ 펩신   ④ 리파아제

50 20대 한 남성의 하루 열량 섭취량을 2500kcal
로 했을 때 가장 이상적인 1일 지방 섭취량은?

① 약 10~40g   ② 약 40~70g

③ 약 70~100g   ④ 약 100~130g

51 다음 중 냉장 온도에서도 증식이 가능하여 육류,
가금류 외에도 열처리 하지 않은 우유나 아이스크림, 채
소 등을 통해서도 식중독을 일으키며 태아나 임신부에
치명적인 식중독 세균은?

① 캠필로박터균(Campylobacter jejuni)

② 바실러스균(Bacillus cereus)

③ 리스테리아균(Listeria monocytogenes)

④ 비브리오 패혈증균(Vibrio vulnificus)

52 장염비브리오균에 의한 식중독이 가장 일어나기
쉬운 식품은?

① 식육류   ② 우유 제품

③ 채소류   ④ 어패류

53 식품 시설에서 교차 오염을 예방하기 위하여 바람
직한 것은?

① 작업장은 최소한의 면적만 확보함

② 냉수 전용 수세 설비를 갖춤

③ 작업 흐름을 일정한 방향으로 배치함

④ 불결 작업과 청결 작업이 교차하도록 함

54 식품의 부패 방지와 관계가 있는 처리로만 나열된
것은?

① 방사선 조사, 조미료 첨가, 농축

② 실온 보관, 설탕 첨가, 훈연

③ 수분 첨가, 식염 첨가, 외관 검사

④ 냉동법, 보존료 첨가, 자외선 살균

55 탄저, 브루셀라증과 같이 사람과 가축의 양쪽에
이환되는 전염병은?

① 법정 전염병   ② 경구 전염병

③ 인수 공통 전염병   ④ 급성 전염병

56 세균이 분비한 독소에 의해 감염을 일으키는 것
은?

① 감염형 세균성 식중독   ② 독소형 세균성 식중독

③ 화학성 식중독   ④ 진균독 식중독

57 다음 중 아미노산이 분해되어 암모니아가 생성되
는 반응은?

① 탈아미노 반응   ② 혐기성 반응

③ 아민형성 반응   ④ 탈탄산 반응

58 경구 전염병에 대한 설명 중 잘못된 것은?

① 2차 감염이 일어난다.

② 미량의 균량으로도 감염을 일으킨다.

③ 장티푸스는 세균에 의하여 발생한다.

④ 이질, 콜레라는 바이러스에 의하여 발생한다.

59 과자, 비스킷, 카스텔라 등을 부풀게 하기 위한 팽
창제로 사용되는 식품 첨가물이 아닌 것은?

① 탄산수소나트륨   ② 탄산암모늄

③ 중조   ④ 안식향산

60 보툴리누스 식중독에서 나타날 수 있는 주요 증상 및 증후가 아닌 것은?

① 구토 및 설사
② 호흡 곤란
③ 출혈
④ 사망

1	2	3	4	5	6	7	8	9	10
③	④	③	③	④	④	④	④	③	①

11	12	13	14	15	16	17	18	19	20
②	③	④	④	①	④	②	②	①	①

21	22	23	24	25	26	27	28	29	30
④	②	②	④	③	①	②	④	④	②

31	32	33	34	35	36	37	38	39	40
②	②	②	②	②	①	③	①	①	②

41	42	43	44	45	46	47	48	49	50
②	③	①	③	④	④	②	①	④	②

51	52	53	54	55	56	57	58	59	60
③	④	③	④	③	②	①	④	④	③

01 어떤 과자 반죽의 비중을 측정하기 위하여 다음과 같이 무게를 알았다면 이 반죽의 비중은? (단, 비중 컵 무게=50g, 비중 컵+물 무게=250g, 비중 컵+반죽 무게=170g)

① 0.40　　　　② 0.60
③ 0.68　　　　④ 1.47

02 일반적으로 강력분으로 만드는 것은?

① 소프트 롤 케이크　② 스펀지 케이크
③ 엔젤 푸드 케이크　④ 식빵

03 흰자를 거품 내면서 뜨겁게 끓인 시럽을 부어 만든 머랭은?

① 냉제 머랭　　　② 온제 머랭
③ 스위스 머랭　　④ 이탈리안 머랭

04 케이크 제품 평가 시 외부적 특성이 아닌 것은?

① 부피　　　　② 껍질
③ 균형　　　　④ 방향

05 케이크 도넛의 제조 방법으로 올바르지 않은 것은?

① 정형기로 찍을 때 반죽 손실이 적도록 찍는다.
② 정형 후 곧바로 튀긴다.
③ 덧가루를 얇게 사용한다.
④ 튀긴 후 그물망에 올려놓고 여분의 기름을 배출시킨다.

06 반죽 비중에 대한 설명으로 옳지 않은 것은?

① 비중이 높으면 부피가 작아진다.
② 비중이 낮으면 부피가 커진다.
③ 비중이 낮으면 기공이 열려 조직이 거칠어진다.
④ 비중이 높으면 기공이 커지고 노화가 느리다.

07 다음 설명 중 기공이 열리고 조직이 거칠어지는 원인이 아닌 것은?

① 크림화가 지나쳐 많은 공기가 혼입되고 큰 공기 방울이 반죽에 남아 있다.
② 기공이 열리면 탄력성이 증가되어 거칠고 부스러지는 조직이 된다.
③ 과도한 팽창제는 필요량 이상의 가스를 발생하여 기공에 압력을 가해 기공이 열리고 조직이 거칠어진다.
④ 낮은 온도의 오븐에서 구우면 가스가 천천히 발생하여 크고 열린 기공을 만든다.

08 퍼프 페이스트리를 제조할 때 주의할 점으로 틀린 것은?

① 성형한 반죽을 장기간 보관하려면 냉장하는 것이 좋다.
② 파치가 최소로 되도록 정형한다.
③ 충전물을 넣고 굽는 반죽은 구멍을 뚫고 굽는다.
④ 굽기 전에 적정한 최종 휴지를 시킨다.

09 다음 쿠키 반죽 중 가장 묽은 반죽은?

① 밀어 펴서 정형하는 쿠키
② 마카롱 쿠키
③ 판에 등사하는 쿠키
④ 짜는 형태의 쿠키

10 공장 주방 설비 중 작업의 효율성을 높이기 위한 작업 테이블의 위치로 가장 적당한 것은?

① 오븐 옆에 설치한다.

② 냉장고 옆에 설치한다.

③ 발효실 옆에 설치한다.

④ 주방의 중앙부에 설치한다.

11 반죽 온도 조절에 대한 설명 중 틀린 것은?

① 파운드 케이크의 반죽 온도는 23℃가 적당하다.

② 버터 스펀지 케이크(공립법)의 반죽 온도는 25℃가 적당하다.

③ 사과 파이 반죽의 물 온도는 38℃가 적당하다.

④ 퍼프 페이스트리의 반죽 온도는 20℃가 적당하다.

12 스펀지 케이크의 굽기 공정 중에 나타나는 현상이 아닌 것은?

① 공기의 팽창   ② 전분의 호화

③ 밀가루의 혼합   ④ 단백질의 응고

13 언더 베이킹이란?

① 낮은 온도에서 장시간 굽는 방법

② 높은 온도에서 단시간 굽는 방법

③ 윗불을 낮게 밑불을 높게 굽는 방법

④ 윗불을 낮게 밑불을 낮게 굽는 방법

14 캐러멜 커스터드 푸딩에서 캐러멜 소스는 푸딩 컵의 어느 정도 깊이로 붓는 것이 적합한가?

① 0.2cm   ② 0.4cm

③ 0.6cm   ④ 0.8cm

15 다음 중 산 사전처리법에 의한 엔젤 푸드 케이크 제조 공정에 대한 설명으로 틀린 것은?

① 흰자에 산을 넣어 머랭을 만든다.

② 설탕 일부를 머랭에 투입하여 튼튼한 머랭을 만든다.

③ 밀가루와 분당을 넣어 믹싱을 완료한다.

④ 기름칠이 균일하게 된 팬에 넣어 굽는다.

16 냉동 반죽을 만들 때 정상 반죽에서의 양보다 증가시키는 것은?

① 물   ② 소금

③ 이스트   ④ 환원제

17 스펀지에서 드롭 또는 브레이크 현상이 일어나는 가장 적당한 시기는?

① 반죽의 약 1.5배 정도 부푼 후

② 반죽의 약 2~3배 정도 부푼 후

③ 반죽의 약 4~5배 정도 부푼 후

④ 반죽의 약 6~7배 정도 부푼 후

18 이형유에 관한 설명 중 틀린 것은?

① 틀을 실리콘으로 코팅하면 이형유 사용을 줄일 수 있다.

② 이형유는 발연점이 높은 기름을 사용한다.

③ 이형유 사용량은 반죽 무게에 대하여 0.1~0.2% 정도 이다.

④ 이형유 사용량이 많으면 밑껍질이 얇아지고 색상이 밝아진다.

19 오븐에서 구워 나온 빵을 냉각할 때 적정한 수분 함유량은?

① 15%   ② 20%

③ 38%   ④ 45%

20 중간 발효의 목적이 아닌 것은?

① 반죽의 휴지

② 기공의 제거

③ 탄력성 제공

④ 반죽에 유연성 부여

21 냉동 반죽의 제조 공정에 관한 설명 중 옳은 것은?

① 반죽의 유연성 및 기계성을 향상시키기 위하여 반죽 흡수율을 증가시킨다.

② 반죽 혼합 후 반죽 온도는 18~24℃가 되도록 한다.

③ 혼합 후 반죽의 발효 시간은 1시간 30분이 표준 발효 시간이다.

④ 반죽을 -40℃까지 급속 냉동시키면 이스트의 냉동에 대한 적응력이 커지나 글루텐의 조직이 약화된다.

22 반죽 온도에 미치는 영향이 가장 적은 것은?

① 훅 온도   ② 실내 온도

③ 밀가루 온도   ④ 물 온도

23 주로 소매점에서 자주 사용하는 믹서로 거품형 케이크 및 빵 반죽이 모두 가능한 믹서는?

① 수직 믹서(vertical mixer)

② 스파이럴 믹서(spiral mixer)

③ 수평 믹서(horizontal mixer)

④ 핀 믹서(pin mixer)

24 다음 중 식빵의 껍질색이 너무 옅은 결점의 원인은?

① 연수 사용   ② 설탕 사용 과다

③ 과도한 굽기   ④ 과도한 믹싱

25 포장 전 빵의 온도가 너무 낮을 때는 어떤 현상이 일어나는가?

① 노화가 빨라진다.

② 썰기가 나쁘다.

③ 포장지에 수분이 응축된다.

④ 곰팡이, 박테리아의 번식이 용이하다.

26 일반적으로 풀면 식빵의 굽기 손실은 얼마나 되는가?

① 약 2~3%   ② 약 4~6%

③ 약 7~9%   ④ 약 11~13%

27 다음의 제품 중에서 믹싱을 가장 적게 해도 되는 것은?

① 불란서빵   ② 식빵

③ 단과자빵   ④ 데니시 페이스트리

28 미국식 데니시 페이스트리 제조 시 반죽 무게에 대한 충전용 유지(롤인 유지)의 사용 범위로 가장 적합한 것은?

① 10~15%   ② 20~40%

③ 45~60%   ④ 60~80%

29 식빵의 일반적인 비용적은?

① 0.36cm³/g   ② 1.36cm³/g

③ 3.36cm³/g   ④ 5.36cm³/g

30 식빵의 껍질이 연한 색이 되는 원인이 아닌 것은?

① 설탕 사용 부족   ② 높은 오븐 온도

③ 불충분한 굽기   ④ 2차 발효실의 습도 부족

31 다음 중 전분을 분해하는 효소는?

① 리파아제　　　　② 아밀라아제

③ 프로테아제　　　　④ 말타아제

32 케이크 제조에 사용되는 달걀의 역할이 아닌 것은?

① 결합제 역할　　　② 글루텐 형성 작용

③ 유화력 보유　　　④ 팽창 작용

33 단백질에 대한 설명으로 틀린 것은?

① 기본 단위는 아미노산이다.

② 밀단백질의 질소계수는 8.25이다.

③ 대부분의 단백질은 열에 응고된다.

④ 고온으로 가열하면 변성된다.

34 다음 중 제빵에서 감미제의 기능이 아닌 것은?

① 이스트의 먹이

② 갈변 반응(캐러멜화)으로 껍질색 형성

③ 수분 보유로 노화 지연

④ 퍼짐성이 조절

35 빵 반죽이 발효되는 동안 이스트는 무엇을 생성하는가?

① 물, 초산　　　　② 산소, 알데히드

③ 수소, 젖산　　　④ 탄산가스, 알코올

36 수용성 향료의 특징으로 옳은 것은?

① 제조 시 계면활성제가 반드시 필요하다.

② 기름에 쉽게 용해된다.

③ 내열성이 강하다.

④ 고농도의 제품을 만들기 어렵다.

37 반죽의 신장성과 신장저항성을 측정하는 데 알맞은 기기는?

① 패리노그래프(Farinograph)

② 익스텐소그래프(Extensograph)

③ 아밀로그래프(Amylograph)

④ 레오메터(Rheometer)

38 다음 중 튀김용 기름으로 사용할 수 있는 것은?

① 거품이 일지 않는 것

② 색깔이 있고, 자극적인 냄새가 나는 것

③ 점도의 변화가 높은 것

④ 발연점이 낮은 것

39 데니시 페이스트리에 사용하는 유지에서 가장 중요한 성질은?

① 유화성　　　　② 가소성

③ 안정성　　　　④ 크림성

40 일시적 경수에 대한 설명으로 맞는 것은?

① 가열 시 탄산염으로 되어 침전된다.

② 끓여도 경도가 제거되지 않는다.

③ 황산염에 기인한다.

④ 제빵에 사용하기에 가장 좋다.

41 다음 중 감미도가 가장 높은 당은?

① 유당(lactose)　　② 포도당(glucose)

③ 설탕(sucrose)　　④ 과당(fructose)

42 우유의 단백질 중에서 열에 응고되기 쉬운 단백질은?

① 카제인　　　　② 락토알부민

③ 리포프로테인　　④ 글리아딘

43 머랭을 만드는 데 1kg의 흰자가 필요하다면 껍질을 포함한 평균 무게가 60g인 달걀은 약 몇 개가 필요한가?

① 20개   ② 24개

③ 28개   ④ 32개

44 패리노그래프에 관한 설명 중 틀린 것은?

① 흡수율 측정

② 믹싱 시간 측정

③ 믹싱 내구성 측정

④ 전분의 점도 측정

45 식빵 제조용 밀가루의 적당한 단백질 함량은?

① 5% 이상   ② 8% 이상

③ 9% 이상   ④ 11% 이상

46 비타민과 관련된 결핍증의 연결이 틀린 것은?

① 비타민 A - 야맹증   ② 비타민 B1 - 구내염

③ 비타민 C - 괴혈병   ④ 비타민 D - 구루병

47 포도당과 결합하여 젖당을 이루며 뇌신경 등에 존재하는 당류는?

① 과당(fructose)   ② 만노오스(mannose)

③ 리보오스(ribose)   ④ 갈락토오스(galactose)

48 신경조직의 주요 물질인 당지질은?

① 세레브로시드(cerebroside)

② 스핑고미엘린(sphingomyelin)

③ 레시틴(lecithin)

④ 이노시톨(inositol)

49 단체 급식 식단에서 고등어로부터 동물성 단백질을 25g 섭취하고자 한다. 고등어의 1인 배식량은 약 얼마인가? (단, 고등어의 단백질 함량은 18%로 계산)

① 140g   ② 100g

③ 72g   ④ 65g

50 다음 중 소화가 가장 잘 되는 달걀은?

① 생달걀   ② 반숙 달걀

③ 완숙 달걀   ④ 구운 달걀

51 다음 중 경구 전염병이 아닌 것은?

① 맥각중독   ② 세균성 이질

③ 콜레라   ④ 장티푸스

52 다음의 식중독 원인균 중 원인 식품과의 연결이 잘못된 것은?

① 장염비브리오균 - 감자

② 살모넬라균 - 달걀

③ 캠필로박터 - 닭고기

④ 포도상구균 - 도시락

53 식기나 기구의 오용으로 구토, 경련, 설사, 골연화증의 증상을 일으키며, '이타이이타이병'의 원인이 되는 유해성 금속 물질은?

① 비소(As)   ② 아연(Zn)

③ 카드뮴(Cd)   ④ 수은(Hg)

54 전파 속도가 빠르고 국민 건강에 미치는 위해 정도가 너무 커서 발생 또는 유행 즉시 방역 대책을 수립하여야 하는 전염병은?

① 제1군 전염병   ② 제2군 전염병

③ 제3군 전염병   ④ 제4군 전염병

55 보툴리누스 식중독균이 생성하는 독소는?

① 엔테로톡신   ② 엔도톡신

③ 뉴로톡신   ④ 테트로도톡신

56 우리나라 식중독 월별 발생 상황 중 환자의 수가 92% 이상을 차지하는 계절은?

① 1~2월   ② 3~4월

③ 5~9월   ④ 10~12월

57 식품 취급에서 교차 오염을 예방하기 위한 행위 중 옳지 않은 것은?

① 칼, 도마를 식품별로 구분하여 사용한다.

② 고무장갑을 일관성 있게 하루에 하나씩 사용한다.

③ 조리 전의 육류와 채소류는 접촉되지 않도록 구분한다.

④ 위생복을 식품용과 청소용으로 구분하여 사용한다.

58 다음 중 발병 시 전염성이 가장 낮은 것은?

① 콜레라   ② 장티푸스

③ 납 중독   ④ 폴리오

59 보존료의 이상적인 조건과 거리가 먼 것은?

① 독성이 없거나 매우 적을 것

② 저렴한 가격일 것

③ 사용 방법이 간편할 것

④ 다량으로 효력이 있을 것

60 화농성 질병이 있는 사람이 만든 제품을 먹고 식중독을 일으켰다면 가장 관계가 깊은 원인균은?

① 장염비브리오균   ② 살모넬라균

③ 보툴리누스균   ④ 황색포도상구균

1	2	3	4	5	6	7	8	9	10
②	④	④	④	②	④	②	①	③	④
11	12	13	14	15	16	17	18	19	20
③	③	②	①	④	③	③	④	③	②
21	22	23	24	25	26	27	28	29	30
②	①	①	①	①	③	④	②	③	②
31	32	33	34	35	36	37	38	39	40
②	②	②	④	④	④	②	①	②	①
41	42	43	44	45	46	47	48	49	50
④	②	③	④	④	②	④	①	①	④
51	52	53	54	55	56	57	58	59	60
①	①	③	①	③	③	②	③	④	④

제과기능사 모의고사 8회

01 파이 껍질이 질기고 단단하였다. 그 원인이 아닌 것은?

① 강력분을 사용하였다.

② 반죽 시간이 길었다.

③ 밀어 펴기를 덜하였다.

④ 자투리 반죽을 많이 썼다.

02 다음 쿠키 중 반죽형이 아닌 것은?

① 드롭 쿠키　　　② 스냅 쿠키

③ 쇼트브레드 쿠키　④ 스펀지 쿠키

03 도넛에 묻힌 설탕이 녹는 현상(발한)을 감소시키기 위한 조치로 틀린 것은?

① 도넛에 묻히는 설탕의 양을 증가시킨다.

② 충분히 냉각시킨다.

③ 냉각 중 환기를 많이 시킨다.

④ 가급적 짧은 시간 동안 튀긴다.

04 총 사용할 물의 양 500g, 수돗물의 온도 20℃, 사용할 물의 온도 14℃일 때, 얼음 사용량은?

① 30g　　　② 32g

③ 34g　　　④ 36g

05 퍼프 페이스트리 제조 시 팽창이 부족하여 부피가 빈약해지는 결점의 원인에 해당하지 않는 것은?

① 반죽의 휴지가 길었다.

② 밀어 펴기가 부적절하였다.

③ 부적절한 유지를 사용하였다.

④ 오븐의 온도가 너무 높았다.

06 다음 중 제과 생산관리에서 제1차 관리 3대 요소가 아닌 것은?

① 사람(Man)　　② 재료(Material)

③ 방법(Method)　④ 자금(Money)

07 데커레이션 케이크의 장식에 사용되는 분당의 성분은?

① 포도당　　　② 설탕

③ 과당　　　④ 전화당

08 반죽의 비중과 관계가 가장 적은 것은?

① 제품의 부피　　② 제품의 기공

③ 제품의 조직　　④ 제품의 점도

09 다음 중 비용적이 가장 큰 제품은?

① 파운드 케이크　② 레이어 케이크

③ 스펀지 케이크　④ 식빵

10 젤리 롤 케이크 반죽 굽기에 대한 설명으로 틀린 것은?

① 두껍게 편 반죽은 낮은 온도에서 굽는다.

② 구운 후 철판에서 꺼내지 않고 냉각시킨다.

③ 양이 적은 반죽은 높은 온도에서 굽는다.

④ 열이 식으면 압력을 가해 수평을 맞춘다.

11 다음의 머랭 중에서 설탕을 끓여서 시럽으로 만들어 제조하는 것은?

① 이탈리안 머랭　② 스위스 머랭

③ 냉제 머랭　　　④ 온제 머랭

12 튀김 기름의 품질을 저하시키는 요인으로만 나열된 것은?

① 수분, 탄소, 질소
② 수분, 공기, 반복 가열
③ 공기, 금속, 토코페롤
④ 공기, 탄소, 세사몰

13 머랭을 만드는 주요 재료는?

① 달걀흰자
② 전란
③ 달걀노른자
④ 박력분

14 완제품 440g인 스펀지 케이크 500개를 주문받았다. 굽기 손실이 12%라면, 준비해야 할 전체 반죽의 양은?

① 125kg
② 250kg
③ 300kg
④ 600kg

15 푸딩을 제조할 때 경도의 조절은 어떤 재료에 의하여 결정되는가?

① 우유
② 설탕
③ 달걀
④ 소금

16 빵의 포장재에 대한 설명으로 틀린 것은?

① 방수성이 있고 통기성이 있어야 한다.
② 포장을 하였을 때 상품의 가치를 높여야 한다.
③ 값이 저렴해야 한다.
④ 포장 기계에 쉽게 적용할 수 있어야 한다.

17 식빵 제조 시 부피를 가장 크게 하는 쇼트닝의 적정한 비율은?

① 4~6%
② 8~11%
③ 13~16%
④ 18~20%

18 스트레이트법에 의한 제빵 반죽 시 보통 유지를 첨가하는 단계는?

① 픽업 단계
② 클린업 단계
③ 발전 단계
④ 렛다운 단계

19 정형기의 작동 공정이 아닌 것은?

① 둥글리기
② 밀어 펴기
③ 말기
④ 봉하기

20 제빵 시 적량보다 많은 분유를 사용했을 때의 결과 중 잘못된 것은?

① 양옆면과 바닥이 움푹 들어가는 현상이 생김
② 껍질색은 캐러멜화에 의하여 검어짐
③ 모서리가 예리하고 터지거나 슈레드가 적음
④ 세포벽이 두꺼우므로 황갈색을 나타냄

21 냉동 반죽법의 장점이 아닌 것은?

① 소비자에게 신선한 빵을 제공할 수 있다.
② 운동, 배달이 용이하다.
③ 가스 발생력이 향상된다.
④ 다품종 소량 생산이 가능하다.

22 다음 중 생산 관리의 목표는?

① 재고, 출고, 판매의 관리
② 재고, 납기, 출고의 관리
③ 납기, 재고, 품질의 관리
④ 납기, 원가, 품질의 관리

23 둥글리기의 목적이 아닌 것은?

① 글루텐의 구조와 방향 정돈
② 수분 흡수력 증가
③ 반죽의 기공을 고르게 유지
④ 반죽 표면에 얇은 막 형성

24 표준 스펀지 도우법에서 스펀지 발효 시간은?

① 1시간~2시간 30분
② 3시간~4시간 30분
③ 5시간~6시간
④ 7시간~8시간

25 단백질 함량이 2% 증가된 강력밀가루 사용 시 흡수율의 변화의 가장 적당한 것은?

① 2% 감소
② 1.5% 증가
③ 3% 증가
④ 4.5% 증가

26 정형하여 철판에 반죽을 놓을 때 일반적 사용 시 흡수율의 변화로 가장 적당한 것은?

① 약 10℃
② 25℃
③ 32℃
④ 55℃

27 2% 이스트를 사용했을 때 최적 발효 시간이 120분이라면 2.2%의 이스트를 사용했을 때의 예상 발효 시간은?

① 130분
② 109분
③ 100분
④ 90분

28 빵 굽기 과정에서 오븐 스프링에 의한 반죽 부피의 팽창 정도로 가장 적당한 것은?

① 본래 크기의 약 1/2까지
② 본래 크기의 약 1/3까지
③ 본래 크기의 약 1/5까지
④ 본래 크기의 약 1/6까지

29 스펀지법에서 스펀지 반죽의 가장 적합한 반죽 온도는?

① 13~15℃
② 18~20℃
③ 23~25℃
④ 30~32℃

30 일반적인 빵 제조 시 2차 발효실의 가장 적합한 온도는?

① 25~30℃
② 30~35℃
③ 35~40℃
④ 45~50℃

31 제빵에 가장 적합한 물의 경도는?

① 0~60ppm
② 120~180ppm
③ 180~360ppm
④ 360ppm 이상

32 전분의 호화 현상에 대한 설명으로 틀린 것은?

① 전분의 종류에 따라 호화 특성이 달라진다.
② 전분현탁액에 적당량의 수산화나트륨(NaOH)을 가하면 가열하지 않아도 호화될 수 있다.
③ 수분이 적을수록 호화가 촉진된다.
④ 알칼리성일 때 호화가 촉진된다.

33 다음 중 신선한 달걀의 특징은?

① 난각 표면에 광택이 없고 선명하다.
② 난각 표면이 매끈하다.
③ 난각에 광택이 있다.
④ 난각 표면에 기름기가 있다.

34 밀가루의 단백질 함량이 증가하면 패리노그래프 흡수율은 증가하는 경향을 보인다. 밀가루의 등급이 낮을수록 패리노그래프에 나타나는 현상은?

① 흡수율은 증가하나 반죽 시간과 안정도는 감소한다.
② 흡수율은 감소하고 반죽 시간과 안정도는 감소한다.
③ 흡수율은 증가하나 반죽 시간과 안정도는 변화가 없다.
④ 흡수율은 감소하나 반죽 시간과 안정도는 변화가 없다.

35 물 100g에 설탕 25g을 녹이면 당도는?

① 20%
② 30%
③ 40%
④ 50%

36 밀가루의 일반적인 자연 숙성 기간은?

① 1~2주
② 2~3개월
③ 4~5개월
④ 5~6개월

37 식품 향료에 대한 설명 중 틀린 것은?

① 자연 향료는 자연에서 채취한 후 추출, 정재, 농축, 분리 과정을 거쳐 얻는다.

② 합성 향료는 석유 및 석탄류에 포함되어 있는 방향성 유기물질로부터 합성하여 만든다.

③ 조합 향료는 천연 향료와 합성 향료를 조합하여 양자 간의 문제점을 보완한 것이다.

④ 식품에 사용하는 향료는 첨가물이지만, 품질, 규격 및 사용법을 존수하지 않아도 된다.

38 유지에 알칼리를 가할 때 일어나는 반응은?

① 가수분해　　　② 비누화

③ 에스테르화　　④ 산화

39 압착효모(생이스트)의 일반적인 고형분 함량은?

① 10%　　　② 30%

③ 50%　　　④ 60%

40 초콜릿을 템퍼링한 효과에 대한 설명 중 틀린 것은?

① 입안에서의 용해성이 나쁘다.

② 광택이 좋고 내부 조직이 조밀하다.

③ 팻 브룸(fat bloom)이 일어나지 않는다.

④ 안정한 결정이 않고 결정형이 일정하다.

41 분유의 종류에 대한 설명으로 틀린 것은?

① 혼합분유 : 연유에 유청을 가하여 분말화한 것

② 전지분유 : 원유에서 수분을 제거 하여 분말화한 것

③ 탈지분유 : 탈지유에서 수분을 제거하여 분말화한 것

④ 가당분유 : 원유에 당류를 가하여 분말화한 것

42 밀가루를 체로 쳐서 사용하는 이유와 가장 거리가 먼 것은?

① 불순물 제거　　② 공기의 혼입

③ 재료 분산　　　④ 표피색 개선

43 제빵에 사용되는 효모와 가장 거리가 먼 효소는?

① 프로테아제　　② 셀룰라아제

③ 인버타아제　　④ 말타아제

44 튀김 기름을 해치는 4대 적이 아닌 것은?

① 온도　　　② 포도당

③ 공기　　　④ 항산화제

45 제과에 많이 쓰이는 '럼주'의 원료는?

① 옥수수 전분　　② 포도당

③ 당밀　　　　　④ 타피오카

46 아래의 쌀과 콩에 대한 설명 중 ( )에 알맞은 것은?

쌀에는 라이신(lysine)이 부족하고 콩에는 메티오닌(methionine)이 부족하다. 이것을 쌀과 콩단백질의 ( )이라 한다.

① 제한 아미노산　　② 필수 아미노산

③ 불필수 아미노산　④ 아미노산 불균형

47 이당류에 속하는 것은?

① 유당　　　② 갈락토오스

③ 과당　　　④ 포도당

48 제과, 제빵 제조 시 사용되는 버터에 포함된 지방의 기능이 아닌 것은?

① 에너지의 급원 식품이다.

② 체온 유지에 관여한다.

③ 항체를 생성하고 효소를 만든다.

④ 음식에 맛과 향미를 준다.

49 체내에서 사용한 단백질은 주로 어떤 경로를 통해 배설되는가?

① 호흡　　　　② 소변

③ 대변　　　　④ 피부

50 순수한 지방 20g이 내는 열량은?

① 80kcal　　　② 140kcal

③ 180kcal　　　④ 200kcal

51 어떤 첨가물의 LD50의 값이 작을 때의 의미로 옳은 것은?

① 독성이 크다.　　② 독성이 적다.

③ 저장성이 나쁘다.　④ 저장성이 좋다.

52 식품 위생 검사의 종류로 틀린 것은?

① 화학적 검사　　② 관능검사

③ 혈청학적 검사　④ 물리학적 검사

53 인수 공통 전염병의 예방 조치로 바람직하지 않은 것은?

① 우유의 멸균 처리를 철저히 한다.

② 이환된 동물의 고기는 익혀서 먹는다.

③ 가축의 예방접종을 한다.

④ 외국으로부터 유입되는 가축은 항구나 공항 등에서 검역을 철저히 한다.

54 테트로도톡신(tetrodotoxin)은 어떤 식중독의 원인 물질인가?

① 조개 식중독　　② 버섯 식중독

③ 복어 식중독　　④ 감자 식중독

55 산양, 양, 돼지, 소에게 감염되면 유산을 일으키고, 인체 감염 시 고열이 주기적으로 일어나는 인수 공통 전염병은?

① 광우병　　　　② 공수병

③ 파상열　　　　④ 신증후군출혈열

56 식품의 관능을 만족시키기 위해 첨가하는 물질은?

① 강화제　　　　② 보존제

③ 발색제　　　　④ 이형제

57 경구 전염병에 속하지 않는 것은?

① 장티푸스　　　② 말라리아

③ 세균성 이질　　④ 콜레라

58 다음 중 곰팡이독과 관계가 없는 것은?

① 파툴린(patulin)　② 아플라톡신(aflatoxin)

③ 시트리닌(citrinin)　④ 고시풀(gossypol)

59 대장균의 일반적인 특성에 대한 설명으로 옳은 것은?

① 분변 오염의 지표가 된다.

② 경피 전염병을 일으킨다.

③ 독소형 식중독을 일으킨다.

④ 발효식품 제조에 유용한 세균이다.

60 다음 중 감염형 식중독을 일으키는 것은?

① 보톨리누스균   ② 살모넬라균

③ 포도상구균   ④ 고초균

1	2	3	4	5	6	7	8	9	10
③	④	④	①	①	③	②	④	③	②
11	12	13	14	15	16	17	18	19	20
①	②	①	②	③	①	①	②	①	①
21	22	23	24	25	26	27	28	29	30
③	④	②	②	③	③	②	②	③	③
31	32	33	34	35	36	37	38	39	40
②	③	①	①	①	②	④	②	②	①
41	42	43	44	45	46	47	48	49	50
①	④	②	④	③	①	①	③	②	③
51	52	53	54	55	56	57	58	59	60
①	③	②	③	③	③	②	④	①	②

제과기능사 모의고사 9회

01 거품형 케이크 반죽을 믹싱 할 때 가장 적당한 믹싱법은?

① 중속→저속→고속

② 저속→고속→중속

③ 저속→중속→고속 →저속

④ 고속→중속→저속 →고속

02 40g의 계량컵에 물을 가득 채웠더니 240g이었다. 과자 반죽을 넣고 달아보니 220g이 되었다면 이 반죽의 비중은 얼마인가?

① 0.85　　　　② 0.9

③ 0.92　　　　④ 0.95

03 고율배합 케이크와 비교하여 저율배합 케이크의 특징은?

① 믹싱 중 공기 혼입량이 많다.

② 굽는 온도가 높다.

③ 반죽의 비중이 낮다.

④ 화학 팽창제 사용량이 적다.

04 가수분해나 산화에 의하여 튀김 기름을 나쁘게 만드는 요인이 아닌 것은?

① 온도　　　　② 물

③ 산소　　　　④ 비타민 E(토코페롤)

05 과일 케이크를 만들 때 과일이 가라앉는 이유가 아닌 것은?

① 강도가 약한 밀가루를 사용한 경우

② 믹싱이 지나치고 큰 공기방울이 반죽에 남는 경우

③ 진한 속색을 위한 탄산수소나트륨을 과다로 사용한 경우

④ 시럽에 담근 과일의 시럽을 배수시켜 사용한 경우

06 가압하지 않은 찜기의 내부 온도로 가장 적합한 것은?

① 65℃　　　　② 99℃

③ 150℃　　　　④ 200℃

07 달걀의 일반적인 수분 함량은?

① 50%　　　　② 75%

③ 88%　　　　④ 90%

08 고율배합의 제품을 굽는 방법으로 알맞은 것은?

① 저온 단시간　　　② 고온 단시간

③ 저온 장시간　　　④ 고온 장시간

09 거품을 올린 흰자에 뜨거운 시럽을 첨가하면서 고속으로 믹싱하여 만드는 아이싱은?

① 마시멜로 아이싱　　② 콤비네이션 아이싱

③ 초콜릿 아이싱　　　④ 로얄 아이싱

10 다음 중 케이크의 아이싱에 주로 사용되는 것은?

① 마지팬　　　　② 프랄린

③ 글레이즈　　　④ 휘핑크림

11 다음 중 반죽 온도가 가장 낮은 것은?

① 퍼프 페이스트리　　② 레이어 케이크

③ 파운드 케이크　　　④ 스펀지 케이크

12 같은 용적의 팬에 같은 무게의 반죽을 팬닝하였을 경우 부피가 가장 작은 제품은?

① 시퐁 케이크　　　② 레이어 케이크

③ 파운드 케이크　　　④ 스펀지 케이크

13 공장 설비 구성의 설명으로 적합하지 않은 것은?

① 공장 시설 설비는 인간을 대상으로 하는 공학이다.
② 공장 시설은 식품 조리 과정의 다양한 작업을 여러 조건에 따라 합리적으로 수행하기 위한 시설이다.
③ 설계 디자인은 공간의 할당, 물리적 시설, 구조의 생김새, 설비가 갖춰진 작업장을 나타내준다.
④ 각 시설은 그 시설이 제공하는 서비스의 형태에 기본적인 어떤 기능을 지니고 있지 않다.

14 거품형 제품 제조 시 가온법의 장점이 아닌 것은?

① 껍질색이 균일하다.
② 기포시간이 단축된다.
③ 기공이 조밀하다.
④ 달걀의 비린내가 감소된다.

15 과자 반죽의 온도 조절에 대한 설명으로 틀린 것은?

① 반죽 온도가 낮으면 기공이 조밀하다.
② 반죽 온도가 낮으면 부피가 작아지고 식감이 나쁘다.
③ 반죽 온도가 높으면 기공이 열리고 큰 구멍이 생긴다.
④ 반죽 온도가 높은 제품은 노화가 느리다.

16 같은 밀가루로 식빵과 불란서빵을 만들 경우 식빵의 가수율이 63%였다면 불란서빵의 가수율을 얼마나 하는 것이 가장 좋은가?

① 61%   ② 63%
③ 65%   ④ 67%

17 1차 발효 중에 펀치를 하는 이유는?

① 반죽의 온도를 높이기 위해
② 이스트를 활성화시키기 위해
③ 효소를 불활성화시키기 위해
④ 탄산가스 축적을 증가시키기 위해

18 건포도 식빵을 만들 때 건포도를 전처리하는 목적이 아닌 것은?

① 수분을 제거하여 건포도의 보존성을 높인다.
② 제품 내에서의 수분 이동을 억제한다.
③ 건포도의 풍미를 되살린다.
④ 씹는 촉감을 개선한다.

19 제빵 시 팬오일로 유지를 사용할 때 다음 중 무엇이 높은 것을 선택하는 것이 좋은가?

① 가소성   ② 크림성
③ 발연점   ④ 비등점

20 비상 스트레이법 반죽의 가장 적합한 온도는?

① 15℃   ② 20℃
③ 30℃   ④ 40℃

21 2번 굽기를 하는 제품은?

① 스위트 롤   ② 브리오슈
③ 빵도넛   ④ 브라운 앤 서브 롤

22 2차 발효가 과다할 때 일어나는 현상이 아닌 것은?

① 옆면이 터진다.
② 색상이 여리다.
③ 신 냄새가 난다.
④ 오븐에서 주저앉기 쉽다.

23 노화를 지연시키는 방법으로 올바르지 않은 것은?

① 방습포장재를 사용한다.
② 다량의 설탕을 첨가한다.
③ 냉장 보관시킨다.
④ 유화제를 사용한다.

24 같은 조건의 반죽에 설탕, 포도당, 과당을 같은 농도로 첨가했다고 가정할 때 마이야르 반응 속도를 촉진시키는 순서대로 나열된 것은?

① 설탕>포도당>과당
② 과당>설탕>포도당
③ 과당>포도당>설탕
④ 포도당>과당>설탕

25 10명의 인원이 50초당 70개의 과자를 만들 때 7시간에는 몇 개를 생산하는가?

① 3528개
② 35280개
③ 24500개
④ 245000개

26 다음 중 냉동, 냉장, 해동, 2차 발효를 프로그래밍에 의해 자동적으로 조절하는 기계는?

① 스파이럴 믹서
② 도우 컨디셔너
③ 로터리 래크 오븐
④ 모레르식 락크 발효실

27 1인당 생산 가치는 생산 가치를 무엇으로 나누어 계산하는가?

① 인원수
② 시간
③ 임금
④ 원재료비

28 갓 구워낸 빵을 식혀 상온으로 낮추는 냉각에 관한 설명으로 틀린 것은?

① 빵 속의 온도를 35~40℃로 낮추는 것이다.
② 곰팡이 및 기타 균의 피해를 막는다.
③ 절단, 포장을 용이하게 한다.
④ 수분 함량을 25%로 낮추는 것이다.

29 냉동 페이스트리를 구운 후 옆면이 주저앉는 원인으로 틀린 것은?

① 토핑물이 많은 경우
② 잘 구어지지 않은 경우
③ 2차 발효가 과다한 경우
④ 해동 온도가 2 ~5℃로 낮은 경우

30 둥글리기 공정에 대한 설명으로 틀린 것은?

① 덧가루, 분할기 기름을 최대로 사용한다.
② 손 분할, 기계 분할이 있다.
③ 분할기의 종류는 제품에 적합한 기종을 선택한다.
④ 둥글리기 과정 중 큰 기포는 제거되고 반죽 온도가 균일화된다.

31 지방은 무엇이 축합되어 만들어지는가?

① 지방산과 글리세롤
② 지방산과 올레인산
③ 지방산과 리놀레인산
④ 지방산과 팔미틴산

32 거친 설탕 입자를 마쇄하여 고운 눈금을 가진 체로 통과 시킨 후 덩어리 방지제를 첨가한 제품은?

① 액당
② 분당
③ 전화당
④ 포도당

33 장기간의 저장성을 지녀야 하는 건과자용 쇼트닝에서 가장 중요한 제품 특성은?

① 가소성
② 안정성
③ 신장성
④ 크림가

34 젤리를 제조하는데 당분 60~65%, 펙틴 1.0~1.5%일 때 가장 적합한 pH는?

① pH 1.0
② pH 3.2
③ pH 7.8
④ pH 10.0

35 가공하지 않은 초콜릿(비터 초콜릿, Bitter Chocolate) 40%에 포함되어 있는 가장 적합한 코코아의 양은?

① 20%
② 25%
③ 30%
④ 35%

36 강력분과 박력분의 성상에서 가장 중요한 차이점은?

① 단백질 함량이 차이 　② 비타민 함량의 차이

③ 지방 함량의 차이 　④ 전분 함량의 차이

37 다음 유제품 중 일반적으로 100g당 열량을 가장 많이 내는 것은?

① 요구르트 　② 탈지분유

③ 가공 치즈 　④ 시유

38 달걀에 대한 설명 중 옳은 것은?

① 달걀노른자에 가장 많은 것은 단백질이다.

② 달걀흰자는 대부분이 물이고 그 다음 많은 성분은 지방질이다.

③ 달걀 껍질은 대부분 탄산칼슘으로 이루어져 있다.

④ 달걀은 흰자보다 노른자 중량이 더 크다.

39 건조 이스트는 같은 중량을 사용할 생이스트보다 활성이 약 몇 배 더 강한가?

① 2배 　② 5배

③ 7배 　④ 10배

40 다음 중 발효 시간을 단축시키는 물은?

① 연수 　② 경수

③ 염수 　④ 알카리수

41 믹싱 시간, 믹싱 내구성, 흡수율 등 반죽의 배합이나 혼합을 위한 기초 자료를 제공하는 것은?

① 아밀로그래프(Amy lograph)

② 익스텐소그래프(Extensograph)

③ 패리노그래프(Far inograph)

④ 알베오그래프(Alveograph)

42 β-아밀라아제의 설명으로 틀린 것은?

① 전분이나 덱스트린을 맥아당으로 만든다.

② 아밀로오스의 말단에서 시작하여 포도당 2분자씩을 끊어가면서 분해한다.

③ 전분의 구조가 아밀로펙틴인 경우 약 52%까지만 가수분해 한다.

④ 액화 효소 또는 내부 아밀라아제라고도 한다.

43 다음 중 발효할 때 유산(젖산)을 생성하는 당은?

① 유당 　② 설탕

③ 과당 　④ 포도당

44 다음 혼성주 중 오렌지 성분을 원료로 하여 만들지 않는 것은?

① 그랑 마르니에(Grand Marnier)

② 마라스키노(Maraschino)

③ 쿠앵트로(Cointreau)

④ 큐라소(Curacao)

45 과실이 익어감에 따라 어떤 효소의 작용에 의해 수용성 펙틴이 생성되는가?

① 펙틴리가아제 　② 아밀라아제

③ 프로토펙틴 가수분해 효소 　④ 브로멜린

46 비타민의 결핍 증상이 잘못 짝지어진 것은?

① 비타빈 B1 - 각기병 　② 비타민 C - 괴혈병

③ 비타민 B2 - 야맹증 　④ 나이아신 - 펠라그라

47 글리세롤 1분자와 지방산 1분자가 결합한 것은?

① 트리글리세라이드(triglyceride)

② 디글리세라이드(diglyceride)

③ 모노글리세라이드(monoglyceride)

④ 펜토스(pentose)

48 지방의 연소와 합성이 이루어지는 장기는?

① 췌장   ② 간

③ 위장   ④ 소장

49 D-glucose와 D-mannose의 관계는?

① anomer   ② epimer

③ 동소체   ④ 라세믹체

50 성인의 에너지 적정 비율의 연결이 옳은 것은?

① 탄수화물 : 30~55%   ② 단백질 : 7~20%

③ 지질 : 5~10%   ④ 비타민 : 30~40%

51 미생물에 의해 주로 단백질이 변화되어 악취, 유해물질을 생성하는 현상은?

① 발효(Fermentation)   ② 부패(Puterifaction)

③ 변패(Deterioration)   ④ 산패(Rancidity)

52 다음 중 채소를 통해 감염되는 기생충은?

① 광절열두조충   ② 선모충

③ 회충   ④ 폐흡충

53 감염형 식중독에 해당되지 않는 것은?

① 살모넬라균 식중독

② 포도상구균 식중독

③ 병원성대장균 식중독

④ 장염비브리오균 식중독

54 경구 전염병과 비교할 때 세균성 식중독의 특징은?

① 2차 감염이 잘 일어난다.

② 경구 전염병보다 잠복기가 길다.

③ 발병 후 면역이 매우 잘 생긴다.

④ 많은 양이 균으로 발병한다.

55 산화방지제로 쓰이는 물질이 아닌 것은?

① 중조   ② BHT

③ BHA   ④ 세사몰

56 과산화수소의 사용 목적으로 알맞은 것은?

① 보존료   ② 발색제

③ 살균료   ④ 산화방지제

57 경구 전염병의 예방 대책에 대한 설명으로 틀린 것은?

① 건강 유지와 저항력의 향상에 노력한다.

② 의식 전환 운동, 계몽 활동, 위생 교육 등을 정기적으로 실시한다.

③ 오염이 의심되는 식품은 폐기한다.

④ 모든 예방접종은 1회만 실시한다.

58 동물에게 유산을 일으키며 사람에게는 열병을 나타내는 인수 공통 전염병은?

① 탄저병   ② 리스테리아증

③ 돈단독   ④ 브루셀라증

59 단백질을 많이 함유한 식품의 주된 변질 현상은?

① 부패   ② 발효

③ 산패   ④ 갈변

60 식중독 발생의 주요 경로인 배설물-구강-오염 경로(fecal-oral route)를 차단하기 위한 방법으로 가장 적합한 것은?

① 손 씻기 등 개인위생 지키기

② 음식물 철저히 가열하기

③ 조리 후 빨리 섭취하기

④ 남은 음식물 냉장 보관하기

1	2	3	4	5	6	7	8	9	10
③	②	②	④	④	②	②	③	①	④

11	12	13	14	15	16	17	18	19	20
①	③	④	③	④	①	②	①	③	③

21	22	23	24	25	26	27	28	29	30
④	①	③	③	②	②	①	④	④	①

31	32	33	34	35	36	37	38	39	40
①	②	②	②	②	①	③	③	①	①

41	42	43	44	45	46	47	48	49	50
③	④	①	②	③	③	③	②	②	②

51	52	53	54	55	56	57	58	59	60
②	③	②	④	①	③	④	④	①	①

제과기능사 모의고사 10회

01 찜류 또는 찜만쥬 등에 사용하는 이스트파우더의 특성이 아닌 것은?

① 팽창력이 강하다.

② 제품의 색을 희게 한다.

③ 암모니아 냄새가 날 수 있다.

④ 중조와 산제를 이용한 팽창제이다.

02 젤리 롤 케이크를 말 때 표면이 터지는 결점을 방지하는 방법으로 잘못된 것은?

① 덱스트린의 점착성을 이용한다.

② 고형질 설탕 일부를 물엿으로 대치한다.

③ 팽창제를 다소 감소시킨다.

④ 달걀 중 노른자 비율을 증가한다.

03 다음 중 고온에서 빨리 구워야 하는 제품은?

① 파운드 케이크 　② 고율배합 제품

③ 저율배합 제품 　④ 팬닝한 양이 많은 제품

04 쿠키 포장지의 특성으로써 적합하지 않은 것은?

① 내용물의 색, 향이 변하지 않아야 한다.

② 독성 물질이 생성되지 않아야 한다.

③ 통기성이 있어야 한다.

④ 달걀 중 노른자 비율을 증가시킨다.

05 스펀지 케이크에서 달걀 사용량을 감소시킬 때의 조치 사항으로 잘못된 것은?

① 베이킹파우더를 사용한다.

② 물 사용량을 추가한다.

③ 쇼트닝을 첨가한다.

④ 양질의 유화제를 병용한다.

06 밀가루 A, B, C, D 네 가지 제품의 수분 함량과 가격이 아래 표와 같을 때 고형분에 대한 단가를 고려하여 어떤 밀가루를 사용하는 것이 가장 경제적인가?

	수분 함량	가격
밀가루 A	11%	14,000원
밀가루 B	12%	13,500원
밀가루 C	13%	13,000원
밀가루 D	14%	12,800원

① A 　② B

③ C 　④ D

07 다음 제품 중 반죽의 비중이 가장 낮은 것은?

① 파운드 케이크 　② 옐로 레이어 케이크

③ 초콜릿 케이크 　④ 버터 스펀지 케이크

08 1000mL의 생크림 원료로 거품을 올려 2000mL의 생크림을 만들었다면 증량율은 얼마인가?

① 50% 　② 100%

③ 150% 　④ 200%

09 초콜릿의 보관 온도 및 습도로 가장 알맞은 것은?

① 온도 18℃, 습도 45% 　② 온도 24℃, 습도 60%

③ 온도 30℃, 습도 70% 　④ 온도 36℃, 습도 80%

10 파이 제조에 대한 설명으로 틀린 것은?

① 아래 껍질을 위 껍질보다 얇게 한다.

② 껍질 가장자리에 물칠을 한 뒤 위 껍질을 얹는다.

③ 위, 아래의 껍질을 잘 붙인 뒤 남은 반죽을 잘라낸다.

④ 덧가루 뿌린 면포 위에서 반죽을 밀어 편 뒤 크기에 맞게 자른다.

11 도넛 글레이즈의 사용 온도로 가장 적합한 것은?

① 49℃   ② 70℃

③ 90℃   ④ 19℃

12 튀김 횟수의 증가 시 튀김 기름의 변화가 아닌 것은?

① 중합도 증가   ② 정도의 감소

③ 산가 증가   ④ 과산화물가 증가

13 파운드 케이크의 팬닝은 틀 높이의 몇 % 정도까지 반죽을 채우는 것이 가장 적당한가?

① 50%   ② 70%

③ 90%   ④ 100%

14 쿠키 반죽의 퍼짐성에 기여하여 표면을 크게 하는 재료는?

① 소금   ② 밀가루

③ 설탕   ④ 달걀

15 엔젤 푸드 케이크 반죽의 온도 변화에 따른 설명이 틀린 것은?

① 반죽 온도가 낮으면 제품의 기공이 조밀하다.

② 반죽 온도가 낮으면 색상이 진하다.

③ 반죽 온도가 높으면 기공이 열리고 조직이 거칠어진다.

④ 반죽 온도가 높으면 부피가 작다.

16 굽기 후 빵을 썰어 포장하기에 가장 좋은 온도는?

① 17℃   ② 27℃

③ 37℃   ④ 47℃

17 중간 발효에 대한 설명으로 틀린 것은?

① 중간 발효는 온도 32℃ 이내, 상대 습도 75% 전후에서 실시한다.

② 반죽의 온도, 크기에 따라 시간이 달라진다.

③ 반죽의 상처 회복과 성형을 용이하게 하기 위함이다

④ 상대 습도가 낮으며 덧가루 사용량이 증가한다.

18 식빵을 팬닝할 때 일반적으로 권장되는 팬의 온도는?

① 22℃   ② 27℃

③ 32℃   ④ 37℃

19 소금을 늦게 넣어 믹싱 시간을 단축하는 방법은?

① 염장법   ② 후염법

③ 염지법   ④ 훈제법

20 빵 제품의 껍질색이 여리고, 부스러지기 쉬운 껍질이 되는 경우 가장 크게 영향을 미치는 요인은?

① 지나친 발효   ② 발효 부족

③ 지나친 반죽   ④ 반죽 부족

21 500g의 완제품 식빵 200개를 제조하려 할 때, 발효 손실이 1%, 굽기 냉각 손실이 12%, 총 배합율이 180%라면 밀가루의 무게는 약 얼마인가?

① 47kg   ② 55kg

③ 64kg   ④ 71kg

22 데니시 페이스트리 반죽의 적정 온도는?

① 18~22℃   ② 26~31℃

③ 35~39℃   ④ 45~49℃

23 픽업 단계에서 믹싱을 완료해도 좋은 제품은?

① 스트레이트법 식빵　　② 스펀지 도우법 식빵

③ 햄버거빵　　　　　　④ 데니시 페이스트리

24 오븐 온도가 높을 때 식빵 제품에 미치는 영향이 아닌 것은?

① 부피가 작다.　　　　② 껍질색이 진하다.

③ 언더 베이킹이 되기 쉽다.　④ 질긴 껍질이 된다.

25 식빵 제조 시 정상보다 많은 양이 설탕을 사용했을 경우 껍질색은 어떻게 나타나는가?

① 여리다.　　　　② 진하다.

③ 회색이 띤다.　　④ 설탕의 양과 무관하다.

26 냉장, 냉동, 해동, 2차 발효를 프로그래밍에 의하여, 자동적으로 조절하는 기계는?

① 도우 컨디셔너(Dough conditioner)

② 믹서(Mixer)

③ 라운더(Rounder)

④ 오버헤드 프루퍼(Overhead proofer)

27 발효 손실의 원인이 아닌 것은?

① 수분이 증발하여

② 탄수화물이 탄산가스로 전환되어

③ 탄수화물이 알코올로 전환되어

④ 재료 계량의 오차로 인해

28 냉동 반죽법에서 반죽의 냉동 온도와 저장 온도의 범위로 가장 적합한 것은?

① -5℃, 0~4℃　　　② -20℃, -18~0℃

③ -40℃, -25-18℃　④ -80℃, -18~0℃

29 다음 제품 제조 시 2차 발효실의 습도를 가장 낮게 유지하는 것은?

① 풀먼 식빵　　　　② 햄버거빵

③ 과자빵　　　　　④ 빵 도넛

30 다음 중 총원가에 포함되지 않는 것은?

① 제조 설비의 감가상각비

② 매출 원가

③ 직원의 급료

④ 판매 이익

31 제빵용 이스트에 의해 발효가 이루어지지 않는 당은?

① 포도당　　　　② 유당

③ 과당　　　　　④ 맥아당

32 우유 성분 중 산에 의해 응고되는 물질은?

① 단백질　　　　② 유당

③ 유지방　　　　④ 회분

33 밀가루의 등급은 무엇을 기준으로 하는가?

① 회분　　　　② 단백질

③ 유지방　　　④ 탄수화물

34 패리노그래프 커브의 윗부분이 500B.U.에 닿는 시간을 무엇이라 하는가?

① 반죽 시간(peak time)

② 도달 시간(arrivail time)

③ 반죽 형성 시간(dough development time)

④ 이탈 시간(departure time)

35 패리노그래프에 의한 측정으로 알 수 있는 반죽 특성과 거리가 먼 것은?

① 반죽 형성 시간　② 반죽의 흡수

③ 반죽의 내구성　④ 반죽의 효소력

36 빈 컵의 무게가 120g이었고, 이 컵에 물을 가득 넣었더니 250g이 되었다. 물을 빼고 우유를 넣었더니 254g이 되었을 때 우유의 비중은 약 얼마인가?

① 1.03　② 1.07

③ 2.15　④ 3.05

37 다음 중 아미노산을 구성하는 주된 원소가 아닌 것은?

① 탄소(C)　② 수소(H)

③ 질소(N)　④ 규소(Si)

38 케이크의 제조에서 쇼트닝의 기본적인 3가지 기능에 해당하지 않는 것은?

① 팽창 기능　② 윤활 기능

③ 유화 기능　④ 안정 기능

39 제과·제빵 시 당의 기능과 가장 거리가 먼 것은?

① 구조 형성　② 알칼리제

③ 수분 보유　④ 단맛 부여

40 반죽에 사용하는 물이 연수일 때 무엇을 더 증가시켜 넣어야 하는가?

① 효소　② 알칼리제

③ 이스트 푸드　④ 산

41 다음 당류 중 물에 잘 녹지 않는 것은?

① 과당　② 유당

③ 포도당　④ 맥아당

42 유지 1g을 검화하는 데 사용되는 수신화칼륨(KOH)의 밀리그램(mg) 수를 무엇이라고 하는가?

① 검화가　② 요오드가

③ 산가　④ 과산화물가

43 밀가루 반죽의 탄성을 강하게 하는 재료가 아닌 것은?

① 비타민 A　② 레몬즙

③ 칼슘염　④ 식염

44 달걀 흰자가 360g 필요하다고 할때 전란 60g짜리 달걀은 몇 개 정도 필요한가? (단, 달걀 중 난백의 함량은 60%)

① 6개　② 8개

③ 10개　④ 13개

45 젤리 형성의 3요소가 아닌 것은?

① 당분　② 유기산

③ 펙틴　④ 염

46 무기질의 기능이 아닌 것은?

① 우리 몸의 경조직 구성 성분이다.

② 열량을 내는 열량 급원이다.

③ 효소의 기능을 촉진시킨다.

④ 세포의 삼투압 평형 유지 작용을 한다.

47 하루에 섭취하는 총에너지 중 식품 이용을 위한 에너지 소모량은 평균 얼마인가?

① 10%　② 30%

③ 60%　④ 20%

48 단백질 식품을 섭취한 결과, 음식물 중의 질소량이 0.7g, 소변 중의 질소량이 4g으로 나타났을 때 이 식품의 생물가(B.V)는 약 얼마인가?

① 25% ② 36%

③ 64% ④ 92%

49 정상적인 건강 유지를 위해 반드시 필요한 지방산으로 체내에서 합성되지 않아 식사로 공급해야 하는 것은?

① 포화 지방산 ② 불포화 지방산

③ 필수 지방산 ④ 고급 지방산

50 유용한 장내세균의 발육을 도와 정장 작용을 하는 것은?

① 설탕 ② 유당

③ 맥아당 ④ 셀로비오스

51 밀가루의 표백과 숙성을 위하여 사용하는 첨가물은?

① 개량제 ② 유화제

③ 점착제 ④ 팽창제

52 다음 전염병 중 잠복기가 가장 짧은 것은?

① 후천성 면역결핍증 ② 광견병

③ 콜레라 ④ 매독

53 결핵균의 병원체를 보유하는 주된 동물은?

① 쥐 ② 소

③ 말 ④ 돼지

54 식품의 부패를 판정하는 화학적 방법은?

① 관능시험 ② 생균수 측정

③ 온도 측정 ④ TMA 측정

55 다음 중 미생물의 증식에 대한 설명으로 틀린 것은?

① 한 종류의 미생물이 많이 번식하면 다른 미생물의 번식이 억제될 수 있다.

② 수분 함량이 낮은 저장 곡류에서도 미생물은 증식할 수 있다.

③ 냉장 온도에서는 유해 미생물이 전혀 증식할 수 없다.

④ 70℃에서도 생육이 가능한 미생물이 있다.

56 팥앙금류, 잼, 케첩, 식품 가공품에 사용하는 보존료는?

① 소르빈산 ② 데히드로초산

③ 프로피온산 ④ 파라옥시안식향산부틸

57 미나마타병은 어떤 중금속에 오염된 어패류의 섭취시 발생되는가?

① 수은 ② 카드뮴

③ 납 ④ 아연

58 알레르기성 식중독의 원인이 될 수 있는 가능성이 가장 높은 식품은?

① 오징어 ② 꽁치

③ 갈치 ④ 광어

59 식중독과 관련된 내용의 연결이 옳은 것은?

① 포도상구균 식중독 : 심한 고열을 수반

② 살모넬라 식중독 : 높은 치사율

③ 클로스트리듐 보툴리늄 식중독 : 독소형 식중독

④ 장염비브리오 식중독 : 주요 원인은 민물고기 생식

60 노로바이러스 식중독에 대한 설명으로 틀린 것은?

① 완치되면 바이러스를 방출하지 않으므로 임상 증상이 나타나지 않으면 바로 일상생활로 복귀한다.

② 주요 증상은 설사, 복통, 구토 등이다.

③ 양성 환자의 분변으로 오염된 물로 씻은 채소류에 의해 발생할 수 있다.

④ 바이러스는 물리·화학적으로 안정하며 일반 환경에서 생존이 가능하다.

1	2	3	4	5	6	7	8	9	10
④	④	③	③	③	④	④	②	①	①

11	12	13	14	15	16	17	18	19	20
①	②	②	③	④	③	④	③	②	①

21	22	23	24	25	26	27	28	29	30
③	①	④	④	②	①	④	③	④	④

31	32	33	34	35	36	37	38	39	40
②	①	①	②	④	①	④	④	①	③

41	42	43	44	45	46	47	48	49	50
②	①	②	③	④	②	①	③	③	②

51	52	53	54	55	56	57	58	59	60
①	③	②	④	③	①	①	②	③	①

제빵기능사 모의고사

* 2007~2011년 정기 및 상시 시험에서 출제된 문제들로 구성했습니다.

제빵기능사 모의고사 1회

01 도넛 제조 시 수분이 적을 때 나타나는 결점이 아닌 것은?

① 팽창이 부족하다.　　② 혹이 튀어 나온다.

③ 형태가 일정하지 않다.　④ 표면이 갈라진다.

02 파운드 케이크의 팬닝은 틀 높이의 몇 % 정도까지 반죽을 채우는 것이 가장 적당한가?

① 50%　　　　② 70%

③ 90%　　　　④ 100%

03 쿠키의 제조 방법에 따른 분류 중 달걀흰자와 설탕으로 만든 머랭 쿠키는?

① 짜서 성형하는 쿠키

② 밀어 펴서 성형하는 쿠키

③ 프랑스식 쿠키

④ 마카롱 쿠키

04 구워낸 케이크 제품이 너무 딱딱한 경우 그 원인으로 틀린 것은?

① 배합비에서 설탕의 비율이 높을 때

② 밀가루의 단백질 함량이 너무 많을 때

③ 높은 오븐 온도에서 구웠을 때

④ 장시간 구웠을 때

05 다음 재료들을 동일한 크기의 그릇에 측정했을 때 중량이 가장 높은 것은?

① 우유　　　　② 분유

③ 쇼트닝　　　④ 분당

06 생산 공장 시설의 효율적 배치에 대한 설명 중 적합하지 않은 것은?

① 작업용 바닥 면적은 그 장소를 이용하는 사람들의 수에 따라 달라진다.

② 판매 장소와 공장의 면적 배분(판매 3 : 공장 1)의 비율로 구성되는 것이 바람직하다.

③ 공장의 소요 면적은 주방 설비의 설치 면적과 기술자의 작업을 위한 공간 면적으로 이루어진다.

④ 공장의 모든 업무가 효과적으로 진행되기 위한 기본은 주방의 위치와 규모에 대한 설계이다.

07 열원으로 찜(수증기)을 이용했을 때의 주 열전달 방식은?

① 대류　　　　② 전도

③ 초음파　　　④ 복사

08 반죽의 온도가 정상보다 높을 때, 예상되는 결과는?

① 기공이 밀착된다.　② 노화가 촉진된다.

③ 표면이 터진다.　　④ 부피가 작다.

09 다음 중 비중이 제일 작은 케이크는?

① 레이어 케이크　　② 파운드 케이크

③ 시폰 케이크　　　④ 버터 스펀지 케이크

10 다음 중 반죽형 케이크에 대한 설명으로 틀린 것은?

① 밀가루, 달걀, 분유 등과 같은 재료에 의해 케이크의 구조가 형성된다.

② 유지의 공기 포집력, 화학적 팽창제에 의해 부피가 팽창하기 때문에 부드럽다.

③ 레이어 케이크, 파운드 케이크, 마들렌 등이 반죽형 케이크에 해당된다.

④ 제품의 특징은 해면성(海面性)이 크고 가볍다.

11 베이킹파우더에 대한 설명으로 틀린 것은?

① 소다가 기본이 되고 여기에 산을 첨가하여 중화가를 맞추어 놓은 것이다.

② 베이킹파우더의 팽창력은 이산화탄소에 의한 것이다.

③ 케이크나 쿠키를 만드는 데 많이 사용된다.

④ 과량의 산은 반죽의 pH를 높게, 과량의 중조는 pH를 낮게 만든다.

12 젤리 롤 케이크 반죽을 만들어 팬닝하는 방법으로 틀린 것은?

① 넘치는 것을 방지하기 위하여 팬 종이는 팬 높이보다 2cm 정도 높게 한다.

② 평평하게 팬닝하기 위해 고무주걱 등으로 윗부분을 마무리한다.

③ 기포가 꺼지므로 팬닝은 가능한 한 빨리 한다.

④ 철판에 팬닝하고 볼에 남은 반죽으로 무늬반죽을 만든다.

13 젤리 롤 케이크 반죽 굽기에 대한 설명으로 틀린 것은?

① 두껍게 편 반죽은 낮은 온도에서 굽는다.

② 구운 후 철판에서 꺼내지 않고 냉각시킨다.

③ 양이 적은 반죽은 높은 온도에서 굽는다.

④ 열이 식으면 압력을 가해 수평을 맞춘다.

14 도넛을 글레이즈 할 때 글레이즈의 적정한 품온은?

① 24~27℃   ② 28~32℃

③ 33~36℃   ④ 43~49℃

15 다음 중 케이크 제품의 부피 변화에 대한 설명이 틀린 것은?

① 달걀은 혼합 중 공기를 보유하는 능력을 가지고 있으므로 달걀이 부족한 반죽은 부피가 줄어든다.

② 크림법으로 만드는 반죽에 사용하는 유지의 크림성이 나쁘면 부피가 작아진다.

③ 오븐 온도가 높으면 껍질 형성이 빨라 팽창에 제한을 받아 부피가 작아진다.

④ 오븐 온도가 높으면 지나친 수분의 손실로 최종 부피가 커진다.

16 다음 무게에 관한 것 중 옳은 것은?

① 1kg은 10g이다.   ② 1kg은 100g이다.

③ 1kg은 1000g이다.   ④ 1kg은 10000g이다.

17 빵과자 배합표의 자료 활용법으로 적당하지 않은 것은?

① 빵의 생산기준 자료

② 재료 사용량 파악 자료

③ 원가 산출

④ 국가별 빵의 종류 파악 자료

18 빵을 구웠을 때 갈변이 되는 것은 어떤 반응에 의한 것인가?

① 비타민 C의 산화에 의하여

② 효모에 의한 갈색 반응에 의하여

③ 마이야르(maillard) 반응과 캐러멜화 반응이 동시에 일어나서

④ 클로로필(chlorophyll)이 열에 의해 변성되어서

19 제빵 시 적절한 2차 발효점은 완제품 용적의 몇 %가 가장 적당한가?

① 40~45% ② 50~55%

③ 70~80% ④ 90~95%

20 냉동 반죽법에서 혼합 후 반죽의 결과 온도로 가장 적합한 것은?

① 0℃ ② 10℃

③ 20℃ ④ 30℃

21 다음 발효 중 일어나는 생화학적 생성 물질이 아닌 것은?

① 덱스트린 ② 맥아당

③ 포도당 ④ 이성화당

22 오븐에서 구운 빵을 냉각할 때 평균 몇 %의 수분 손실이 추가적으로 발생하는가?

① 2% ② 4%

③ 6% ④ 8%

23 스펀지 도우법에서 스펀지 밀가루 사용량을 증가시킬 때 나타나는 결과가 아닌 것은?

① 도우 제조 시 반죽 시간이 길어짐

② 완제품의 부피가 커짐

③ 도우 발효 시간이 짧아짐

④ 반죽의 신장성이 좋아짐

24 단과자빵의 껍질에 흰 반점이 생긴 경우 그 원인에 해당되지 않는 것은?

① 반죽 온도가 높았다.

② 발효하는 동안 반죽이 식었다.

③ 숙성이 덜 된 반죽을 그대로 정형하였다.

④ 2차 발효 후 찬 공기를 오래 쐬었다.

25 다음 중 중간 발효에 대한 설명으로 옳은 것은?

① 상대 습도 85% 전후로 시행한다.

② 중간 발효 중 습도가 높으면 껍질이 형성되어 빵 속에 단단한 소용돌이가 생성된다.

③ 중간 발효 온도는 27~29℃가 적당하다.

④ 중간 발효가 잘되면 글루텐이 잘 발달된다.

26 2% 이스트로 4시간 발효했을 때 가장 좋은 결과를 얻는다고 가정할 때, 발효 시간을 3시간으로 감소시키려면 이스트의 양은 얼마로 해야 하는가? (단, 소수 첫째 자리에서 반올림하시오.)

① 2.16% ② 2.67%

③ 3.16% ④ 3.67%

27 안치수가 그림과 같은 식빵 철판의 용적은?

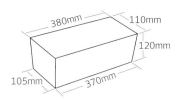

① 4662cm³ ② 4837.5cm³

③ 5018.5cm³ ④ 5218.5cm³

28 반죽 제조 단계 중 렛다운(Let Down) 상태까지 믹싱하는 제품으로 적당한 것은?

① 옥수수 식빵, 밤 식빵

② 크림빵, 앙금빵

③ 바게트, 프랑스빵

④ 잉글리시 머핀, 햄버거빵

29 다음 중 분할에 대한 설명으로 옳은 것은?

① 1배합당 식빵류는 30분 내에 하도록 한다.

② 기계 분할은 발효 과정의 진행과는 무관하여 분할 시간에 제한을 받지 않는다.

③ 기계 분할은 손 분할에 비해 약한 밀가루로 만든 반죽 분할에 유리하다.

④ 손 분할은 오븐 스프링이 좋아 부피가 양호한 제품을 만들 수 있다.

30 실내 온도 23℃, 밀가루 온도 23℃, 수돗물 온도 20℃, 마찰계수 20℃일 때 희망하는 반죽 온도를 28℃로 만들려면 사용해야 될 물의 온도는?

① 16℃　　　　　② 18℃

③ 20℃　　　　　④ 23℃

31 유지의 기능 중 크림성의 기능은?

① 제품을 부드럽게 한다.

② 산패를 방지한다.

③ 밀어 펴지는 성질을 부여한다.

④ 공기를 포집하여 부피를 좋게 한다.

32 일반적으로 시유의 수분 함량은?

① 58% 정도　　　② 65% 정도

③ 88% 정도　　　④ 98% 정도

33 우유를 pH 4.6으로 유지하였을 때, 응고되는 단백질은?

① 카세인(casein)

② α-락트알부민(lactalbumin)

③ 락토글로불린(lactoglobulin)

④ 혈청알부민(serum albumin)

34 유지에 유리지방산이 많을수록 어떠한 변화가 나타나는가?

① 발연점이 높아진다.　　② 발연점이 낮아진다.

③ 융점이 높아진다.　　　④ 산가가 낮아진다.

35 바게트 배합률에서 비타민 C를 30ppm 사용하려고 할 때 이 용량을 %로 올바르게 나타낸 것은?

① 0.3%　　　　　② 0.03%

③ 0.003%　　　　④ 0.0003%

36 물의 경도를 높여주는 작용을 하는 재료는?

① 이스트 푸드　　② 이스트

③ 설탕　　　　　④ 밀가루

37 밀가루의 호화가 시작되는 온도를 측정하기에 가장 적합한 것은?

① 레오그래프　　② 아밀로그래프

③ 믹사트론　　　④ 패리노그래프

38 퐁당 크림을 부드럽게 하고 수분 보유력을 높이기 위해 일반적으로 첨가하는 것은?

① 한천, 젤라틴　　② 물, 레몬

③ 소금, 크림　　　④ 물엿, 전화당 시럽

39 달걀 껍질을 제외한 전란의 고형질 함량은 일반적으로 약 몇%인가?

① 7%　　　　　② 12%

③ 25%　　　　　④ 50%

40 빈 컵의 무게가 120g이었고, 이 컵에 물을 가득 넣었더니 250g이 되었다. 물을 빼고 우유를 넣었더니 254g이 되었을 때 우유의 비중은 약 얼마인가?

① 1.03　　　　　② 1.07

③ 2.15　　　　　④ 3.05

41 이스트에 존재하는 효소로 포도당을 분해하여 알코올과 이산화탄소를 발생시키는 것은?

① 말타아제(maltase) ② 리파아제(lipase)

③ 치마아제(zymase) ④ 인버타아제(invertase)

42 다음 중 글리세린(glycerin)에 대한 설명으로 틀린 것은?

① 무색, 무취로 시럽과 같은 액체이다.

② 지방의 가수분해 과정을 통해 얻어진다.

③ 식품의 보습제로 이용된다.

④ 물보다 비중이 가벼우며, 물에 녹지 않는다.

43 다음 중 설탕을 포도당과 과당으로 분해하여 만든 당으로 감미도와 수분 보유력이 높은 당은?

① 정백당   ② 빙당

③ 전화당   ④ 황설탕

44 유지 산패와 관계없는 것은?

① 금속 이온(철, 구리 등)   ② 산소

③ 빛   ④ 항산화제

45 다음 중 숙성한 밀가루에 대한 설명으로 틀린 것은?

① 밀가루의 황색색소가 공기 중의 산소에 의해 더욱 진해진다.

② 환원성 물질이 산화되어 반죽의 글루텐 파괴가 줄어든다.

③ 밀가루의 pH가 낮아져 발효가 촉진된다.

④ 글루텐의 질이 개선되고 흡수성을 좋게 한다.

46 빵, 과자 중에 많이 함유된 탄수화물이 소화, 흡수되어 수행하는 기능이 아닌 것은?

① 에너지를 공급한다.

② 단백질 절약 작용을 한다.

③ 뼈를 자라게 한다.

④ 분해되면 포도당이 생성된다.

47 단당류의 성질에 대한 설명 중 틀린 것은?

① 선광성이 있다.

② 물에 용해되어 단맛을 가진다.

③ 산화되어 다양한 알코올을 생성한다.

④ 분자 내의 카르보닐기에 의하여 환원성을 가진다.

48 생체 내에서 지방의 기능으로 틀린 것은?

① 생체 기관을 보호한다.

② 체온을 유지한다.

③ 효소의 주요 구성 성분이다.

④ 주요한 에너지원이다.

49 트립토판 360mg은 체내에서 니아신 몇 mg으로 전환 되는가?

① 0.6mg   ② 6mg

③ 36mg   ④ 60mg

50 다음 중 체중 1kg당 단백질 권장량이 가장 많은 대상으로 옳은 것은?

① 1~2세 유아   ② 9~11세 여자

③ 15~19세 남자 ④ 65세 이상 노인

51 원인균이 내열성포자를 형성하기 때문에 병든 가축의 사체를 처리할 경우 반드시 소각처리하여야 하는 인수 공통 감염병은?

① 돈단독   ② 결핵

③ 파상열   ④ 탄저병

52 해수세균의 일종으로 식염농도 3%에서 잘 생육하며 어패류를 생식할 경우 중독될 수 있는 균은?

① 보툴리누스균　　② 장염비브리오균

③ 웰치균　　④ 살모넬라균

53 다음 중 유지의 산화 방지를 목적으로 사용되는 산화 방지제는?

① 비타민 B　　② 비타민 D

③ 비타민 E　　④ 비타민 K

54 다음 중 사용이 허가되지 않은 유해 감미료는?

① 사카린(Saccharin)　　② 아스파탐(Aspartame)

③ 소프비톨(Sorbitol)　　④ 둘신(Dulcin)

55 화농성 질병이 있는 사람이 만든 제품을 먹고 식중독을 일으켰다면 가장 관계가 깊은 원인균은?

① 장염비브리오균　　② 살모넬라균

③ 보툴리누스균　　④ 황색포도상구균

56 미나마타병은 어떤 중금속에 오염된 어패류의 섭취 시 발생되는가?

① 수은　　② 카드뮴

③ 납　　④ 아연

57 세균의 대표적인 3가지 형태분류에 포함되지 않는 것은?

① 구균(coccus)　　② 나선균(spirillum)

③ 간균(bacillus)　　④ 페니실린균(penicillium)

58 경구 전염병의 예방법으로 부적합한 것은?

① 모든 식품을 일광 소독한다.

② 감염원이나 오염물을 소독한다.

③ 보균자의 식품 취급을 금한다.

④ 주위 환경을 청결히 한다.

59 질병 발생의 3대 요소가 아닌 것은?

① 병인　　② 환경

③ 숙주　　④ 항생제

60 다음 중 조리사의 직무가 아닌 것은?

① 집단 급식소에서의 식단에 따른 조리 업무

② 구매 식품의 검수 지원

③ 집단 급식소의 운영 일지 작성

④ 급식 설비 및 기구의 위생, 안전 실무

1	2	3	4	5	6	7	8	9	10
②	②	④	①	①	②	①	②	③	④
11	12	13	14	15	16	17	18	19	20
④	①	②	④	④	③	④	③	③	③
21	22	23	24	25	26	27	28	29	30
④	①	①	①	④	②	②	④	④	②
31	32	33	34	35	36	37	38	39	40
④	③	①	②	③	①	②	④	③	①
41	42	43	44	45	46	47	48	49	50
③	④	③	④	①	③	③	③	②	①
51	52	53	54	55	56	57	58	59	60
④	②	③	④	④	①	④	①	④	③

제빵기능사 모의고사 2회

01 도넛 설탕 아이싱을 사용할 때의 온도로 적합한 것은?

① 20℃ 전후　　② 25℃ 전후

③ 40℃ 전후　　④ 60℃ 전후

02 도넛 반죽의 휴지 효과가 아닌 것은?

① 밀어 펴기 작업이 쉬워진다.

② 표피가 빠르게 마르지 않는다.

③ 각 재료에서 수분이 발산된다.

④ 이산화탄소가 발생하여 반죽이 부푼다.

03 완성된 쿠키의 크기가 퍼지지 않아 작았다면, 그 원인이 아닌 것은?

① 사용한 반죽이 묽었다.

② 굽기 온도가 높았다.

③ 반죽이 산성이었다.

④ 가루 설탕을 사용하였다.

04 과자 반죽의 모양을 만드는 방법이 아닌 것은?

① 짤주머니로 짜기　　② 밀대로 밀어 펴기

③ 성형 틀로 찍어내기　　④ 발효 후 가스 빼기

05 도넛의 흡유량이 높았을 때 그 원인은?

① 고율배합 제품이다.　　② 튀김 시간이 짧다.

③ 튀김 온도가 높다.　　④ 휴지 시간이 짧다.

06 스펀지 케이크 제조 시 덥게 하는 방법으로 사용할 때 달걀과 설탕은 몇 ℃로 중탕하고 혼합하는 것이 가장 적당한가?

① 30℃　　② 43℃

③ 10℃　　④ 25℃

07 실내 온도 30℃, 실외 온도 35℃, 밀가루 온도 24℃, 설탕 온도 20℃, 쇼트닝 온도 20℃, 달걀 온도 24℃, 마찰계수가 22이다. 반죽 온도가 25℃가 되기 위해서 필요한 물의 온도는?

① 8℃　　② 9℃

③ 10℃　　④ 12℃

08 오버 베이킹에 대한 설명 중 옳은 것은?

① 높은 온도에서 짧은 시간 동안 구운 것이다.

② 노화가 빨리 진행된다.

③ 수분 함량이 많다.

④ 가라앉기 쉽다.

09 다음 중 일반적으로 초콜릿에 사용되는 원료가 아닌 것은?

① 카카오 버터　　② 전지분유

③ 이스트　　④ 레시틴

10 다음 중 달걀노른자를 사용하지 않는 케이크는?

① 파운드 케이크　　② 엔젤 푸드 케이크

③ 소프트 롤 케이크　　④ 옐로 레이어 케이크

11 다음 중 제과용 믹서로 적합하지 않은 것은?

① 에어 믹서　　② 버티컬 믹서

③ 연속식 믹서　　④ 스파이럴 믹서

12 반죽 무게를 구하는 식은?

① 틀 부피×비용적　　② 틀 부피+비용적

③ 틀 부피/비용적　　④ 틀 부피-비용적

13 다음의 케이크 반죽 중 일반적으로 pH가 가장 낮은 것은?

① 스펀지 케이크   ② 엔젤 푸드 케이크

③ 파운드 케이크   ④ 데블스 푸드 케이크

14 화이트 레이어 케이크 제조 시 주석산 크림을 사용하는 목적과 거리가 먼 것은?

① 흰자를 강하게 하기 위하여

② 껍질색을 밝게 하기 위하여

③ 속색을 하얗게 하기 위하여

④ 제품의 색깔을 진하게 하기 위하여

15 다음 제품 중 일반적으로 비중이 가장 낮은 것은?

① 파운드 케이크   ② 레이어 케이크

③ 스펀지 케이크   ④ 과일 케이크

16 팬 오일의 구비 조건이 아닌 것은?

① 높은 발연점   ② 무색, 무미, 무취

③ 가소성   ④ 항산화성

17 둥글리기의 목적이 아닌 것은?

① 글루텐의 구조와 방향 정돈

② 수분 흡수력 증가

③ 반죽의 기공을 고르게 유지

④ 반죽 표면에 얇은 막 형성

18 굽기 과정 중 당류의 캐러멜화가 개시되는 온도로 가장 적합한 것은?

① 100℃   ② 120℃

③ 150℃   ④ 185℃

19 냉동 반죽법에 대한 설명 중 틀린 것은?

① 저율배합 제품은 냉동 시 노화의 진행이 비교적 빠르다.

② 고율배합 제품은 비교적 완만한 냉동에 견딘다.

③ 저율배합 제품일수록 냉동 처리에 더욱 주의해야 한다.

④ 프랑스빵 반죽은 비교적 노화의 진행이 느리다.

20 식빵 제조 시 최고 부피를 얻을 수 있는 유지의 양은? (단, 다른 재료의 양은 모두 동일하다고 본다.)

① 2%   ② 4%

③ 8%   ④ 12%

21 빵을 포장하는 프로필렌 포장지의 기능이 아닌 것은?

① 수분 증발의 억제로 노화 지연

② 빵의 풍미 성분 손실 지연

③ 포장 후 미생물 오염 최소화

④ 빵의 로프균 오염 방지

22 불란서빵의 2차 발효실 습도로 가장 적합한 것은?

① 65~70%   ② 75~80%

③ 80~85%   ④ 85~90%

23 희망 반죽 온도 26℃, 마찰계수 20, 실내 온도 26℃, 스펀지 반죽 온도 28℃, 밀가루 온도 21℃일 때 스펀지법에서 사용할 물의 온도는?

① 11℃   ② 8℃

③ 7℃   ④ 9℃

24 빵 제품의 노화 지연 방법으로 옳은 것은?

① -18℃ 냉동 보관   ② 냉장 보관

③ 저배합, 고속 믹싱 빵 제조   ④ 수분 30~60% 유지

25 대량 생산 공장에서 많이 사용되는 오븐으로 반죽이 들어가는 입구와 제품이 나오는 출구가 서로 다른 오븐은?

① 데크 오븐   ② 터널 오븐

③ 로터리 래크 오븐   ④ 컨벡션 오븐

26 스펀지 도우법에 있어서 스펀지 반죽에 사용하는 일반적인 밀가루의 사용 범위는?

① 0~20%   ② 20~40%

③ 40~60%   ④ 60~100%

27 다음 중 스트레이트법과 비교한 스펀지 도우법에 대한 설명이 옳은 것은?

① 노화가 빠르다.

② 발효 내구성이 좋다.

③ 속결이 거칠고 부피가 작다.

④ 발효향과 맛이 나쁘다.

28 발효 중 펀치의 효과와 거리가 먼 것은?

① 반죽의 온도를 균일하게 한다.

② 이스트의 활성을 돕는다.

③ 산소 공급으로 반죽의 산화 숙성을 진전시킨다.

④ 성형을 용이하게 한다.

29 제조 공정 상 비상 반죽법에서 가장 많은 시간을 단축할 수 있는 공정은?

① 재료 계량   ② 믹싱

③ 1차 발효   ④ 굽기

30 모닝빵을 1000개 만드는 데 한 사람이 3시간 걸렸다. 1500개 만드는 데 30분 내에 끝내려면 몇 사람이 작업해야 하는가?

① 2명   ② 3명

③ 9명   ④ 5명

31 시유의 수분 함량은 약 얼마인가?

① 12%   ② 78%

③ 87%   ④ 95%

32 다음 중 발효 시간을 단축시키는 물은?

① 연수   ② 경수

③ 염수   ④ 알칼리수

33 비중이 1.04인 우유에 비중이 1.00인 물을 1:1 부피로 혼합하였을 때 물을 섞은 우유의 비중은?

① 2.04   ② 1.02

③ 1.04   ④ 0.04

34 카제인이 산이나 효소에 의하여 응고되는 성질은 어떤 식품의 제조에 이용되는가?

① 아이스크림   ② 생크림

③ 버터   ④ 치즈

35 이스트의 가스 생산과 보유를 고려할 때 제빵에 가장 좋은 물의 경도는?

① 0~60 ppm   ② 120~180ppm

③ 180ppm 이상(일시)   ④ 180ppm 이상(영구)

36 분당은 저장 중 응고되기 쉬운데 이를 방지하기 위하여 어떤 재료를 첨가하는가?

① 소금   ② 설탕

③ 글리세린   ④ 전분

37 전분은 밀가루 중량의 약 몇 % 정도인가?

① 30%   ② 50%

③ 70%   ④ 90%

38 일반적인 버터의 수분 함량은?

① 18% 이하　　② 25% 이하

③ 30% 이하　　④ 45% 이하

39 밀가루의 물성을 전문적으로 시험하는 기기로 이루어진 것은?

① 패리노그래프, 가스크로마토그래피, 익스텐소그래프

② 패리노그래프, 아밀로그래프, 파이브로미터

③ 패리노그래프, 아밀로그래프, 익스텐소그래프

④ 아밀로그래프, 익스텐소그래프, 펑츄어 테스터

40 제과에 많이 쓰이는 럼주의 원료는?

① 옥수수 전분　　② 포도당

③ 당밀　　　　　④ 타피오카

41 케이크 제조에 사용되는 달걀의 역할이 아닌 것은?

① 결합제 역할　　② 글루텐 형성 작용

③ 유화력 보유　　④ 팽창 작용

42 다음 중 반죽의 pH가 가장 낮아야 좋은 것은?

① 레이어 케이크　　② 스펀지 케이크

③ 파운드 케이크　　④ 과일 케이크

43 빵 제조 시 밀가루를 체로 치는 이유가 아닌 것은?

① 제품의 착색　　② 입자의 균질

③ 공기의 혼입　　④ 불순물의 제거

44 이스트 푸드 성분 중 물 조절제로 사용되는 것은?

① 황산암모늄　　② 전분

③ 칼슘염　　　　④ 이스트

45 열대성 다년초의 다육질 뿌리로, 매운맛과 특유의 방향을 가지고 있는 향신료는?

① 넛메그　　　　② 계피

③ 올스파이스　　④ 생강

46 빵, 과자 속에 함유되어 있는 지방이 리파아제에 의해 소화되면 무엇으로 분해되는가?

① 동물성 지방+식물성 지방

② 글리세롤+지방산

③ 포도당+과당

④ 트립토판+리신

47 다음 중 감미가 가장 강한 것은?

① 맥아당　　　　② 설탕

③ 과당　　　　　④ 포도당

48 유아에게 필요한 필수 아미노산이 아닌 것은?

① 발린　　　　　② 트립토판

③ 히스티딘　　　④ 글루타민

49 시금치에 들어 있으며 칼슘의 흡수를 방해하는 유기산은?

① 초산　　　　　② 호박산

③ 수산　　　　　④ 구연산

50 순수한 지방 20g이 내는 열량은?

① 80kcal　　　　② 140kcal

③ 180kcal　　　④ 200kcal

51 정제가 불충분한 면실유에 들어 있을 수 있는 독성분은?

① 듀린　　　　　② 테무린

③ 고시폴　　　　④ 브렉큰 펀 톡신

52 제1군 감염병으로 소화기계 감염병인 것은?

① 결핵   ② 화농성 피부염

③ 장티푸스   ④ 독감

53 다음 중 바이러스에 의한 경구 감염병이 아닌 것은?

① 폴리오   ② 유행성 간염

③ 전염성 설사   ④ 성홍열

54 빵이나 카스텔라 등을 부풀게 하기 위하여 첨가하는 합성 팽창제(baking powder)의 주성분은?

① 염화나트륨   ② 탄산나트륨

③ 탄산수소나트륨   ④ 탄산칼슘

55 세균성 식중독의 예방 원칙에 해당되지 않는 것은?

① 세균 오염 방지   ② 세균 가열 방지

③ 세균 증식 방지   ④ 세균의 사멸

56 식품 첨가물 중 보존료의 조건이 아닌 것은?

① 변패를 일으키는 각종 미생물의 증식을 억제할 것

② 무미, 무취하고 자극성이 없을 것

③ 식품의 성분과 반응을 잘하여 성분을 변화시킬 것

④ 장기간 효력을 나타낼 것

57 식품 또는 식품 첨가물을 채취, 제조, 가공, 조리, 저장, 운반 또는 판매하는 직접 종사자들이 정기 건강진단을 받아야 하는 주기는?

① 1회/월   ② 1회/3개월

③ 1회/6개월   ④ 1회/년

58 곰팡이의 일반적인 특성으로 틀린 것은?

① 광합성능이 있다.

② 주로 무성포자에 의해 번식한다.

③ 진핵세포를 가진 다세포 미생물이다.

④ 분류학상 진균류에 속한다.

59 부패의 물리학적 판정에 이용되지 않는 것은?

① 냄새   ② 점도

③ 색 및 전기저항   ④ 탄성

60 다음 중 감염형 세균성 식중독에 속하는 것은?

① 파라티푸스균   ② 보툴리누스균

③ 포도상구균   ④ 장염비브리오균

1	2	3	4	5	6	7	8	9	10
③	③	①	④	①	②	③	②	③	②
11	12	13	14	15	16	17	18	19	20
④	③	②	④	③	③	②	③	④	②
21	22	23	24	25	26	27	28	29	30
④	②	④	①	④	②	②	④	③	③
31	32	33	34	35	36	37	38	39	40
③	①	②	④	②	④	③	①	③	③
41	42	43	44	45	46	47	48	49	50
②	④	①	③	④	②	③	④	③	③
51	52	53	54	55	56	57	58	59	60
③	③	④	③	②	③	④	①	①	④

제빵기능사 모의고사 3회

01 제과 제품을 평가하는 데 있어 외부 특성에 해당하지 않는 것은?

① 부피
② 껍질색
③ 기공
④ 균형

02 일반적으로 옐로 레이어 케이크의 반죽 온도는 어느 정도가 가장 적당한가?

① 10°C
② 16°C
③ 24°C
④ 34°C

03 이탈리안 머랭에 대한 설명 중 틀린 것은?

① 흰자를 거품으로 치대어 30% 정도의 거품을 만들고 설탕을 넣으면서 50% 정도의 머랭을 만든다.
② 흰자가 신선해야 거품이 튼튼하게 나온다.
③ 뜨거운 시럽에 머랭을 한꺼번에 넣고 거품을 올린다.
④ 강한 불에 구워 착색하는 제품을 만드는 데 알맞다.

04 다음 중 파운드 케이크의 윗면이 자연적으로 터지는 원인이 아닌 것은?

① 반죽 내에 수분이 불충분한 경우
② 설탕 입자가 용해되지 않고 남아 있는 경우
③ 팬닝 후 장시간 방치하여 표피가 말랐을 경우
④ 오븐 온도가 낮아 껍질 형성이 늦은 경우

05 에클레어는 어떤 종류의 반죽으로 만드는가?

① 스펀지 반죽
② 슈 반죽
③ 비스킷 반죽
④ 파이 반죽

06 다음 중 파이 껍질의 결점이 원인이 아닌 것은?

① 강한 밀가루를 사용하거나 과도한 밀어 펴기를 하는 경우
② 많은 파지를 사용하거나 불충분한 휴지를 하는 경우
③ 적절한 밀가루와 유지를 혼합하여 파지를 사용하지 않은 경우
④ 껍질에 구멍을 뚫지 않거나 달걀물칠을 너무 많이 한 경우

07 어떤 한 종류의 케이크를 만들기 위하여 믹싱을 끝내고 비중을 측정한 결과가 다음과 같을 때, 구운 후 기공이 조밀하고 부피가 가장 작아지는 비중의 수치는?

> 0.45, 0.55, 0.66, 0.75

① 0.45
② 0.55
③ 0.66
④ 0.75

08 다음 중 우유에 관한 설명이 아닌 것은?

① 우유에 함유된 주 단백질은 카제인이다.
② 연유나 생크림은 농축 우유의 일종이다.
③ 전지분유는 우유 중의 수분을 증발시키고 고형질 함량을 높인 것이다.
④ 우유 교반 시 비중의 차이로 지방입자가 뭉쳐 크림이 된다.

09 도넛의 튀김 기름이 갖추어야 할 조건은?

① 산패취가 없다.
② 저장 중 안정성이 낮다.
③ 발연점이 낮다.
④ 산화와 가수분해가 쉽게 일어난다.

10 유화제를 사용하는 목적이 아닌 것은?

① 물과 기름이 잘 혼합되게 한다.
② 빵이나 케이크를 부드럽게 한다.
③ 빵이나 케이크가 노화되는 것을 지연시킬 수 있다.
④ 달콤한 맛이 나게 하는 데 사용한다.

11 핑거 쿠키 성형 방법으로 옳지 않은 것은?

① 원형 깍지를 이용하여 일정한 간격으로 짠다.
② 철판에 기름을 바르고 짠다.
③ 5~6cm 정도의 길이로 짠다.
④ 짠 뒤에 윗면에 고르게 설탕을 뿌려준다.

12 파운드 케이크의 팬닝은 틀 높이의 몇 % 정도까지 반죽을 채우는 것이 가장 적당한가?

① 50%   ② 70%
③ 90%   ④ 100%

13 아이싱에 사용되는 재료 중 다른 세 가지와 조성이 다른 것은?

① 이탈리안 머랭   ② 퐁당
③ 버터 크림   ④ 스위스 머랭

14 생산부서의 지난달 원가 관련 자료가 아래와 같을 때 생산가치율은 얼마인가?

```
근로자 : 100명
인건비 : 170000000원
생산액 : 100000000원
외부가치 : 700000000원
생산가치 : 300000000원
감가상각비 : 20000000원
```

① 25%   ② 30%
③ 35%   ④ 40%

15 케이크에서 설탕의 역할과 거리가 먼 것은?

① 감미를 준다.
② 껍질색을 진하게 한다.
③ 수분 보유력이 있어 노화가 지연된다.
④ 제품의 형태를 유지시킨다.

16 어린 생지로 만든 제품의 특성이 아닌 것은?

① 부피가 작다.   ② 속결이 거칠다.
③ 빵 속 색깔이 희다.   ④ 모서리가 예리하다.

17 원가에 대한 설명 중 틀린 것은?

① 기초 원가는 직접 노무비, 직접 재료비를 말한다.
② 직접 원가는 기초 원가에 직접 경비를 더한 것이다.
③ 제조 원가는 간접비를 포함한 것으로 보통 제품의 원가라고 한다.
④ 총원가는 제조 원가에서 판매 비용을 뺀 것이다.

18 빵의 팬닝(팬 넣기)에 있어 팬의 온도로 가장 적합한 것은?

① 0~5℃   ② 20~24℃
③ 30~35℃   ④ 60℃ 이상

19 유지가 층상구조를 이루는 파이, 크로와상, 데니시 페이스트리 등의 제품은 유지의 어떤 성질을 이용한 것인가?

① 쇼트닝성   ② 가소성
③ 안정성   ④ 크림성

20 냉동 반죽법에서 반죽의 냉동 온도와 저장 온도의 범위로 가장 적합한 것은?

① -5℃, 0~4℃   ② -20℃, -18~0℃
③ -40℃, -25~-18℃   ④ -80℃, -18~0℃

21 빵의 관능적 평가법에서 내부적 특성을 평가하는 항복이 아닌 것은?

① 기공(grain)

② 조직(texture)

③ 속 색상(crumb color)

④ 입안에서의 감촉(mouth feel)

22 식빵 반죽의 제조 공정에서 사용하지 않는 기계는?

① 분할기(divider)　　② 라운더(rounder)

③ 성형기(moulder)　　④ 데포지터(depositor)

23 믹서의 종류에 속하지 않는 것은?

① 수직 믹서　　　　② 스파이럴 믹서

③ 수평 믹서　　　　④ 원형 믹서

24 냉동 반죽법의 냉동과 해동 방법으로 옳은 것은?

① 급속 냉동, 급속 해동

② 급속 냉동, 완만 해동

③ 완만 해동, 급속 해동

④ 완만 냉동, 완만 해동

25 스트레이트법에 의해 식빵을 만들 경우 밀가루 온도 22℃, 실내 온도 26℃, 수돗물 온도 17℃, 결과 온도 30℃, 희망 온도 27℃, 사용할 물의 양 1000g이면 사용할 얼음의 양은 약 얼마인가?

① 98g　　　　　　② 93g

③ 88g　　　　　　④ 83g

26 튀김 기름의 질을 저하시키는 요인이 아닌 것은?

① 가열　　　　　　② 공기

③ 물　　　　　　　④ 토코페롤

27 빵 제조 시 발효 공정의 직접적인 목적이 아닌 것은?

① 탄산가스의 발생으로 팽창 작용을 한다.

② 유기산, 알코올 등을 생성시켜 빵 고유의 향을 발달시킨다.

③ 글루텐을 발전, 숙성시켜 가스의 포집과 보유 능력을 증대시킨다.

④ 발효성 탄수화물의 공급으로 이스트 세포 수를 증가시킨다.

28 정통 불란서빵을 제조할 때 2차 발효실의 상대 습도로 가장 적합한 것은?

① 75~80%　　　　② 85~88%

③ 90~94%　　　　④ 95~99%

29 빵의 포장 온도로 가장 적합한 것은?

① 15~20℃　　　　② 25~30℃

③ 35~40℃　　　　④ 45~50℃

30 식빵의 밑이 움푹 패이는 원인이 아닌 것은?

① 2차 발효실의 습도가 높을 때

② 팬의 바닥에 수분이 있을 때

③ 오븐 바닥열이 약할 때

④ 팬에 기름칠을 하지 않을 때

31 잎을 건조시켜 만든 향신료는?

① 계피　　　　　　② 넛메그

③ 메이스　　　　　④ 오레가노

32 제분 직후의 숙성하지 않은 밀가루에 대한 설명으로 틀린 것은?

① 밀가루의 pH는 6.1~6.2 정도이다.

② 효소 작용이 활발하다.

③ 밀가루 내의 지용성 색소인 크산토필 때문에 노란색을 띤다.

④ 효소류의 작용으로 환원성 물질이 산화되어 반죽 글루텐의 파괴를 막아준다.

33 제빵에 사용하는 물로 가장 적합한 형태는?

① 아경수   ② 알칼리수

③ 증류수   ④ 염수

34 유지의 분해산물인 글리세린에 대한 설명으로 틀린 것은?

① 자당보다 감미가 크다.

② 향미제의 용매로 식품의 색택을 좋게 하는 독성이 없는 극소수 용매 중의 하나이다.

③ 보습성이 뛰어나 빵류, 케이크류, 소프트 쿠키류의 저장성을 연장시킨다.

④ 물-기름의 유탁액에 대한 안정 기능이 있다.

35 초콜릿의 팻 블룸(fat bloom) 현상에 대한 설명으로 틀린 것은?

① 초콜릿 제조 시 온도 조절이 부적합할 때 생기는 현상이다.

② 초콜릿 표면에 수분이 응축하며 나타나는 현상이다.

③ 보관 중 온도 관리가 나쁜 경우 발생되는 현상이다.

④ 초콜릿의 균열을 통해서 표면에 침출하는 현상이다.

36 밀가루 반죽이 일정한 점도에 도달하는 데 요하는 흡수율과 반죽특성을 측정하는 기계는?

① 패리노그래프(Farinograph)

② 아밀로그래프(Amylograph)

③ 믹소그래프(Mixograph)

④ 익스텐소그래프(Extensograph)

37 호밀빵 제조 시 호밀을 사용하는 이유 및 기능과 거리가 먼 것은?

① 독특한 맛 부여   ② 조직의 특성 부여

③ 색상 향상   ④ 구조력 향상

38 이스트의 3대 기능과 가장 거리가 먼 것은?

① 팽창 작용   ② 향 개발

③ 반죽 발전   ④ 저장성 증가

39 흰자를 사용하는 제품에 주석산 크림이나 식초를 첨가하는 이유로 적합하지 않은 것은?

① 알칼리성의 흰자를 중화함

② pH를 낮춤으로써 흰자를 강력하게 함

③ 풍미를 좋게 함

④ 색깔을 희게 함

40 다음 중 향신료가 아닌 것은?

① 카다몬   ② 오스파이스

③ 카라야검   ④ 시너몬

41 아밀로오스(amylose)의 특징이 아닌 것은?

① 일반 곡물 전분 속에 약 17~28% 존재한다.

② 비교적 적은 분자량을 가졌다.

③ 퇴화의 경향이 적다.

④ 요오드 용액에 청색 반응을 일으킨다.

42 제과·제빵에서 유지의 기능이 아닌 것은?

① 흡수율 증가   ② 연화 작용

③ 공기 포집   ④ 보존성 향상

43 글루텐 형성의 주요 성분으로 탄력성을 갖는 단백질은 다음 중 어느 것인가?

① 알부민   ② 글로불린

③ 글루테닌   ④ 글리아딘

44 다음 중 연질 치즈로 곰팡이와 세균으로 숙성시킨 치즈는?

① 크림(cream) 치즈

② 로마노(romano) 치즈

③ 파머산(parmesan) 치즈

④ 카망베르(camembert) 치즈

45 다음 중 전화당에 대한 설명으로 틀린 것은?

① 전화당의 상대적 감미도는 80 정도이다.

② 수분 보유력이 높아 신선도를 유지한다.

③ 포도당과 과당이 동량으로 혼합되어 있는 혼합물이다.

④ 케이크와 쿠키의 저장성을 연장시킨다.

46 효소를 구성하는 주요 구성 물질은?

① 탄수화물   ② 지질

③ 단백질   ④ 비타민

47 무기질에 대한 설명으로 틀린 것은?

① 황(S)은 당질 대사에 중요하며 혈액을 알칼리성으로 유지시킨다.

② 칼슘(Ca)은 주로 골격과 치아를 구성하고 혈액응고 작용을 돕는다.

③ 나트륨(Na)은 주로 세포 외액에 들어 있고 삼투압 유지에 관여한다.

④ 요오드(I)는 갑상선 호르몬의 주성분으로 결핍되면 갑상선종을 일으킨다.

48 다음 중 단당류가 아닌 것은?

① 포도당   ② 올리고당

③ 과당   ④ 갈락토오스

49 동물성 지방을 과다 섭취하였을 때 발생할 가능성이 높아지는 질병은?

① 신장병   ② 골다공증

③ 부종   ④ 동맥경화증

50 다음 중 필수 아미노산이 아닌 것은?

① 트레오닌   ② 메티오닌

③ 글루타민   ④ 트립토판

51 호염성 세균으로서 어패류를 통하여 가장 많이 발생하는 식중독은?

① 살모넬라 식중독   ② 장염비브리오 식중독

③ 병원성대장균 식중독   ④ 포도상규균 식중독

52 발효가 부패와 다른 점은?

① 미생물이 작용한다.

② 생산물을 식용으로 한다.

③ 단백질의 변화 반응이다.

④ 성분의 변화가 일어난다.

53 다음 중 감염형 식중독 세균이 아닌 것은?

① 살모넬라균　　② 장염비브리오균
③ 황색포도상구균　④ 캠필로박터균

54 다음 중 동종간의 접촉에 의한 전염병이 없는 것은?

① 세균성이질　　② 조류독감
③ 광우병　　　　④ 구제역

55 다음 중 식품 위생법에서 정하는 식품 접객업에 속하지 않는 것은?

① 식품소분업　　② 유흥주점
③ 제과점　　　　④ 휴게음식점

56 전염병 발생의 3대 요인이 아닌 것은?

① 전염원　　　　② 전염 경로
③ 성별　　　　　④ 숙주 감수성

57 다음 중 이형제의 용도는?

① 가수분해에 사용된 산제의 중화제로 사용된다.
② 제과·제빵을 구울 때 형틀에서 제품의 분리를 용이하게 한다.
③ 거품을 소멸·억제하기 위해 사용하는 첨가물이다.
④ 원료가 덩어리지는 것을 방지하기 위해 사용한다.

58 유지가 산패되는 경우가 아닌 것은?

① 실온에 가까운 온도 범위에서 온도를 상승시킬 때
② 햇빛이 잘 드는 곳에 보관할 때
③ 토코페롤을 첨가할 때
④ 수분이 많은 식품을 넣고 튀길 때

59 식품 등을 통해 전염되는 경구 전염병의 특징이 아닌 것은?

① 원인 미생물은 세균, 바이러스 등이다.
② 미량의 균량에서도 감염을 일으킨다.
③ 2차 감염이 빈번하게 일어난다.
④ 화학물질이 주요 원인이 된다.

60 다음 세균성 식중독 중 일반적으로 치사율이 가장 높은 것은?

① 살모넬라균에 의한 식중독
② 보툴리누스균에 의한 식중독
③ 장염비브리오균에 의한 식중독
④ 포도상구균에 의한 식중독

1	2	3	4	5	6	7	8	9	10
③	③	③	④	②	③	④	③	①	④
11	12	13	14	15	16	17	18	19	20
②	②	③	②	④	③	④	③	②	③
21	22	23	24	25	26	27	28	29	30
④	④	④	②	②	④	④	①	③	③
31	32	33	34	35	36	37	38	39	40
④	④	①	①	②	①	④	④	③	③
41	42	43	44	45	46	47	48	49	50
③	①	③	④	①	③	①	②	④	③
51	52	53	54	55	56	57	58	59	60
②	②	③	③	①	③	②	③	④	②

제빵기능사 모의고사 4회

01 아이싱의 끈적거림 방지 방법으로 잘못된 것은?

① 액체를 최소량으로 사용한다.

② 40℃ 정도로 가온한 아이싱 크림을 사용한다.

③ 안정제를 사용한다.

④ 케이크 제품이 냉각되기 전에 아이싱한다.

02 파운드 케이크 제조 시 윗면이 터지는 경우가 아닌 것은?

① 굽기 중 껍질 형성이 느릴 때

② 반죽 내의 수분이 불충분할 때

③ 설탕 입자가 용해되지 않고 남아 있을 때

④ 반죽을 팬에 넣은 후 굽기까지 장시간 방치할 때

03 밤과자를 성형한 후 물을 뿌려주는 이유가 아닌 것은?

① 덧가루의 제거

② 굽기 후 철판에서 분리 용이

③ 껍질색의 균일화

④ 껍질의 터짐 방지

04 도넛의 흡유량이 높았을 때 그 원인은?

① 고율배합 제품이다.   ② 튀김 시간이 짧다.

③ 튀김 온도가 높았다.   ④ 휴지 시간이 짧다.

05 슈 껍질의 굽기 후 밑면이 좁고 공과 같은 형태를 가졌다면 그 원인은?

① 밑불이 윗불보다 강하고 팬에 기름칠이 적다.

② 반죽이 질고 글루텐이 형성된 반죽이다.

③ 온도가 낮고 팬에 기름칠이 적다.

④ 반죽이 되거나 윗불이 강하다.

06 다음 유당(lactose)의 설명 중 틀린 것은?

① 포유동물의 젖에 많이 함유되어 있다.

② 사람에 따라서 유당을 분해하는 효소가 부족하여 잘 소화시키지 못하는 경우가 있다.

③ 비환원당이다.

④ 유산균에 의하여 유산을 생성한다.

07 반죽형 과자 반죽의 믹싱법과 장점이 잘못 짝지어진 것은?

① 크림법 - 제품의 부피를 크게 함

② 블렌딩법 - 제품의 내상이 부드러움

③ 설탕/물법 - 계량의 정확성과 운반의 편리성

④ 1단계법 - 사용 재료의 절약

08 다음 중 반죽의 pH가 가장 낮아야 좋은 제품은?

① 화이트 레이어 케이크   ② 스펀지 케이크

③ 엔젤 푸드 케이크   ④ 파운드 케이크

09 푸딩의 제법에 관한 설명으로 틀린 것은?

① 모든 재료를 섞어서 체에 거른다.

② 푸딩 컵에 부어 중탕으로 굽는다.

③ 우유와 설탕을 섞어 설탕이 캐러멜화될 때까지 끓인다.

④ 다른 그릇에 달걀, 소금, 나머지 설탕을 넣어 혼합하고 우유를 섞는다.

10 비용적이 2.5cm³/g인 제품을 다음과 같은 원형 팬을 이용하여 만들고자 한다. 필요한 반죽의 무게는? (단, 소수점 첫째 자리에서 반올림하시오.)

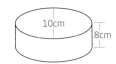

① 100g   ② 251g

③ 628g   ④ 1570g

11 케이크 제조 시 비중의 효과를 잘못 설명한 것은?

① 비중이 낮은 반죽은 기공이 크고 거칠다.

② 비중이 낮은 반죽은 냉각 시 주저앉는다.

③ 비중이 높은 반죽은 부피가 커진다.

④ 제품별로 비중을 다르게 하여야 한다.

12 데커레이션 케이크 하나를 완성하는 데 한 작업자가 5분이 걸린다고 한다. 작업자 5명이 500개를 만드는 데 몇 시간 몇 분이 걸리는가?

① 약 8시간 15분   ② 약 8시간 20분

③ 약 8시간 25분   ④ 약 8시간 30분

13 도넛과 케이크의 글레이즈(glaze) 사용 온도로 가장 적합한 것은?

① 23℃   ② 34℃

③ 49℃   ④ 68℃

14 젤리를 만드는 데 사용되는 재료가 아닌 것은?

① 젤라틴   ② 한천

③ 레시틴   ④ 알긴산

15 젤리 롤 케이크를 말아서 성형할 때 표면이 터지는 결점에 대한 보완 사항이 아닌 것은?

① 노른자 함량을 증가하고 전란 함량은 감소한다.

② 화학적 팽창제 사용량을 감소시킨다.

③ 배합의 점성을 증가시킬 수 있는 덱스트린을 첨가한다.

④ 설탕의 일부를 물엿으로 대체한다.

16 빵의 원재료 중 밀가루의 글루텐 함량이 많을 때 나타나는 결함이 아닌 것은?

① 겉껍질이 두껍다.   ② 기공이 불규칙하다.

③ 비대칭성이다.   ④ 윗면이 검다.

17 제빵 배합율 작성 시 베이커스 퍼센트(Baker's %)에서 기준이 되는 재료는?

① 설탕   ② 물

③ 밀가루   ④ 유지

18 다음 표에 나타난 배합 비율을 이용하여 빵 반죽 1802g을 만들려고 한다. 다음 재료 중 계량된 무게가 틀린 것은?

순서	재료명	비율(%)	무게(g)
1	강력분	100	1000
2	물	63	(가)
3	이스트	2	20
4	이스트 푸드	0.2	(나)
5	설탕	6	(다)
6	쇼트닝	4	40
7	분유	3	(라)
8	소금	2	20
합계		180.2	1802

① (가) 630g   ② (나) 2.4g

③ (다) 60g   ④ (라) 30g

19 오븐 내에서 뜨거워진 공기를 강제 순환시키는 열전달 방식은?

① 대류   ② 전도

③ 복사   ④ 전자파

20 프랑스빵에서 스팀을 사용하는 이유로 부적당한 것은?

① 거칠고 불규칙하게 터지는 것을 방지한다.

② 겉껍질에 광택을 내준다.

③ 얇고 바삭거리는 껍질이 형성되도록 한다.

④ 반죽의 흐름성을 크게 증가시킨다.

21 생산된 소득 중에서 인건비와 관련된 부분은?

① 노동분배율   ② 생산가치율

③ 가치적 생산성   ④ 물량적 생산성

22 팬에 바르는 기름은 다음 중 무엇이 높은 것을 선택해야 하는가?

① 산가   ② 크림성

③ 가소성   ④ 발연점

23 데니시 페이스트리의 일반적인 반죽 온도는?

① 0~4℃   ② 8~12℃

③ 18~22℃   ④ 27~30℃

24 굽기 후 빵을 썰어 포장하기에 가장 좋은 온도는?

① 17℃   ② 27℃

③ 37℃   ④ 47℃

25 ppm을 나타낸 것으로 옳은 것은?

① g당 중량 백분율   ② g당 중량 만분율

③ g당 중량 십만분율   ④ g당 중량 백만분율

26 성형 시 둥글리기의 목적과 거리가 먼 것은?

① 표피를 형성시킨다.

② 가스 포집을 돕는다.

③ 끈적거림을 제거한다.

④ 껍질색을 좋게 한다.

27 펀치의 효과와 거리가 먼 것은?

① 반죽의 온도를 균일하게 한다.

② 이스트의 활성을 돕는다.

③ 산소 공급으로 반죽의 산화 숙성을 진전시킨다.

④ 성형을 용이하게 한다.

28 빵 반죽의 흡수율에 영향을 미치는 요소에 대한 설명으로 옳은 것은?

① 설탕 5% 증가 시 흡수율은 1%씩 감소한다.

② 빵 반죽에 알맞은 물은 경수(센물)보다 연수(단물)이다.

③ 반죽 온도가 5℃ 증가함에 따라 흡수율이 3% 증가한다.

④ 유화제 사용량이 많으면 물과 기름의 결합이 좋게 되어 흡수율이 감소된다.

29 빵의 노화 방지에 유효한 첨가물은?

① 이스트 푸드   ② 산성탄산나트륨

③ 모노글리세리드   ④ 탄산암모늄

30 냉동 반죽을 2차 발효시키는 방법 중 가장 올바른 것은?

① 냉장고에서 15~16시간 냉장 해동시킨 후 30~33℃, 상대 습도 80%의 2차 발효실에서 발효시킨다.

② 실온(25℃)에서 30~60분간 자연 해동시킨 후 30℃, 상대 습도 85%의 2차 발효실에서 발효시킨다.

③ 냉동 반죽을 30~33℃, 상대 습도 80%의 2차 발효실에 넣어 해동시킨 후 발효시킨다.

④ 냉동 반죽을 38~43℃, 상대 습도 90%의 고온다습한 2차 발효실에 넣어 해동시킨 후 발효시킨다.

31 상대적 감미도가 올바르게 연결된 것은?

① 과당 : 135　　　　② 포도당 : 75

③ 맥아당 : 16　　　　④ 전화당 : 100

32 젤리 형성의 3요소가 아닌 것은?

① 당분　　　　　　② 유기산

③ 펙틴　　　　　　④ 염

33 다음 밀가루 중 빵을 만드는 데 사용되는 것은?

① 박력분　　　　　② 중력분

③ 강력분　　　　　④ 대두분

34 일반적으로 가소성 유지 제품(쇼트닝, 마가린, 버터 등)은 상온에서 고형질이 얼마나 들어있는가?

① 20~30%　　　　② 50~60%

③ 70~80%　　　　④ 90~100%

35 일반적인 생이스트의 적당한 저장 온도는?

① -15℃　　　　　② -10~-5℃

③ 0~5℃　　　　　④ 15~20℃

36 이스트 푸드에 관한 사항 중 틀린 것은?

① 물 조절제 - 칼슘염

② 이스트 영양분 - 암모늄염

③ 반죽 조절제 - 산화제

④ 이스트 조절제 - 글루텐

37 밀가루를 전문적으로 시험하는 기기로 이루어진 것은?

① 패리노그래프, 가스크로마토그래피, 익스텐소그래프

② 패리노그래프. 아밀로그래프, 파이브로 미터

③ 패리노그래프, 익스텐소그래프, 아밀로그래프

④ 아밀로그래프, 익스텐소그래프, 펑츄어 테이터

38 다음 중 코코아에 대한 설명으로 잘못된 것은?

① 코코아에는 천연 코코아와 더치 코코아가 있다.

② 더치 코코아는 천연 코코아를 알칼리 처리하여 만든다.

③ 더치 코코아는 색상이 진하고 물에 잘 분산된다.

④ 천연 코코아는 중성을 더치 코코아는 산성을 나타낸다.

39 바게트 배합률에서 비타민 C 30ppm 사용하려고 할 때 이 용량을 %로 올바르게 타나낸 것은?

① 0.3%　　　　　② 0.03%

③ 0.003%　　　　④ 0.0003%

40 일반적으로 제빵에 사용하는 밀가루의 단백질 함량은?

① 7~9%　　　　　② 9~10%

③ 11~13%　　　　④ 14~16%

41 유장(whey products)에 탈지분유, 밀가루, 대두분 등을 혼합하여 탈지분유의 기능과 유사하게 한 제품은?

① 시유　　　　　　② 농축 우유

③ 대용분유　　　　④ 전지분유

42 달걀흰자가 360g 필요하다고 할 때 전란 60g짜리 달걀은 몇 개 정도 필요한가? (단, 달걀 중 난백의 함량은 60%)

① 6개　　　　　　② 8개

③ 10개　　　　　④ 13개

43 화이트 초콜릿에 들어 있는 카카오 버터의 함량은?

① 70% 이상　　　　② 20% 이상

③ 10% 이하　　　　④ 5% 이하

44 제빵용 이스트에 들어 있지 않은 효소는?

① 치마아제   ② 인버타아제

③ 락타아제   ④ 말타아제

45 다음 중 전화당의 특성이 아닌 것은?

① 껍질색의 형성을 빠르게 한다.

② 제품에 신선한 향을 부여한다.

③ 설탕의 결정화를 감소, 방지한다.

④ 가스 발생력이 증가한다.

46 콜레스테롤에 관한 설명 중 잘못된 것은?

① 담즙의 성분이다.

② 비타민 D3의 전구체가 된다.

③ 설탕의 결정화를 감소, 방지한다.

④ 가스 발생력이 증가한다.

47 다당류 중 포도당으로만 구성되어 있는 탄수화물이 아닌 것은?

① 셀룰로오스   ② 전분

③ 펙틴   ④ 글리코겐

48 건조된 아몬드 100g에 탄수화물 16g, 단백질 18g, 지방 54g, 무기질 3g, 수분 6g, 기타 설분 등을 함유하고 있다면 이 아몬드 100g의 열량은?

① 약 200kcal   ② 약 364kcal

③ 약 622kcal   ④ 약 751kcal

49 성장기 어린이, 빈혈 환자, 임산부 등 생리적 요구가 높을 때 흡수율이 높아지는 영양소는?

① 철분   ② 나트륨

③ 칼륨   ④ 아연

50 음식물을 통해서만 얻어야 하는 아미노산과 거리가 먼 것은?

① 메티오닌(methionine)   ② 리신(lysine)

③ 트립토판(tryptophan)   ④ 글루타민(glutamine)

51 다음 중 인수 공통 전염병은?

① 폴리오   ② 이질

③ 야토병   ④ 전염성 설사병

52 절대적으로 공기와의 접촉이 차단된 상태에서만 생존할 수 있어 산소가 있으면 사멸되는 균은?

① 호기성균   ② 편성호기성균

③ 통성혐기성균   ④ 편성혐기성균

53 물과 기름처럼 서로 혼합이 잘 되지 않은 두 종류의 액체를 혼합, 분산시켜주는 첨가물은?

① 유화제   ② 소포제

③ 피막제   ④ 팽창제

54 주로 어패류에 의해서 감염되는 식중독균은?

① 대장균   ② 살모넬라균

③ 장염비브리오균   ④ 리스테리아균

55 병원성대장균의 특성이 아닌 것은?

① 감염 시 주 증상은 급성 장염이다.

② 그람양성균이며 포자를 형성한다.

③ 락토오스(Lactose)를 분해하여 산과 가스(CO_2)를 생산한다.

④ 열에 약하며 75℃에서 3분간 가열하면 사멸된다.

56 다음의 경구 전염병을 일으키는 것으로 바르게 연결되지 않은 것은?

① 곰팡이에 의한 것 - 아플라톡신

② 바이러스에 의한 것 - 유행성간염

③ 원충류에 의한 것 - 아메바성 이질

④ 세균에 의한 것 - 장티푸스

57 폐디스토마의 제1중간 숙주는?

① 돼지고기   ② 쇠고기

③ 참붕어   ④ 다슬기

58 식중독에 대한 설명 중 틀린 것은?

① 클로스트리듐 보툴리늄균은 혐기성 세균이기 때문에 통조림 또는 진공포장 식품에서 증식하여 독소형 식중독을 일으킨다.

② 장염비브리오균은 감염형 식중독 세균이며, 원인 식품은 식육이나 유제품이다.

③ 리스테리아균은 균수가 적어도 식중독을 일으키며, 냉장 온도에서도 증식이 가능하기 때문에 식품을 냉장 상태로 보존하더라도 안심할 수 없다.

④ 바실러스 세레우스균은 토양 또는 곡류 등 탄수화물 식품에서 식중독을 일으킬 수 있다.

59 합성 감미료와 관련이 없는 것은?

① 화합적 합성품이다.

② 아스파탐이 이에 해당한다.

③ 일반적으로 설탕보다 감미 강도가 낮다.

④ 인체 내에서 영양가를 제공하지 않는 합성 감미료도 있다.

60 식품과 부패에 관여하는 주요 미생물의 연결이 옳지 않은 것은?

① 곡류 - 곰팡이   ② 육류 - 세균

③ 어패류 - 곰팡이   ④ 통조림 - 포자형성세균

1	2	3	4	5	6	7	8	9	10
④	①	②	①	③	③	④	③	③	②
11	12	13	14	15	16	17	18	19	20
③	②	③	③	①	④	③	②	①	④
21	22	23	24	25	26	27	28	29	30
①	④	③	③	④	④	④	①	③	①
31	32	33	34	35	36	37	38	39	40
②	④	③	①	③	④	③	④	③	③
41	42	43	44	45	46	47	48	49	50
③	③	②	③	④	③	③	③	①	④
51	52	53	54	55	56	57	58	59	60
③	④	①	③	②	①	④	②	③	③

제빵기능사 모의고사 5회

01 파운드 케이크를 팬닝할 때 밑면의 껍질 형성을 방지하기 위한 팬으로 가장 적합한 것은?

① 일반팬   ② 이중팬

③ 은박팬   ④ 종이팬

02 반죽형 케이크의 특성에 해당되지 않는 것은?

① 일반적으로 밀가루가 달걀보다 많이 사용된다.

② 많은 양의 유지를 사용한다.

③ 화학 팽창제에 의해 부피를 형성한다.

④ 해면 같은 조직으로 입에서의 감촉이 좋다.

03 반죽형 쿠키의 굽기 과정에서 퍼짐성이 나쁠 때 퍼짐성을 좋게 하기 위해서 사용할 수 있는 방법은?

① 입자가 굵은 설탕을 많이 사용한다.

② 반죽을 오래한다.

③ 오븐의 온도를 높인다.

④ 설탕의 양을 줄인다.

04 파이를 만들 때 충전물이 흘러나왔을 경우 그 원인이 아닌 것은?

① 충전물의 양이 너무 많다.

② 충전물에 설탕이 부족하다.

③ 껍질에 구멍을 뚫어 놓지 않았다.

④ 오븐 온도가 낮다.

05 먼저 밀가루와 유지를 넣고 믹싱하여 유지에 의해 밀가루가 피복되도록 한 후 나머지 재료를 투입하는 방법으로 유연감을 우선으로 하는 제품에 사용되는 반죽법은?

① 1단계법   ② 별립법

③ 블렌딩법   ④ 크림법

06 좋은 튀김 기름의 조건이 아닌 것은?

① 천연의 항산화제가 있다.

② 발연점이 높다.

③ 수분이 10% 정도이다.

④ 저장성과 안정성이 높다.

07 파이를 냉장고에 휴지시키는 이유와 가장 거리가 먼 것은?

① 전 재료의 수화 기회를 준다.

② 유지와 반죽의 굳은 정도를 같게 한다.

③ 반죽을 경화 및 긴장시킨다.

④ 끈적거림을 방지하여 작업성을 좋게 한다.

08 반죽의 비중과 관련이 없는 것은?

① 완제품의 조직   ② 기공의 크기

③ 완제품의 부피   ④ 팬 용적

09 제빵 공장에서 5인이 8시간 동안 옥수수 식빵 500개, 바게트빵 550개를 만들었다. 개당 제품의 노무비는 얼마인가? (단, 시간당 노무비는 4000원이다.)

① 132원   ② 142원

③ 152원   ④ 162원

10 반죽 온도가 정상보다 낮을 때 나타나는 제품의 결과로 틀린 것은?

① 부피가 작다.

② 큰 기포가 형성된다.

③ 기공이 조밀하다.

④ 오븐에 굽는 시간이 약간 길다.

11 컵에 반죽을 담았을 때 90g, 물을 담았을 때 110g이었다. 이때 컵 무게가 40g이었다면 반죽의 비중은?

① 0.6 ② 0.7
③ 0.8 ④ 0.9

12 커스터드 푸딩을 컵에 채워 몇 ℃의 오븐에서 중탕으로 굽는 것이 가장 적당한가?

① 160~170℃ ② 190~200℃
③ 210~220℃ ④ 230~240℃

13 제과용 포장재로 적합하지 않은 것은?

① P.E(Polt ethylene)
② O.P.P(Oriented Poly propylene)
③ P.P(Polt propylene)
④ 흰색의 형광 종이

14 단순 아이싱(flat icing)을 만드는 데 들어가는 재료가 아닌 것은?

① 분당 ② 달걀
③ 물 ④ 물엿

15 아이싱에 이용되는 퐁당은 설탕의 어떤 성질을 이용하는가?

① 보습성 ② 재결정성
③ 용해성 ④ 전화당으로 변하는 성질

16 빵 제품의 모서리가 예리하게 된 것은 다음 중 어떤 반죽에서 오는 결과인가?

① 발효가 지나친 반죽
② 과다하게 이형유를 사용한 반죽
③ 어린 반죽
④ 2차 발효가 지나친 반죽

17 지나친 반죽(과발효)이 제품에 미치는 영향을 잘못 설명한 것은?

① 부피가 크다. ② 향이 강하다.
③ 껍질이 두껍다. ④ 팬 흐름이 적다.

18 식빵의 가장 일반적인 포장 적온은?

① 15℃ ② 25℃
③ 35℃ ④ 45℃

19 제빵용 밀가루의 적정 손상전분의 함량은?

① 1.5~3% ② 4.5~8%
③ 11.5~14% ④ 15.5~17%

20 빵을 오븐에 넣으면 빵 속의 온도가 높아지면서 부피가 증가한다. 이때 일어나는 현상이 아닌 것은?

① 가스압이 증가한다.
② 이산화탄소 가스의 용해도가 증가한다.
③ 이스트의 효소 활성이 60℃까지 계속된다.
④ 79℃부터 알코올이 증발하여 특유의 향이 발생한다.

21 발효의 목적이 아닌 것은?

① 반죽을 숙성시킨다.
② 글루텐을 강화시킨다.
③ 풍미 성분을 생성시킨다.
④ 팽창 작용을 한다.

22 내부에 팬이 부착되어 열풍을 강제 순환시키면서 굽는 타입으로 굽기의 편차가 극히 적은 오븐은?

① 터널 오븐 ② 컨벡션 오븐
③ 밴드 오븐 ④ 래크 오븐

23 정형한 식빵 반죽을 팬에 넣을 때 이음매의 위치는 어느 쪽이 가장 좋은가?

① 위 　　　　　　② 아래

③ 좌측 　　　　　④ 우측

24 식빵 반죽을 분할할 때 처음에 분할한 반죽과 나중에 분할한 반죽은 숙성도의 차이가 크므로 단시간 내에 분할해야 한다. 몇 분 이내로 완료하는 것이 가장 좋은가?

① 2~7분 　　　　② 8~13분

③ 15~20분 　　　④ 25~30분

25 2차 발효 시 상대 습도가 부족할 때 일어나는 현상은?

① 질긴 껍질 　　　② 흰 반점

③ 터짐 　　　　　④ 단단한 표피

26 일반적인 스펀지 도우법으로 식빵을 만들 때 도우의 가장 적당한 온도는?

① 17℃ 　　　　　② 27℃

③ 37℃ 　　　　　④ 47℃

27 건포도 식빵, 옥수수 식빵, 야채 식빵을 만들 때 건포도, 옥수수, 야채는 믹싱의 어느 단계에 넣는 것이 좋은가?

① 최종 단계 후 　　② 클린업 단계 후

③ 발전 단계 후 　　④ 렛다운 단계 후

28 밀가루 온도 25℃, 실내 온도 24℃, 수돗물 온도 20℃, 결과 온도 30℃, 희망 온도27℃, 마찰계수 24일 때 사용할 물 온도는?

① 2℃ 　　　　　② 6℃

③ 8℃ 　　　　　④ 17℃

29 노무비를 절감하는 방법으로 바람직하지 않은 것은?

① 표준화 　　　　② 단순화

③ 설비 휴무 　　　④ 공정 시간 단축

30 냉동 반죽에 사용되는 재료와 제품의 특성에 대한 설명 중 틀린 것은?

① 일반 제품보다 산화제 사용량을 증가시킨다.

② 저율배합인 프랑스빵이 가장 유리하다.

③ 유화제를 사용하는 것이 좋다.

④ 밀가루는 단백질의 양과 질이 좋은 것을 사용한다.

31 패리노그래프와 관계가 적은 것은?

① 흡수율 측정 　　② 믹싱 시간 측정

③ 믹싱 내구성 측정 　④ 호화특성 측정

32 다음 중 점도계가 아닌 것은?

① 비스코아밀로그래프(Viscoamylograph)

② 익스텐소그래프(Extensograph)

③ 맥미카엘(MacMichael) 점도계

④ 브룩필드(Brookfield) 점도계

33 단백질 분해 효소는?

① 치마아제 　　　② 말타아제

③ 프로테아제 　　④ 인버타아제

34 이스트 푸드의 구성 성분 중 칼슘염의 주요 기능은?

① 이스트 성장에 필요하다.

② 반죽에 탄성을 준다.

③ 오븐 팽창이 커진다.

④ 물 조절제 역할을 한다.

35 우유 단백질의 응고에 관여하지 않는 것은?

① 산　　　　　　② 레닌

③ 가열　　　　　④ 리파아제

36 커스터드 크림에서 달걀의 주요 역할은?

① 영양가　　　　② 결합제

③ 팽창제　　　　④ 저장성

37 제조 현장에서 제빵용 이스트를 저장하는 현실적인 온도로 적당한 것은?

① -18℃ 이하　　② -1~5℃

③ 20℃　　　　　④ 35℃ 이상

38 다음 중 지방 분해 효소는?

① 리파아제　　　② 프로테아제

③ 치마아제　　　④ 말타아제

39 강력분의 특성으로 틀린 것은?

① 중력분에 비해 단백질 함량이 높다.

② 박력분에 비해 글루텐 함량이 적다.

③ 박력분에 비해 점탄성이 크다.

④ 경질소맥을 원료로 한다.

40 다음 중 글레이즈(glaze) 사용 시 적합한 온도는?

① 15℃　　　　　② 25℃

③ 35℃　　　　　④ 45℃

41 제빵에서 설탕의 기능으로 틀린 것은?

① 이스트의 영양분이 됨　② 껍질 색을 나게 함

③ 향을 향상시킴　　　　④ 노화를 촉진시킴

42 물의 기능이 아닌 것은?

① 유화 작용을 한다.

② 반죽 농도를 조절한다.

③ 소금 등의 재료를 분산시킨다.

④ 효소의 활성을 제공한다.

43 반죽 개량제에 대한 설명 중 틀린 것은?

① 반죽 개량제는 빵의 품질과 기계성을 증가시킬 목적으로 첨가한다.

② 반죽 개량제에는 산화제, 환원제, 반죽 강화제, 노화지연제, 효소 등이 있다.

③ 산화제는 반죽의 구조를 강화시켜 제품의 부피를 증가시킨다.

④ 환원제는 반죽의 구조를 강화시켜 반죽 시간을 증가시킨다.

44 발연점을 고려했을 때 튀김 기름으로 가장 좋은 것은?

① 낙화생유　　　② 올리브유

③ 라드　　　　　④ 면실유

45 다음 중 이당류(Disaccharides)에 속하는 것은?

① 포도당(glucose)　　② 과당(fructose)

③ 갈락토오스(galactose)　④ 설탕(sucrose)

46 소화기관에 대한 설명 중 틀린 것은?

① 위는 강알카리의 위액을 분비한다.

② 이자(췌장)는 당 대사호르몬의 내분비선이다.

③ 소장은 영양분을 소화·흡수한다.

④ 대장은 수분을 흡수하는 역할을 한다.

47 아미노산과 아미노산과의 결합은?

① 글리코사이드 결합　　② 펩타이드 결합

③ α-1, 4결합　　④ 에스테르 결합

48 칼슘 흡수를 방해하는 인자는?

① 위액　　② 유당

③ 비타민 C　　④ 옥살산

49 다음 중 필수 지방산이 아닌 것은?

① 리놀렌산(linolenic acid)

② 리놀레산(linoleic acid)

③ 아라키돈산(arachidonic acid)

④ 스테아르산(stearic acid)

50 열량 영양소의 단위 g당 칼로리의 설명으로 옳은 것은?

① 단백질은 지방보다 칼로리가 많다.

② 탄수화물은 지방보다 칼로리가 적다.

③ 탄수화물은 단백질보다 칼로리가 적다.

④ 탄수화물은 단백질보다 칼로리가 많다.

51 부패의 진행에 수반하여 생기는 부패산물이 아닌 것은?

① 암모니아　　② 황화수소

③ 메르캅탄　　④ 일산화탄소

52 법정 전염병 중 전파 속도가 빠르고 국민 건강에 미치는 위해 정도가 커서 발생 즉시 방역 대책을 수립해야 하는 전염병은?

① 제1군 전염병　　② 제2군 전염병

③ 제3군 전염병　　④ 제4군 전염병

53 손에 화농성 염증이 있는 조리사가 만든 김밥을 먹고 감염될 수 있는 식중독은?

① 비브리오 패혈증　　② 살모넬라 식중독

③ 보툴리누스 식중독　　④ 황색포도상구균 식중독

54 다음 중 독버섯 독성분은?

① 솔라닌(solanine)　　② 에르고톡신(ergotoxin)

③ 무스카린(muscarine)　　④ 베네루핀(venerupin)

55 다음 중 밀가루 개량제가 아닌 것은?

① 과산화벤조일　　② 과황산암모늄

③ 염화칼슘　　④ 이산화염소

56 식품 보존료로서 갖추어야 할 요건으로 적합한 것은?

① 공기, 광선에 안정할 것

② 사용 방법이 까다로울 것

③ 일시적으로 효력이 나타날 것

④ 열에 의해 쉽게 파괴될 것

57 다음 중 곰팡이가 생존하기에 가장 어려운 서식처는?

① 물　　② 곡류 식품

③ 두류 식품　　④ 토양

58 장티푸스에 대한 일반적인 설명으로 잘못된 것은?

① 잠복 기간은 7~14일 이다.

② 사망률은 10~20% 이다.

③ 앓고 난 뒤 강한 면역이 생긴다.

④ 예방할 수 있는 백신은 개발되어 있지 않다.

59 제1종 전염병으로 소화기계 전염병인 것은?

① 결핵
② 화농성피부염
③ 장티푸스
④ 독감

60 살모넬라 식중독의 예방 대책으로 틀린 것은?

① 조리된 식품을 냉장고에 장기 보관한다.
② 음식물을 철저히 가열하여 섭취한다.
③ 개인위생 관리를 철저히 한다.
④ 유해동물과 해충을 방제한다.

1	2	3	4	5	6	7	8	9	10
②	④	①	②	③	③	③	④	③	②
11	12	13	14	15	16	17	18	19	20
②	①	④	②	②	③	④	③	②	②
21	22	23	24	25	26	27	28	29	30
②	②	②	③	③	②	①	③	③	②
31	32	33	34	35	36	37	38	39	40
④	②	③	④	④	②	②	①	②	④
41	42	43	44	45	46	47	48	49	50
④	①	④	④	④	①	②	④	④	②
51	52	53	54	55	56	57	58	59	60
④	①	④	③	③	①	①	④	③	①

제빵기능사 모의고사 6회

01 불란서빵의 2차 발효실 습도로 가장 적합한 것은?

① 65~70%
② 75~80%
③ 80~85%
④ 85~90%

02 일반적으로 이스트 도넛의 가장 적당한 튀김 온도는?

① 100~115℃
② 150~165℃
③ 180~195℃
④ 230~245℃

03 다음 중 팬닝에 대한 설명으로 틀린 것은?

① 반죽의 이음매가 틀의 바닥으로 놓이게 한다.
② 철판의 온도를 60℃로 맞춘다.
③ 반죽은 적정 분할량을 넣는다.
④ 비용적의 단위는 cm³/g 이다.

04 액체 발효법(액종법)에 대한 설명으로 옳은 것은?

① 균일한 제품생산이 어렵다.
② 발효 손실에 따른 생산 손실을 줄일 수 있다.
③ 공간 확보와 설비비가 많이 든다.
④ 한 번에 많은 양을 발효시킬 수 없다.

05 다음 중 반죽 발효에 영향을 주지 않는 재료는?

① 쇼트닝
② 설탕
③ 이스트
④ 이스트 푸드

06 제빵시 성형(make-up)의 범위에 들어가지 않는 것은?

① 둥글리기
② 분할
③ 정형
④ 2차 발효

07 스펀지 도우법으로 반죽을 만들 때 스펀지 반죽 온도로 적정한 것은?

① 24℃
② 27℃
③ 26℃
④ 28℃

08 반죽의 신장성에 대한 저항을 측정하는 방법은?

① 믹소그래프
② 익스텐소그래프
③ 레오그래프
④ 패리노그래프

09 완제품 50g짜리 식빵 100개를 만들려고 한다. 발효 손실 2%, 굽기 손실 12%, 총배합률 180%일 때 이 반죽의 분할 당시 반죽 무게는?

① 4.68kg
② 5.68kg
③ 6.68kg
④ 7.68kg

10 믹싱의 효과로 거리가 먼 것은?

① 원료의 균일한 분산
② 반죽의 글루텐 형성
③ 이물질 제거
④ 반죽에 공기 혼입

11 제품을 생산하는 데 생산 원가 요소는?

① 재료비, 노무비, 경비
② 재료비, 용역비, 감가상각비
③ 판매비, 노동비, 월급
④ 광열비, 월급, 생산비

12 빵의 제품 평가에서 브레이크와 슈레드 부족 현상의 이유가 아닌 것은?

① 발효 시간이 짧거나 길었다.
② 21~35℃에서 보관한다.
③ 고율배합으로 한다.
④ 냉장고에서 보관한다.

13 빵의 노화를 지연시키는 경우가 아닌 것은?

① 저장 온도를 -18℃ 이하로 유지한다.

② 21~35℃에서 보관한다.

③ 고율배합으로 한다.

④ 냉장고에서 보관한다.

14 냉동 반죽 제품의 장점이 아닌 것은?

① 계획 생산이 가능하다.

② 인당 생산량이 증가한다.

③ 이스트의 사용량이 감소된다.

④ 반죽의 저장성이 향상된다.

15 식빵의 포장에 가장 적합한 온도는?

① 20~24℃   ② 25~29℃

③ 30~34℃   ④ 35~40℃

16 팽창제에 대한 설명 중 틀린 것은?

① 가스를 발생시키는 물질이다.

② 반죽을 부풀게 한다.

③ 제품에 부드러운 조직을 부여해준다.

④ 제품에 질긴 성질을 준다.

17 일반적으로 유화 쇼트닝은 모노-디-글리세리드가 얼마나 함유된 것이 좋은가?

① 1~3%   ② 4~5%

③ 6~9%   ④ 9~11%

18 글루텐을 형성하는 단백질은?

① 알부민, 글리아딘   ② 알부민, 글로불린

③ 글로테닌, 글리아딘   ④ 글루테닌, 글로불린

19 밀가루와 밀의 현탁액을 일정한 온도로 균일하게 상승시킬 때 일어나는 점도의 변화를 계속적으로 자동 기록하는 장치는?

① 아밀로그래프(Amylograph)

② 모세관 점도계(Capillary viscometer)

③ 피서 점도계(Fisher viscometer)

④ 브룩필드 점도계(Brookfield viscometer)

20 유당에 대한 설명으로 틀린 것은?

① 우유에 함유된 당으로 입상형, 분말형, 미분말형 등이 있다.

② 감미도는 설탕 100에 대하여 16 정도이다.

③ 환원당으로 아미노산의 존재 시 갈변 반응을 일으킨다.

④ 포도당이나 자당에 비하여 용해도가 높고 결정화가 느리다.

21 다음의 당류 중에서 상대적 감미도가 두 번째로 큰 것은?

① 과당   ② 설탕

③ 포도당   ④ 맥아당

22 초콜릿의 코코아와 코코아 버터 함량으로 옳은 것은?

① 코코아 3/8, 코코아 버터 5/8

② 코코아 2/8, 코코아 버터 6/8

③ 코코아 5/8, 코코아 버터 3/8

④ 코코아 4/8, 코코아 버터 4/8

23 달걀흰자의 약 13%를 차지하며 철과의 결합 능력이 강해서 미생물이 이용하지 못하는 항세균 물질은?

① 오브알부민(ovalbumin)

② 콘알부민(conalbumin)

③ 오보뮤코이드(ovomucoid)

④ 아비딘(avidin)

24 이스트에 대한 설명 중 옳지 않은 것은?

① 제빵용 이스트는 온도 20~25℃에서 발효력이 최대가 된다.
② 주로 출아법에 의해 증식한다.
③ 생이스트의 수분 함유율은 70~75%이다.
④ 엽록소가 없는 단세포 생물이다.

25 감미만을 고려할 때 설탕 100g을 포도당으로 대치한다면 약 얼마를 사용하는 것이 좋은가?

① 75g
② 100g
③ 130g
④ 170g

26 빵 제조 시 설탕의 사용 효과와 거리가 가장 먼 것은?

① 효모의 영양원
② 빵의 노화 지연
③ 글루텐 강화
④ 빵의 색택 부여

27 제빵에 적합한 물의 경도는?

① 0~60ppm
② 60~120ppm
③ 120~180ppm
④ 180ppm 이상

28 전분의 종류에 다른 중요한 물리적 성질과 가장 거리가 먼 것은?

① 냄새
② 호화 온도
③ 팽윤
④ 반죽의 정도

29 생크림 보존 온도로 가장 적합한 것은?

① -18℃ 이하
② -5~-1℃
③ 0~10℃
④ 15~18℃

30 우유 중에 함유되어 있는 유당의 평균 함량은?

① 0.8%
② 4.8%
③ 10.8%
④ 15.8%

31 다당류에 속하지 않는 것은?

① 섬유소
② 전분
③ 글리코겐
④ 맥아당

32 생리 기능의 조절 작용을 하는 영양소는?

① 탄수화물, 지방질
② 탄수화물, 단백질
③ 지방질, 단백질
④ 무기질, 비타민

33 다음 중 단일 불포화 지방산은?

① 올레산
② 팔미트산
③ 리놀렌산
④ 아라키돈산

34 하루 2400kcal를 섭취하는 사람의 이상적인 탄수화물의 섭취량은 약 얼마인가?

① 140~150g
② 200~230g
③ 260~320g
④ 330~420g

35 다음 중 단백질의 소화 효소가 아닌 것은?

① 리파아제(lipase)
② 카이모트립신(chymotrypsin)
③ 아미노펩티다아제(amino peptidase)
④ 펩신(pepsin)

36 식품 첨가물 사용 시 유의할 사항 중 잘못된 것은?

① 사용 대상 식품의 종류를 잘 파악한다.
② 첨가물의 종류에 따라 사용량을 지킨다.
③ 첨가물의 종류에 따라 사용 조건은 제한하지 않는다.
④ 보존 방법이 명시된 것은 보존 기준을 지킨다.

37 살균이 불충분한 육류 통조림으로 인해 식중독이 발생했을 경우, 가장 관련이 깊은 식중독균은?

① 살모넬라균
② 시겔라균
③ 황색포도상구균
④ 보툴리누스균

38 인수 공통 전염병에 대한 설명으로 틀린 것은?

① 인간과 척추동물 사이에 전파되는 질병이다.

② 인간과 척추동물이 같은 병원체에 의하여 발생되는 전염병이다.

③ 바이러스성 질병으로 발진열, Q열 등이 있다.

④ 세균성 질병으로 탄저, 브루셀라증, 살모넬라증 등이 있다.

39 인수 공통 전염병으로만 짝지어진 것은?

① 폴리오, 장티푸스　② 탄저, 리스테리아증

③ 결핵, 유행성 간염　④ 홍역, 브루셀라증

40 다음 중 부패세균이 아닌 것은?

① 어위니아균(Erwinia)

② 슈도모나스균(Pseudomonas)

③ 고초균(Bacillus subtilis)

④ 티포이드균(Sallmonella typhi)

41 사람과 동물이 같은 병원체에 의하여 발생되는 전염병과 거리가 먼 것은?

① 탄저병　　　　　② 결핵

③ 동양모양선충　　④ 브루셀라증

42 부패에 영향을 미치는 요인에 대한 설명으로 맞는 것은?

① 중온균의 발육 적온은 46~60℃

② 효모의 생육 최적 pH는 10 이상

③ 결합 수의 함량이 많을수록 부패가 촉진

④ 식품 성분의 조직 상태 및 식품의 저장 환경

43 빵을 제조하는 과정에서 반죽 후 분할기로부터 분할할 때나 구울 때 달라붙지 않게 할 목적으로 허용되어 있는 첨가물은?

① 글리세린　　　　② 프로필렌 글리콜

③ 초산 비닐수지　　④ 유동 파라핀

44 복어의 독소 성분은?

① 엔테로톡신(enterotoxin)

② 테트로도톡신(tetrodotoxin)

③ 무스카린(muscarine)

④ 솔라닌(solanine)

45 다음 중 독소형 세균성 식중독의 원인균은?

① 황색포도상구균　　　② 살모넬라균

③ 장염비브리오균　　　④ 대장균

46 쿠키에 사용하는 재료로 퍼짐에 중요한 영향을 주는 당류는?

① 분당　　　　　② 설탕

③ 포도당　　　　④ 물엿

47 아이싱에 사용하여 수분을 흡수하므로, 아이싱이 젖거나 묻어나는 것을 방지하는 흡수제로 적당하지 않은 것은?

① 밀 전분　　　　② 옥수수 전분

③ 설탕　　　　　④ 타피오카 전분

48 케이크 굽기 시의 캐러멜화 반응은 어느 성분의 변화로 일어나는가?

① 당류　　　　　② 단백질

③ 지방　　　　　④ 비타민

49 케이크 제조 시 제품의 부피가 크게 팽창했다가 가라앉는 원인이 아닌 것은?

① 물 사용량의 증가   ② 밀가루 사용의 부족

③ 분유 사용량의 증가   ④ 베이킹파우더 증가

50 생산 공장 시설의 효율적 배치에 대한 설명 중 적합하지 않은 것은?

① 작업용 바닥 면적은 그 장소를 이용하는 사람들의 수에 따라 달라진다.

② 판매 장소와 공장의 면적 배분(판매 3 : 공장 1)의 비율로 구성되는 것이 바람직하다.

③ 공장의 소요 면적은 주방 설비의 설치 면적과 기술자의 작업을 위한 공간 면적으로 이루어진다.

④ 공장의 모든 업무가 효과적으로 진행되기 위한 기본은 주방의 위치와 규모에 대한 설계이다.

51 파운드 케이크 제조 시 이중팬을 사용하는 목적이 아닌 것은?

① 제품 바닥의 두꺼운 껍질 형성을 방지하기 위하여

② 제품 옆면의 두꺼운 껍질 형성을 방지하기 위하여

③ 제품의 조직과 맛을 좋게 하기 위하여

④ 오븐에서의 열전도 효율을 높이기 위하여

52 판 젤라틴을 전처리하기 위한 물의 온도로 알맞은 것은?

① 10~20℃   ② 30~40℃

③ 60~70℃   ④ 80~90℃

53 아이싱이나 토핑에 사용하는 재료의 설명으로 틀린 것은?

① 중성 쇼트닝은 첨가하는 재료에 따라 향과 맛을 살릴 수 있다.

② 분당은 아이싱 제조 시 끓이지 않고 사용할 수 있는 장점이 있다.

③ 생우유는 우유의 향을 살릴 수 있어 바람직하다.

④ 안정제는 수분을 흡수하여 끈적거림을 방지한다.

54 퍼프 페이스트리 반죽의 휴지 효과에 대한 설명으로 틀린 것은?

① 글루텐을 재정돈시킨다.

② 밀어 펴기가 용이해진다.

③ CO_2 가스를 최대한 발생시킨다.

④ 절단 시 수축을 방지한다.

55 다음 제품의 반죽 중에서 비중이 가장 낮은 것은?

① 레이어 케이크   ② 파운드 케이크

③ 데블스 푸드 케이크   ④ 스펀지 케이크

56 밀가루와 유지를 믹싱한 후 다른 건조 재료와 액체 재료 일부를 투입하여 믹싱하는 것으로, 유연감을 우선으로 하는 제품에 많이 사용하는 믹싱법은?

① 크림법   ② 블렌딩법

③ 설탕/물법   ④ 1단계법

57 파이나 퍼프 페이스트리는 무엇에 의하여 팽창되는가?

① 화학적인 팽창   ② 중조에 의한 팽창

③ 유지에 의한 팽창   ④ 이스트에 의한 팽창

58 파이 반죽을 냉장고에 넣어 휴지시키는 이유가 아닌 것은?

① 밀가루의 수분 흡수를 함
② 유지를 적당하게 굳힘
③ 퍼짐을 좋게 함
④ 끈적거림을 방지함

59 설탕공예용 당액 제조 시 설탕의 재결정을 막기 위해 첨가하는 재료는?

① 중조　　　　　② 주석산
③ 포도당　　　　④ 베이킹파우더

60 화이트 레이어 케이크에서 설탕 130%, 유화 쇼트닝 60%를 사용한 경우 달걀흰자 사용량은?

① 약 60%　　　　② 약 66%
③ 약 78%　　　　④ 약 86%

1	2	3	4	5	6	7	8	9	10
②	③	②	②	①	④	①	②	②	③
11	12	13	14	15	16	17	18	19	20
①	④	④	③	④	④	③	③	①	④
21	22	23	24	25	26	27	28	29	30
②	③	②	①	③	③	③	①	③	②
31	32	33	34	35	36	37	38	39	40
④	④	①	④	①	③	④	③	②	④
41	42	43	44	45	46	47	48	49	50
③	④	④	②	①	②	③	①	③	②
51	52	53	54	55	56	57	58	59	60
④	①	③	③	④	②	③	③	②	④

제빵기능사 모의고사 7회

01 10Kg의 베이킹파우더에 28%의 전분이 들어 있고 중화가가 80이라면 중조의 함량은?

① 3.2kg ② 4.0kg

③ 4.8kg ④ 7.2kg

02 과자 반죽의 믹싱 완료 정도를 파악할 때 사용되는 항목으로 적합하지 않은 것은?

① 반죽의 비중 ② 글루텐의 발전 정도

③ 반죽의 점도 ④ 반죽의 색

03 다음 중 케이크 도넛의 튀김 온도로 가장 적합한 것은?

① 140~160℃ ② 180~190℃

③ 217~227℃ ④ 230℃ 이상

04 밀가루 100%, 달걀 166%, 설탕 166%, 소금 2%인 배합율은 어떤 케이크 제조에 적당한가?

① 파운드 케이크 ② 옐로 레이어 케이크

③ 스펀지 케이크 ④ 엔젤 푸드 케이크

05 거품형 케이크는?

① 파운드 케이크 ② 스펀지 케이크

③ 데블스 푸드 케이크 ④ 초콜릿 케이크

06 과일 파이의 충전물이 끓어넘치는 이유가 아닌 것은?

① 충전물의 온도가 낮다.

② 껍질에 구멍을 뚫지 않았다.

③ 충전물에 설탕의 양이 너무 많다.

④ 오븐 온도가 낮다.

07 도넛에 기름이 많이 흡수되는 이유에 대한 설명으로 틀린 것은?

① 믹싱이 부족하다.

② 반죽에 수분이 많다.

③ 배합에 설탕과 팽창제가 많다.

④ 튀김 온도가 높다.

08 다음 중 버터 크림 당액 제조 시 설탕에 대한 물 사용량으로 알맞은 것은?

① 25% ② 80%

③ 100% ④ 125%

09 다음 제품 중 이형제로 팬에 물을 분무하여 사용하는 제품은?

① 슈 ② 시폰 케이크

③ 오렌지 케이크 ④ 마블 파운드 케이크

10 제품의 팽창 형태가 화학적 팽창에 해당하지 않는 것은?

① 와플 ② 팬케이크

③ 비스킷 ④ 잉글리시 머핀

11 제과공장 설계 시 환경에 대한 조건으로 알맞지 않은 것은?

① 바다 가까운 곳에 위치하여야 한다.

② 환경 및 주위가 깨끗한 곳이어야 한다.

③ 양질의 물을 충분히 얻을 수 있어야 한다.

④ 폐수 및 폐기물 처리에 편리한 곳이어야 한다.

12 열원으로 찜(수증기)을 이용했을 때의 주 열전달 방식은?

① 대류   ② 전도

③ 초음파   ④ 복사

13 거품형 케이크를 만들 때 녹인 버터는 언제 넣어야 하는가?

① 처음부터 다른 재료와 함께 넣는다.

② 밀가루와 섞어 넣는다.

③ 설탕과 섞어 넣는다.

④ 반죽의 최종 단계에 넣는다.

14 포장된 케이크류에서 변패의 가장 중요한 원인은?

① 흡습   ② 고온

③ 저장 기간   ④ 작업자

15 다음 중 파이롤러를 사용하지 않는 제품은?

① 데니시 페이스트리   ② 케이크 도넛

③ 퍼프 페이스트리   ④ 롤 케이크

16 일반적으로 식빵에 사용되는 설탕은 스트레이트법에서 몇 % 정도일 때 이스트 작용을 지연시키는가?

① 1%   ② 2%

③ 4%   ④ 7%

17 600g짜리 빵 10개를 만들려 할 때 발효 손실 2%, 굽기 및 냉각 손실이 12%이면 반죽해야 할 반죽의 총 무게는 약 얼마인가?

① 6.17kg   ② 6.24kg

③ 6.96kg   ④ 7.36kg

18 냉동 제품의 해동 및 재가열 목적으로 주로 사용하는 오븐은?

① 적외선 오븐   ② 릴 오븐

③ 데크 오븐   ④ 대류식 오븐

19 반죽의 온도가 25℃일 때 반죽의 흡수율이 61%인 조건에서 반죽의 온도를 30℃로 조정하면 흡수율은 얼마가 되는가?

① 55%   ② 58%

③ 62%   ④ 65%

20 2차 발효 시 3가지 기본적 요소가 아닌 것은?

① 온도   ② pH

③ 습도   ④ 시간

21 건포도 식빵을 구울 때 건포도에 함유된 당의 영향을 고려하여 주의할 점은?

① 윗불을 약간 약하게 한다.

② 굽는 시간을 늘린다.

③ 굽는 시간을 줄인다.

④ 오븐 온도를 높게 한다.

22 1차 발효실의 상대 습도는 몇 %로 유지하는 것이 좋은가?

① 55~65%   ② 65~75%

③ 75~85%   ④ 85~95%

23 노화에 대한 설명으로 틀린 것은?

① α화 전분이 β화 전분으로 변하는 것

② 빵의 속이 딱딱해지는 것

③ 수분이 감소하는 것

④ 빵의 내부에 곰팡이가 피는 것

24 저율배합의 특징으로 옳은 것은?

① 저장성이 짧다.

② 제품이 부드럽다.

③ 저온에서 굽기를 한다.

④ 대표적인 제품으로 브리오슈가 있다.

25 빵 제품의 제조 공정에 대한 설명으로 올바르지 않은 것은?

① 반죽은 무게 또는 부피에 의하여 분할한다.

② 둥글리기에서 과다한 덧가루를 사용하면 제품에 줄무늬가 생성된다.

③ 중간 발효 시간은 보통 10~20분이며, 27~29℃에서 실시한다.

④ 성형은 반죽을 일정한 형태로 만드는 1단계 공정으로 이루어져 있다.

26 빵이 팽창하는 원인이 아닌 것은?

① 이스트에 의한 발효 활동 생성물에 의한 팽창

② 효소와 설탕, 소금에 의한 팽창

③ 탄산가스, 알코올, 수증기에 의한 팽창

④ 글루텐의 공기 포집에 의한 팽창

27 산형 식빵의 비용적으로 가장 적합한 것은?

① 1.5~1.8　　　② 1.7~2.6

③ 3.2~3.5　　　④ 4.0~4.5

28 냉동 반죽법에서 믹싱 후 1차 발효 시간으로 가장 적합한 것은?

① 0~20분　　　② 50~60분

③ 80~90분　　　④ 110 ~120분

29 냉각 손실에 대한 설명 중 틀린 것은?

① 식히는 동안 수분 증발로 무게가 감소한다.

② 여름철보다 겨울철이 냉각 손실이 크다.

③ 상대 습도가 높으면 냉각 손실이 적다.

④ 냉각 손실은 5% 정도가 적당하다.

30 기업 경영의 3요소(3M)가 아닌 것은?

① 사람(Man)　　　② 자본(Money)

③ 재료(Material)　　　④ 방법(Method)

31 설탕의 전체 고형질을 100%로 볼 때 포도당과 물엿의 고형질 함량은?

① 포도당은 91%, 물엿은 80%

② 포도당은 80%, 물엿은 20%

③ 포도당은 80%, 물엿은 50%

④ 포도당은 80%, 물엿은 5%

32 달걀이 오래되면 어떠한 현상이 나타나는가?

① 비중이 무거워진다.

② 점도가 감소한다.

③ pH가 떨어져 산패된다.

④ 기실이 없어진다.

33 다음 중 pH가 중성인 것은?

① 식초　　　② 수산화나트륨 용액

③ 중조　　　④ 증류수

34 10% 이상의 단백질 함량을 가진 밀가루로 케이크를 만들었을 때 나타나는 결과가 아닌 것은?

① 제품이 수축되면서 딱딱하다.

② 형태가 나쁘다.

③ 제품의 부피가 크다.

④ 제품이 질기며 속결이 좋지 않다.

35 다음 중 코팅용 초콜릿이 갖추어야 하는 성질은?

① 융점이 항상 낮은 것

② 융점이 항상 높은 것

③ 융점이 겨울에는 높고, 여름에는 낮은 것

④ 융점이 겨울에는 낮고, 여름에는 높은 것

36 글루텐을 형성하는 단백질 중 수용성 단백질은?

① 글리아딘 　　② 글루테닌

③ 메소닌 　　　④ 글로불린

37 다음 중 우유 단백질이 아닌 것은?

① 카제인(casein)

② 락토알부민(lactalbumin)

③ 락토글로불린(lactoglobulin)

④ 락토오스(lactose)

38 다음 당류 중 일반적인 제빵용 이스트에 의하여 분해되지 않는 것은?

① 설탕 　　　　② 맥아당

③ 과당 　　　　④ 유당

39 50g의 밀가루에서 15g의 젖은 글루텐을 재취했다면 이 밀가루의 건조 글루텐 함량은?

① 10% 　　　　② 20%

③ 30% 　　　　④ 40%

40 강력분의 특징과 거리가 먼 것은?

① 초자질이 많은 경질소맥으로 제분한다.

② 제분율을 높여 고급 밀가루를 만든다.

③ 상대적으로 단백질 함량이 높다.

④ 믹싱과 발효 내구성이 크다.

41 기본적인 유화 쇼트닝은 모노-디-글리세리드 역가를 기준으로 유지에 대하여 얼마를 첨가하는 것이 가장 적당한가?

① 1~2% 　　　　② 3~4%

③ 6~8% 　　　　④ 10~12%

42 물에 대한 설명으로 틀린 것은?

① 물은 경도에 따라 크게 연수와 경수로 나뉜다.

② 경수는 물 100mL 중 칼슘, 마그네슘 등의 염이 10~20mg 정도 함유된 것이다.

③ 연수는 물 100mL 중 칼슘, 마그네슘 등의 염이 10mg 이하 함유된 것이다.

④ 일시적인 경수란 물을 끓이면 물속의 물기물이 불용성 탄산염으로 침전되는 것이다.

43 술에 대한 설명으로 틀린 것은?

① 제과·제빵에서 술을 사용하면 바람직하지 못한 냄새를 없앨 수 없다.

② 양조주란 곡물이나 과실을 원료로 하여 효모를 발효시킨 것이다.

③ 증류주란 발효시킨 양조주를 증류한 것이다.

④ 혼성주란 증류주를 기본으로 정제당을 넣고 과실 등의 추출물로 향미를 낸 것으로 대부분 알코올 농도가 낮다.

44 식물성 안정제가 아닌 것은?

① 젤라틴 　　　　② 한천

③ 로커스트빈검 　④ 펙틴

45 반죽의 물리적 성질을 시험하는 기기가 아닌 것은?

① 패리노그래프(Farinograph)

② 수분 활성도 측정기(Water activity analyzer)

③ 익스텐소그래프(Extensograph)

④ 폴링 넘버(Falling number)

46 노인의 경우 필수 지방산의 흡수를 위하여 다음 중 어떤 종류의 기름을 섭취하는 것이 좋은가?

① 콩기름　　　　　② 닭기름

③ 돼지기름　　　　④ 쇠기름

47 1일 2000kcal를 섭취하는 성인의 경우 탄수화물의 적절한 섭취량은?

① 1100~1400g　　② 850~1050g

③ 500~725g　　　④ 275~350g

48 '태양광선 비타민'이라고도 불리며 자외선에 의해 체내에서 합성되는 비타민은?

① 비타민 A　　　② 비타민 B

③ 비타민 C　　　④ 비타민 D

49 지질의 대사산물이 아닌 것은?

① 물　　　　　② 수소

③ 이산화탄소　④ 에너지

50 각 식품별 부족한 영양소의 연결이 틀린 것은?

① 콩류 - 트레오닌　　② 곡류 - 리신

③ 채소류 - 메티오닌　④ 옥수수 - 트립토판

51 소독제로 가장 많이 사용되는 알코올의 농도는?

① 30%　　　　② 50%

③ 70%　　　　④ 100%

52 곰팡이의 대사생산물이 사람이나 동물에 어떤 질병이나 이상한 생리 작용을 유발하는 것은?

① 만성 전염병　　② 급성 전염병

③ 화학적 식중독　④ 진균독 식중독

53 식품 첨가물에 대한 설명 중 틀린 것은?

① 성분 규격은 위생적인 품질을 확보하기 위한 것이다.

② 모든 품목은 사용 대상 식품의 종류 및 사용량에 제한을 받지 않는다.

③ 조금씩 사용하더라도 장기간 섭취할 경우 인체에 유해할 수도 있으므로 사용에 유의한다.

④ 용도에 따라 보존료, 산화방지제 등이 있다.

54 기구, 용기 또는 포장 제조에 함유될 수 있는 유해 금속과 거리가 먼 것은?

① 납　　　　　② 카드뮴

③ 칼슘　　　　④ 비소

55 균체의 독소 중 뉴로톡신(neurotoxin)을 생산하는 식중독 균은?

① 포도상구균

② 클로스트리듐 보툴리늄균

③ 장염비브리오균

④ 병원성대장균

56 식품 첨가물에 관한 설명 중 틀린 것은?

① 식품의 조리 가공에 있어 상품적, 영양적, 위생적 가치를 향상시킬 목적으로 사용한다.

② 식품에 의도적으로 미량 첨가되는 물질이다.

③ 자연의 동식물에서 추출된 천연 식품 첨가물은 식품의약품안전청장의 허가 없이도 사용이 가능하다.

④ 식품에 첨가, 혼합, 침윤, 기타의 방법에 의해 사용되어진다.

57 부패를 판정하는 방법으로 사람에 의한 관능검사를 실시할 때 검사하는 항목이 아닌 것은?

① 색　　　　　② 맛

③ 냄새　　　　④ 균수

58 경구 전염병 중 바이러스에 의해 전염되어 발병되는 것은?

① 성홍열　　　　② 장티푸스
③ 홍역　　　　　④ 아메바성 이질

59 경구 전염병의 예방 대책으로 잘못된 것은?

① 환자 및 보균자의 발견과 격리
② 음료수의 위생 유지
③ 식품 취급자의 개인위생 관리
④ 숙주 감수성 유지

60 급성 전염병을 일으키는 병원체로 포자는 내열성이 강하며 생물학전이나 생물 테러에 사용될 수 있는 위험성이 높은 병원체는?

① 브루셀라균　　② 탄저균
③ 결핵균　　　　④ 리스테리아균

1	2	3	4	5	6	7	8	9	10
①	②	②	③	②	①	④	①	②	④
11	12	13	14	15	16	17	18	19	20
①	①	④	①	④	④	③	①	②	②
21	22	23	24	25	26	27	28	29	30
①	③	④	①	④	②	③	①	④	④
31	32	33	34	35	36	37	38	39	40
①	②	④	③	④	④	④	④	①	②
41	42	43	44	45	46	47	48	49	50
③	②	④	①	②	①	④	④	②	①
51	52	53	54	55	56	57	58	59	60
③	④	②	③	②	③	④	③	④	②

제빵기능사 모의고사 8회

01 케이크 반죽의 팬닝에 대한 설명으로 틀린 것은?

① 케이크의 종류에 따라 반죽량을 다르게 팬닝한다.

② 새로운 팬은 비용적을 구하여 팬닝한다.

③ 팬용적을 구하기 힘든 경우는 유채씨를 사용하여 측정할 수 있다.

④ 비중이 무거운 반죽은 분할량을 작게 한다.

02 푸딩 제조 공정에 관한 설명으로 틀린 것은?

① 모든 재료를 섞어서 체에 거른다.

② 푸딩 컵에 반죽을 부어 중탕으로 굽는다.

③ 우유와 설탕을 섞어 설탕이 캐러멜화될 때까지 끓인다.

④ 다른 그릇에 달걀, 소금 및 나머지 설탕을 넣고 혼합한 후 우유를 섞는다.

03 무스 크림을 만들 때 가장 많이 이용되는 머랭의 종류는?

① 이탈리안 머랭　　② 스위스 머랭

③ 온제 머랭　　④ 냉제 머랭

04 고율배합에 대한 설명으로 틀린 것은?

① 믹싱 중 공기 혼입이 많다.

② 설탕 사용량이 밀가루 사용량보다 많다.

② 화학 팽창제를 많이 쓴다.

④ 촉촉한 상태를 오랫동안 유지시켜 신선도를 높이고 부드러움이 지속되는 특징이 있다.

05 케이크 반죽의 pH가 적정 범위를 벗어나 알칼리일 경우 제품에서 나타나는 현상은?

① 부피가 작다.　　② 향이 약하다.

② 껍질색이 여리다.　　④ 기공이 거칠다.

06 언더 베이킹에 대한 설명 중 틀린 것은?

① 제품의 윗부분이 올라간다.

② 제품의 중앙부분이 터지기 쉽다.

③ 케이크 속이 익지 않을 경우도 있다.

④ 제품의 윗부분이 평평하다.

07 다음 제품 중 정형하여 팬닝할 경우 제품의 간격을 가장 충분히 유지하여야 하는 제품은?

① 슈　　② 오믈렛

③ 사과 파이　　④ 쇼트 브레드 쿠키

08 다음 중 화학적 팽창 제품이 아닌 것은?

① 과일 케이크　　② 팬 케이크

③ 파운드 케이크　　④ 시폰 케이크

09 도넛의 흡유량이 높았을 때 그 원인은?

① 고율배합 제품이다.　　② 튀김 시간이 짧다.

③ 튀김 온도가 높다.　　④ 휴지 시간이 짧다.

10 아이싱에 많이 쓰이는 퐁당을 만들 때 끓이는 온도로 가장 적당한 것은?

① 106~110℃　　② 114~118℃

③ 120~124℃　　④ 130~134℃

11 다음 제품 중 냉과류에 속하는 제품은?

① 무스 케이크　　② 젤리 롤 케이크

③ 양갱　　④ 시폰 케이크

12 다음 기계 설비 중 대량 생산 업체에서 주로 사용하는 설비로 가장 알맞은 것은?

① 터널 오븐
② 데크 오븐
③ 전자레인지
④ 생크림용 탁상 믹서

13 스펀지 케이크를 부풀리는 주요 방법은?

① 달걀의 기포성에 의한 방법
② 이스트에 의한 방법
③ 화학 팽창제에 의한 방법
④ 수증기 팽창에 의한 방법

14 데블스 푸드 케이크 제조 시 반죽의 비중을 측정하기 위해 필요한 무게가 아닌 것은?

① 비중 컵의 무게
② 코코아를 담은 비중 컵의 무게
③ 물을 담은 비중 컵의 무게
④ 반죽을 담은 비중 컵의 무게

15 다음 중 쿠키의 퍼짐성이 작은 이유가 아닌 것은?

① 믹싱이 지나침
② 높은 온도의 오븐
③ 너무 진 반죽
④ 너무 고운 입자의 설탕 사용

16 1차 발효 시 발효실의 평균 온도와 습도는?

① 27~30℃, 75~80%
② 30~35℃, 65~95%
③ 35~38℃, 75~90%
④ 40~45℃, 80~95%

17 냉동 반죽 법에서 1차 발효 시간이 길어질 경우 일어나는 현상은?

① 냉동 저장성이 짧아진다.
② 제품의 부피가 커진다.
③ 이스트의 손상이 작아진다.
④ 반죽 온도가 낮아진다.

18 팬 기름칠을 다른 제품보다 더 많이 하는 제품은?

① 베이글
② 바게트
③ 단팥빵
④ 건포도 식빵

19 냉동 반죽의 가스 보유력 저하 요인이 아닌 것은?

① 냉동 반죽의 빙결정
② 해동 시 탄산가스 확산에 기포 수의 감소
③ 냉동 시 탄산가스 용해도 증가에 의한 기포 수의 감소
④ 냉동과 해동 및 냉동 저장에 따른 냉동 반죽 물성의 강화

20 발효에 영향을 주는 요소로 볼 수 없는 것은?

① 이스트의 양
② 쇼트닝의 양
③ 온도
④ pH

21 다음 중 표준 스트레이트법에서 믹싱 후 반죽 온도로 가장 적합한 것은?

① 21℃
② 27℃
③ 33℃
④ 39℃

22 식빵의 굽기 전 2차 발효 온습도로 가장 적합한 것은?

① 25~30℃, 60~65%
② 30~35℃, 65~95%
③ 35~38℃, 75~90%
④ 40~45℃, 80~95%

23 굽기를 할 때 일어나는 반죽의 변화가 아닌 것은?

① 오븐 팽창
② 단백질 열변성
③ 전분의 호화
④ 전분의 노화

24 소규모 제과점용으로 가장 많이 사용되며 반죽을 넣는 입구와 제품을 꺼내는 출구가 같은 오븐은?

① 컨벡션 오븐
② 터널 오븐
③ 릴 오븐
④ 데크 오븐

25 베이커스 퍼센트(baker's percent)에 대한 설명으로 맞는 것은?

① 전체 재료의 양을 100%로 하는 것이다.

② 물의 양을 100%로 하는 것이다.

③ 밀가루의 양을 100%로 하는 것이다.

④ 물과 밀가루의 양의 합을 100%로 하는 것이다.

26 식빵의 표피에 작은 물방울이 생기는 원인과 거리가 먼 것은?

① 수분 과다 보유

② 발효 부족(under proofing)

③ 오븐의 윗불 온도가 높음

④ 지나친 믹싱

27 원가의 구성에서 직접 원가에 해당되지 않는 것은?

① 직접 재료비　　　② 직접 노무비

③ 직접 경비　　　　④ 직접 판매비

28 반죽의 혼합 과정 중 유지를 첨가하는 방법으로 옳은 것은?

① 밀가루 및 기타 재료와 함께 계량하여 혼합하기 전에 첨가한다.

② 반죽이 수화되어 덩어리를 형성하는 클린업 단계에서 첨가한다.

③ 반죽의 글루텐 형성 중간 단계에서 첨가한다.

④ 반죽의 글루텐 형성 최종 단계에서 첨가한다.

29 빵 제품에서 볼 수 있는 노화 현상이 아닌 것은?

① 맛과 향의 증진　　② 조직의 경화

③ 전분의 결정화　　　④ 소화율의 저하

30 분할기에 의한 기계식 분할 시 분할의 기준이 되는 것은?

① 무게　　　　　　② 모양

③ 배합율　　　　　④ 부피

31 탈지분유를 빵에 넣으면 발효 시 pH 변화에 어떤 영향을 미치는가?

① pH 저하를 촉진시킨다.

② pH 상승을 촉진시킨다.

③ pH 변화에 대한 완충 역할을 한다.

④ pH가 중성을 유지하게 된다.

32 일반 식염을 구성하는 대표적인 원소는?

① 나트륨, 염소　　　② 칼슘, 탄소

③ 마그네슘, 염소　　④ 칼륨, 탄소

33 제빵에서 밀가루, 이스트, 물과 함께 기본적인 필수 재료는?

① 분유　　　　　　② 유지

③ 소금　　　　　　④ 설탕

34 패리노그래프(farinograph)의 기능이 아닌 것은?

① 산화제 첨가 필요한 측정

② 밀가루의 흡수율 측정

③ 믹싱 시간 측정

④ 믹싱 내구성 측정

35 일시적 경수에 대하여 바르게 설명한 것은?

① 탄산염에 기인한다.

② 모든 염이 황산염의 형태로만 존재한다.

③ 끓여도 제거되지 않는다.

④ 연수로 변화시킬 수 없다.

36 베이킹파우더의 일반적인 구성 물질이 아닌 것은?

① 탄산수소나트륨　　② 전분

③ 주석산 크림　　　　④ 암모늄

37 다음 중 동물성 단백질은?

① 덱스트린 ② 아밀로오스

③ 글루텐 ④ 젤라틴

38 자당을 인버타아제로 가수분해하여 10.52%의 전화당을 얻었다면 포도당과 과당의 비율은?

① 포도당 5.26%, 과당 5.26%

② 포도당 7.0%, 과당 3.52%

③ 포도당 3.52%, 과당 7.0%

④ 포도당 2.63%, 과당 7.89%

39 제과·제빵에서 유지의 기능이 아닌 것은?

① 흡수율 증가 ② 연화 작용

③ 공기포집 ④ 보존성 향상

40 제빵용 밀가루에 함유된 손상전분 함량은 얼마 정도가 적합한가?

① 0% ② 6%

③ 10% ④ 11%

41 코코아에 대한 설명 중 옳은 것은?

① 초콜릿 리쿠어(chocolate liquor)를 압착 건조한 것이다.

② 코코아 버터(cocoa butter)를 만들고 남은 박(press cake)을 분쇄한 것이다.

③ 카카오 니브스(cacao nibs)를 건조한 것이다.

④ 비터 초콜릿(bitter chocolate)을 건조, 분쇄한 것이다.

42 건조 글루텐에 가장 많이 들어있는 성분은?

① 단백질 ② 전분

③ 지방 ④ 회분

43 퐁당 크림을 부드럽게 하고 수분 보유력을 높이기 위해 일반적으로 첨가하는 것은?

① 한천, 젤라틴 ② 물, 레몬

③ 소금, 크림 ④ 물엿, 전화당 시럽

44 캐러멜화를 일으키는 것은?

① 비타민 ② 지방

③ 단백질 ④ 당류

45 달걀흰자에 소금을 넣었을 때 기포성에 미치는 영향은?

① 거품 표면의 변성을 방지한다.

② 거품 표면의 변성을 촉진시킨다.

③ 거품이 모두 제거된다.

④ 거품의 부피 및 양이 많이 증가한다.

46 건조된 아몬드 100g에 탄수화물 16g, 단백질 18g, 지방 54g, 무기질 3g, 수분 6g, 기타 성분 등을 함유하고 있다면 이 아몬드 100g의 열량은?

① 약 200kcal ② 약 364kcal

③ 약 622kcal ④ 약 751kcal

47 다음 중 2가지 식품을 섞어서 음식을 만들 때 단백질의 상호 보조 효력이 가장 큰 것은?

① 밀가루와 현미가루 ② 쌀과 보리

③ 시리얼과 우유 ④ 밀가루와 건포도

48 글리세롤 1분자에 지방산, 인산, 콜린이 결합한 지질은?

① 레시틴 ② 에르고스테롤

③ 콜레스테롤 ④ 세파

49 산과 알칼리 및 열에서 비교적 안정하고 칼슘의 흡수를 도우며 골격 발육과 관계 깊은 비타민은?

① 비타민 A ② 비타민 B1

③ 비타민 D ④ 비타민 E

50 혈당의 저하와 가장 관계가 깊은 것은?

① 인슐린   ② 리파아제

③ 프로테아제   ④ 펩신

51 식품 첨가물 중 보존료의 조건이 아닌 것은?

① 변패를 일으키는 각종 미생물의 증식을 억제할 것

② 무미, 무취하고 자극성이 없을 것

③ 식품의 성분과 반응을 잘하여 성분을 변화시킬 것

④ 장기간 효력을 나타낼 것

52 냉장의 목적과 가장 관계가 먼 것은?

① 식품의 보존 기간 연장   ② 미생물의 멸균

③ 세균의 증식 억제   ④ 식품의 자기 호흡 지연

53 일반적으로 화농성 질환 또는 식중독의 원인이 되는 병원성 포도상구균은?

① 백색포도상구균   ② 적색포도상구균

③ 황색포도상구균   ④ 표피포도상구균

54 대장균 O-157이 내는 독성물질은?

① 베로톡신   ② 테트로도톡신

③ 삭시톡신   ④ 베네루핀

55 탄저, 브루셀라증과 같이 사람과 가축의 양쪽에 이환되는 전염병은?

① 법정 전염병   ② 경구 전염병

③ 인수 공통 전염병   ④ 급성 전염병

56 기생충과 숙주와의 연결이 틀린 것은?

① 유구조충(갈고리촌충) - 돼지

② 아니사키스 - 해산어류

③ 간흡충 - 소

④ 폐디스토마 - 다슬기

57 팽창제에 대한 설명으로 틀린 것은?

① 반죽 중에서 가스가 발생하여 제품에 독특한 다공성의 세포 구조를 부여한다.

② 식품 첨가물 공전 상 팽창제로 암모늄명반이 지정되어 있다.

③ 화학적 팽창제는 가열에 의해서 발생되는 유리탄산가스나 암모니아가스만으로 팽창하는 것은 아니다.

④ 천연 팽창제로는 효모가 대표적이다.

58 세균성 식중독의 일반적인 특성으로 틀린 것은?

① 1차 감염만 된다.

② 많은 양의 균 또는 독소에 의해 발생한다.

③ 소화기계 전염병보다 잠복기가 짧다.

④ 발병 후 면역이 획득된다.

59 유지의 산패 요인과 거리가 먼 것은?

① 광선   ② 수분

③ 금속   ④ 질소

60 세균이 분비한 독소에 의해 감염을 일으키는 것은?

① 감염형 세균성 식중독   ② 독소형 세균성 식중독

③ 화학성 식중독   ④ 진균독 식중독

1	2	3	4	5	6	7	8	9	10
④	③	①	③	④	④	①	④	①	②
11	12	13	14	15	16	17	18	19	20
①	①	①	②	③	①	①	④	④	②
21	22	23	24	25	26	27	28	29	30
②	③	④	④	③	④	④	②	①	④
31	32	33	34	35	36	37	38	39	40
③	①	③	①	①	④	④	①	①	②
41	42	43	44	45	46	47	48	49	50
②	①	④	④	②	③	③	①	③	①
51	52	53	54	55	56	57	58	59	60
③	②	③	①	③	③	②	④	④	②

제빵기능사 모의고사 9회

01 아이싱에 사용되는 재료 중 다른 세 가지와 조성이 다른 것은?

① 이탈리안 머랭   ② 퐁당

③ 버터 크림   ④ 스위스 머랭

02 커스터드 크림의 재료에 속하지 않는 것은?

① 우유   ② 달걀

③ 설탕   ④ 생크림

03 밤과자를 성형한 후 물을 뿌려주는 이유가 아닌 것은?

① 덧가루의 제거

② 굽기 후 철판에서 분리 용이

③ 껍질색의 균일화

④ 껍질의 터짐 방지

04 케이크를 부풀게 하는 증기압의 주재료는?

① 달걀   ② 쇼트닝

③ 밀가루   ④ 베이킹파우더

05 쇼트 브레드 쿠키 제조 시 휴지를 시킬 때 성형을 용이하게 하기 위한 조치는?

① 반죽을 뜨겁게 한다.

② 반죽을 차게 한다.

③ 휴지 전 단계에서 오랫동안 믹싱한다.

④ 휴지 전 단계에서 짧게 믹싱한다.

06 실내 온도 20℃ 밀가루 온도 20℃, 설탕 온도 20℃, 쇼트닝 온도 22℃, 달걀 온도 20℃, 물 온도 18℃의 조건에서 반죽의 결과 온도가 24℃가 나왔다면 마찰 계수는?

① 18   ② 20

③ 22   ④ 24

07 주방 설계에 있어 주의할 점이 아닌 것은?

① 가스를 사용하는 장소에는 환기 시설을 갖춘다.

② 주방 내의 여유 공간을 확보한다.

③ 종업원의 출입구와 손님용 출입구는 별도로 하여 재료의 반입은 종업원 출입구로 한다.

④ 주방의 환기는 소형의 것을 여러 개 설치하는 것보다 대형의 환기장치 1개를 설치하는 것이 좋다.

08 스펀지 케이크에 사용되는 필수 재료가 아닌 것은?

① 달걀   ② 박력

③ 설탕   ④ 베이킹파우더

09 케이크 도넛에 대두분을 사용하는 목적이 아닌 것은?

① 흡유율 증가   ② 껍질 구조 강화

③ 껍질색 개선   ④ 식감의 개선

10 같은 크기의 팬에 각 제품의 비용적에 맞는 반죽을 팬닝하였을 경우 반죽량이 가장 무거운 반죽은?

① 파운드 케이크   ② 레이어 케이크

③ 스펀지 케이크   ④ 소프트 롤 케이크

11 달걀 40%를 사용하여 만든 커스터드 크림과 비슷한 되기로 만들기 위하여 달걀 전량을 옥수수 전분으로 대치한다면 얼마 정도가 가장 적합한가?

① 10% ② 20%

③ 30% ④ 40%

12 비중 컵의 물을 담은 무게가 300g이고, 반죽을 담은 무게가 260g일 때 비중은? (단, 비중 컵의 무게는 50g이다.)

① 0.64 ② 0.74

③ 0.84 ④ 1.04

13 작업을 하고 남은 초콜릿의 가장 알맞은 보관법은?

① 15~21℃의 직사광선이 없는 곳에 보관

② 냉장고에 넣어 보관

③ 공기가 통하지 않는 습한 곳에 보관

④ 따뜻한 오븐 위에 보관

14 거품형 쿠키로 전란을 사용하여 만드는 쿠키는?

① 드롭 쿠키

② 스냅 쿠키

③ 스펀지 쿠키

④ 머랭 쿠키

15 푸딩 표면에 기포 자국이 많이 생기는 경우는?

① 가열이 지나친 경우

② 달걀의 양이 많은 경우

③ 달걀이 오래된 경우

④ 오븐 온도가 낮은 경우

16 냉동제법으로 배합표를 작성하는 방법이 옳은 것은?

① 밀가루 단백질 함량 0.5~20% 감소

② 수분 함량 1~2% 감소

③ 이스트 함량 2~3% 사용

④ 설탕 사용량 1~2% 감소

17 어떤 제품의 가격이 600원일 때 제조 원가는? (단, 손실율은 10%이고, 이익률(마진율)은 15% 가격은 부가가치세 10%를 포함한 가격이다.)

① 431원 ② 444원

③ 474원 ④ 545원

18 성형에서 반죽의 중간 발효 후 밀어 펴기 하는 과정의 주된 효과는?

① 글루텐 구조의 재정돈 ② 가스를 고르게 분산

③ 부피의 증가 ④ 단백질의 변성

19 식빵 배합에서 소맥분 대비 6%의 탈지분유를 사용할 때의 현상이 아닌 것은?

① 발효를 촉진시킨다. ② 믹싱 내구성을 높인다.

③ 표피색을 진하게 한다. ④ 흡수율을 증가시킨다.

20 제빵용 팬기름에 대한 설명으로 틀린 것은?

① 종류에 상관없이 발연점이 낮아야 한다.

② 백색 광유(mineral oil)도 사용된다.

③ 정제라드, 식물유, 혼합유도 사용된다.

④ 과다하게 칠하면 밑껍질이 두껍고 어둡게 된다.

21 발효가 지나친 반죽으로 빵을 구웠을 때의 제품 특성이 아닌 것은?

① 빵껍질색이 밝다. ② 신 냄새가 있다.

③ 체적이 적다. ④ 제품의 조직이 고르다.

22 다음 중 파이롤러를 사용하기에 부적합한 제품은?

① 스위트 롤   ② 데니시 페이스트리

③ 크로와상   ④ 브리오슈

23 반죽의 수분 흡수와 믹싱 시간에 공통적으로 영향을 주는 재료가 아닌 것은?

① 밀가루의 종류   ② 설탕 사용량

③ 분유 사용량   ④ 이스트 푸드 사용량

24 불란서빵의 필수 재료와 거리가 먼 것은?

① 밀가루   ② 분유

③ 소금   ④ 이스트

25 다음 중 이스트가 오븐 내에서 사멸되기 시작하는 온도는?

① 40℃   ② 60℃

③ 80℃   ④ 100℃

26 일반적으로 표준 식빵 제조 시 가장 적당한 2차 발효실 습도는?

① 95%   ② 85%

③ 65%   ④ 55%

27 굽기 후 빵을 썰어 포장하기에 가장 좋은 온도는?

① 17℃   ② 27℃

③ 37℃   ④ 47℃

28 발효 중 가스 생성이 증가하지 않는 경우는?

① 이스트를 많이 사용할 때

② 소금을 많이 사용할 때

③ 반죽에 약산을 소량 첨가할 때

④ 발효실 온도를 약간 높일 때

29 일반적인 스펀지 도우법에서 가장 적당한 스펀지 온도는?

① 12~15℃   ② 18~20℃

③ 23~25℃   ④ 29~32℃

30 반죽의 변화 단계에서 생기 있는 외관이 되며 매끄럽고 부드러우며 탄력성이 증가되어 강하고 단단한 반죽이 되었을 때의 상태는?

① 클린업 상태(clean up)

② 픽업 상태(pick up)

③ 발전 상태(development)

④ 렛다운 상태(let down)

31 밀가루를 전문적으로 시험하는 기기로 이루어진 것은?

① 패리노그래프, 가스크로마토그래피, 익스텐소그래프

② 패리노그래프, 아밀로그래프, 파이브로 미터

③ 패리노그래프, 익스텐소그래프, 아밀로그래프

④ 아밀로그래프, 익스텐소그래프, 펑츄어 테스터

32 소맥분의 패리노그래프를 그려보니 믹싱 타임(mixing time)이 매우 짧은 것으로 나타났다. 이 소맥분을 빵에 사용할 때 보완법으로 옳은 것은?

① 소금 양을 줄인다.

② 탈지분유를 첨가한다.

③ 이스트 양을 증가시킨다.

④ pH를 낮춘다.

33 유지의 경화란 무엇인가?

① 경유를 정제하는 것

② 지방산가를 계산하는 것

③ 우유를 분해하는 것

④ 불포화 지방산에 수소를 첨가하여 고체화시키는 것

34 아이싱에 사용하는 재료 중 안정제의 기능과 거리가 먼 것은?

① 펙틴　　　　　② 밀 전분

③ 옥수수 전분　　④ 소금

35 제빵에서 글루텐을 강하게 하는 것은?

① 전분　　　　　② 우유

③ 맥아　　　　　④ 산화제

36 식용 유지의 산패 촉진 요인이 아닌 것은?

① 산소 가스　　　② 질소 가스

③ 동(銅)　　　　　④ 자외선

37 이스트 푸드의 구성 성분 중 칼슘염의 주요 기능은?

① 이스트 성장에 필요하다.

② 반죽에 탄성을 준다.

③ 오븐 팽창이 커진다.

④ 물조절제의 역할을 한다.

38 α 전분이 β 전분으로 되돌아가는 현상은?

① 호화　　　　　② 산화

③ 노화　　　　　④ 호정화

39 밀가루의 단백질에 작용하는 효소는?

① 말타아제　　　② 아밀라아제

③ 리파아제　　　④ 프로테아제

40 유황을 함유한 아미노산으로 -s-s- 결합을 가진 것은?

① 리신(lysine)　　　② 루신(leucine)

③ 시스틴(cystine)　④ 글루타민산(glutamic acid)

41 우유에서 유지방을 분리하고 나머지를 가열 건조시킨 것은?

① 전지분유　　　② 발효유

③ 고지방분유　　④ 탈지분유

42 연수를 사용했을 때 나타나는 현상이 아닌 것은?

① 반죽의 점착성이 증가한다.

② 가수량이 감소한다.

③ 오븐 스프링이 나쁘다.

④ 반죽의 탄력성이 강하다.

43 빵 반죽이 발효되는 동안 이스트는 무엇을 생성하는가?

① 물, 초산　　　　② 산소, 알데히드

③ 수소, 젖산　　　④ 탄산가스, 알코올

44 다음 중 재분율을 구하는 식으로 적합한 것은?

① (재분 중량/원료소맥 중량)×100

② {재분 중량/(원료소맥 중량-외피 중량)}×100

③ {재분 중량/(원료소맥 중량-회 분량)}×100

④ {(재분 중량-회 분량)/원료소맥 중량}×100

45 다음 그림과 같이 달걀의 신선도를 검사하기 위하여 소금물(8% 정도)에 달걀을 넣었을 때 가장 신선한 것은?

① 1　　　　　② 2

③ 3　　　　　④ 4

46 과자를 50g 섭취하였을 때 지방으로부터 얻을 수 있는 열량은? (단, 과자 100g당 영양소 함량은 단백질 8.0g, 지질 17.2g, 당질 41.4g이다.)

① 77.4kcal
② 154.8kcal
③ 34.4kcal
④ 68.8kcal

47 소화 시 담즙의 작용은?

① 지방을 유화시킨다.
② 지방질을 가수분해한다.
③ 단백질을 가수분해한다.
④ 콜레스테롤을 가수분해한다.

48 무기질에 대한 설명으로 틀린 것은?

① 황(S)은 당질 대사에 중요하며 혈액을 알칼리성으로 유지시킨다.
② 칼슘(Ca)은 주로 골격과 치아를 구성하고 혈액 응고 작용을 돕는다.
③ 나트륨(Na)은 주로 세포 외액에 들어 있고 삼투압 유지에 관여한다.
④ 요오드(I)은 갑상선호르몬의 주성분으로 결핍되면 갑상선종을 일으킨다.

49 단백질 효율(PER)은 무엇을 측정하는 것인가?

① 단백질의 질
② 단백질의 열량
③ 단백질의 양
④ 아미노산 구성

50 다당류에 속하는 것은?

① 맥아당
② 설탕
③ 포도당
④ 전분

51 세균성 식중독과 비교하여 경구 전염병의 특성이 아닌 것은?

① 미량의 균으로도 감염된다.
② 비교적 잠복기가 짧다.
③ 2차 감염이 빈번하다.
④ 음용수로 인해 감염된다.

52 미생물에 의한 오염을 최소화하기 위한 작업장 위생 관리 방법으로 바람직하지 않은 것은?

① 소득액으로 벽, 바닥, 천장을 세척한다.
② 빵 상자, 수송차량, 매장 진열대는 항상 온도를 높게 관리한다.
③ 깨끗하고 뚜껑이 있는 재료통을 사용한다.
④ 적절한 환기와 조명시설이 된 저장실에 재료를 보관한다.

53 아래에서 설명하는 식품 첨가물은?

빵의 부패 원인이 되는 곰팡이나 부패균에 유효하고 빵의 발효에 필요한 효모에는 작용하지 않는다. 이러한 특성으로 인해 빵이나 양과자의 보존료로 쓰인다.

① 안식향산
② 토코페롤
③ 이소로이신
④ 프로피온산

54 이형제의 용도는?

① 가수분해에 사용된 산제의 중화제로 사용된다.
② 제과·제빵을 구울 때 형틀에서 제품의 분리를 용이하게 한다.
③ 거품을 소멸, 억제하기 위해 사용하는 첨가물이다.
④ 원료가 덩어리지는 것을 방지하기 위해 사용한다.

55 결핵의 주요한 감염원이 될 수 있는 것은?

① 토끼고기
② 양고기
③ 돼지고기
④ 불완전 살균우유

56 복어 중독의 원인 물질은?

① 테트로도톡신(tetrodotoxin)

② 삭시톡신(saxitoxin)

③ 베네루핀(venerupin)

④ 안드로메도톡신(andromedotoxin)

57 고시폴(gossypol)은 어떤 식품에서 발생할 수 있는 식중독의 원인 성분인가?

① 고구마   ② 풋살구

③ 보리   ④ 면실유

58 아플라톡신은 다음 중 어디에 속하는가?

① 감자독   ② 효모독

③ 세균독   ④ 곰팡이독

59 발효가 부패와 다른 점은?

① 미생물이 작용한다.

② 생산물을 식용으로 한다.

③ 단백질의 변화 반응이다.

④ 성분의 변화가 일어난다.

60 원인균이 내열성포자를 형성하기 때문에 병든 가축의 사체를 처리할 경우 반드시 소각처리하여야 하는 인수 공통 전염병은?

① 돈단독   ② 결핵

③ 파상열   ④ 탄저병

1	2	3	4	5	6	7	8	9	10
③	④	②	①	②	④	④	④	①	①
11	12	13	14	15	16	17	18	19	20
①	③	①	③	①	②	①	②	①	①
21	22	23	24	25	26	27	28	29	30
④	④	④	②	②	②	③	②	③	③
31	32	33	34	35	36	37	38	39	40
③	②	④	④	④	②	④	③	④	③
41	42	43	44	45	46	47	48	49	50
④	④	④	①	④	①	①	①	①	④
51	52	53	54	55	56	57	58	59	60
②	②	④	②	④	①	④	④	②	④

제빵기능사 모의고사 10회

01 일반적인 제과 작업장의 시설 설명으로 잘못된 것은?

① 조명은 50룩스(lux) 이하가 좋다.
② 방충, 방서용 금속망은 30매시(mesh)가 적당하다.
③ 벽면은 매끄럽고 청소하기 편리하여야 한다.
④ 창의 면적은 바닥 면적을 기준하여 30% 정도가 좋다.

02 슈 제조 시 반죽 표면을 분무 또는 침지시키는 이유가 아닌 것은?

① 껍질을 얇게 한다.
② 팽창을 크게 한다.
③ 기형을 방지 한다.
④ 제품의 구조를 강하게 한다.

03 케이크에서 설탕의 역할과 거리가 먼 것은?

① 감미를 준다.
② 껍질색을 진하게 한다.
③ 수분 보유력이 있어 노화가 지연된다.
④ 제품의 형태를 유지시킨다.

04 밀가루·달걀·설탕·소금=100:166:166:2를 기본 배합으로 하여 적정 범위 내에서 각 재료를 가감해 만드는 제품은?

① 파운드 케이크
② 엔젤 푸드 케이크
③ 스펀지 케이크
④ 머랭 쿠키

05 비중 컵의 무게 40g, 물을 담은 비중 컵의 무게 240g, 반죽을 담은 비중 컵의 무게 180g일 때 반죽의 비용은?

① 0.2
② 0.4
③ 0.6
④ 0.7

06 엔젤 푸드 케이크 제조 시 팬에 사용하는 이형제로 가장 적합한 것은?

① 쇼트닝
② 밀가루
③ 라드
④ 물

07 카스텔라의 굽기 온도로 가장 적합한 것은?

① 140~150℃
② 180~190℃
③ 220~240℃
④ 250~270℃

08 케이크 도넛 제품에서 반죽 온도의 영향으로 나타나는 현상이 아닌 것은?

① 팽창 과잉이 일어난다.
② 모양이 일정하지 않다.
③ 흡유량이 많다.
④ 표면이 꺼칠하다.

09 커스터드 푸딩을 컵에 채워 몇 ℃의 오븐에서 중탕으로 굽는 것이 가장 적당한가?

① 160~170℃
② 190~200℃
③ 210~220℃
④ 230~240℃

10 설탕 공예용 당액 제조 시 설탕의 재결정을 막기 위해 첨가하는 재료는?

① 중조
② 주석산
③ 포도당
④ 베이킹파우더

11 다음 제품 중 일반적으로 유지를 사용하지 않는 제품은?

① 마블 케이크
② 파운드 케이크
③ 코코아 케이크
④ 엔젤 푸드 케이크

12 흰자 100에 대하여 설탕 180의 비율로 만든 머랭으로 구웠을 때 표면에 광택이 나고 하루쯤 두었다가 사용해도 무방한 머랭은?

① 냉제 머랭(cold meringue)

② 온제 머랭(hot meringue)

③ 이탈리안 머랭(italian meringue)

④ 스위스 머랭(swiss meringue)

13 튀김 기름의 품질을 저하시키는 요인으로만 나열된 것은?

① 수분, 탄소, 질소　　　② 수분, 공기, 반복 가열

③ 공기, 금속, 토코페롤　　④ 공기, 탄소, 사사몰

14 머랭(meringue)을 만드는 주요 재료는?

① 달걀흰자　　　　② 전란

③ 달걀노른자　　　④ 박력분

15 다음 중 쿠키의 퍼짐이 작아지는 원인이 아닌 것은?

① 반죽에 아주 미세한 입자의 설탕을 사용한다.

② 믹싱을 많이 하여 글루텐이 많아졌다.

③ 오븐 온도를 낮게 하여 굽는다.

④ 반죽의 유지 함량이 적고 산성이다.

16 데니시 페이스트리에서 롤인 유지 함량 및 접수 횟수에 대한 내용 중 틀린 것은?

① 롤인 유지 함량이 증가할수록 제품 부피는 증가한다.

② 롤인 유지 함량이 적어지면 같은 접기 횟수에서 제품의 부피가 감소한다.

③ 같은 롤인 유지 함량에서는 접기 횟수가 증가할수록 부피는 증가하다 최고점을 지나면 감소한다.

④ 롤인 유지 함량이 많은 것이 롤인 유지 함량이 적은 것보다 접기 횟수가 증가함에 따라 부피가 증가하다가 최고점을 지나면 감소하는 현상이 현저하다.

17 빵 반죽의 흡수에 대한 설명으로 잘못된 것은?

① 반죽 온도가 높아지면 흡수율이 감소된다.

② 연수는 경수보다 흡수율이 증가한다.

③ 설탕 사용량이 많아지면 흡수율이 감소된다.

④ 손상전분이 적량 이상이면 흡수율이 증가한다.

18 빵류의 2차 발효실 상대 습도가 표준 습도보다 낮을 때 나타나는 현상이 아닌 것은?

① 반죽에 껍질 형성이 빠르게 일어난다.

② 오븐에 넣었을 때 팽창이 저해된다.

③ 껍질색이 불균일하게 되기 쉽다.

④ 수포가 생기거나 질긴 껍질이 되기 쉽다.

19 다음 중 빵의 노화가 가장 빨리 발생하는 온도는?

① -18℃　　　　　② 0℃

③ 20℃　　　　　④ 35℃

20 스펀지 도우법에서 스펀지의 표준 온도로 가장 적합한 것은?

① 18~20℃　　　　② 23~25℃

③ 27~29℃　　　　④ 30~32℃

21 냉동 반죽법의 단점이 아닌 것은?

① 휴일 작업에 미리 대처할 수 없다.

② 이스트가 죽어 가스 발생력이 떨어진다.

③ 가스 보유력이 떨어진다.

④ 반죽이 퍼지기 쉽다.

22 오븐 온도가 낮을 때 제품에 미치는 영향은?

① 2차 발효가 지나친 것과 같은 현상이 나타난다.

② 껍질이 급격히 형성된다.

③ 제품의 옆면이 터지는 현상이다.

④ 제품의 부피가 작아진다.

23 페이스트리 성형 자동밀대(파이롤러)에 대한 설명 중 맞는 것은?

① 기계를 사용하므로 밀어 펴기의 반죽과 유지와의 경도는 가급적 다른 것이 좋다.

② 기계에 반죽이 달라붙는 것을 막기 위해 덧가루를 많이 사용한다.

③ 기계를 사용하여 반죽과 유지는 따로 따로 밀어서 편 뒤 감싸서 밀어 펴기를 한다.

④ 냉동 휴지 후 밀어 펴면 유지가 굳어 갈라지므로 냉장 휴지를 하는 것이 좋다.

24 팬닝 시 주의할 사항으로 적합하지 않은 것은?

① 팬닝 전 온도를 적정하고 고르게 한다.

② 틀이나 철판의 온도를 25℃로 맞춘다.

③ 반죽의 이음매가 틀의 바닥에 늘이도록 팬닝한다.

④ 반죽의 무게와 상태를 정하여 비용적에 맞추어 적당한 반죽량을 넣는다.

25 생산액이 2000000원, 외부 가치가 1000000원, 생산 가치가 500000원, 인건비가 800000원일 때 생산가치율은?

① 20%   ② 25%

③ 35%   ④ 40%

26 발효에 미치는 영향이 가장 적은 것은?

① 이스트의 양   ② 온도

③ 소금   ④ 유지

27 반죽법에 대한 설명 중 틀린 것은?

① 스펀지법은 반죽을 2번에 나누어 믹싱하는 방법으로 중종법이라고 한다.

② 직접법은 스트레이트법이라고 하며, 전 재료를 한 번에 넣고 반죽하는 방법이다.

③ 비상 반죽법은 제조 시간을 단축할 목적으로 사용하는 반죽법이다.

④ 재반죽법은 직접법의 변형으로 스트레이트법 장점을 이용한 방법이다.

28 냉동 반죽법의 냉동과 해동 방법으로 옳은 것은?

① 급속 냉동, 급속 해동   ② 급속 냉동, 완만 해동

③ 완만 냉동, 급속 해동   ④ 완만 냉동, 완만 해동

29 포장 전 빵의 온도가 너무 낮을 때는 어떤 현상이 일어나는가?

① 노화가 빨라진다.

② 썰기(slice)가 나쁘다.

③ 포장지에 수분이 응축된다.

④ 곰팡이, 박테리아의 번식이 용이하다.

30 빵의 부피가 가장 크게 되는 경우는?

① 숙성이 안 된 밀가루를 사용할 때

② 물을 적게 사용할 때

③ 반죽이 지나치게 믹싱 되었을 때

④ 발효가 더 되었을 때

31 생란의 수분 함량이 72%이고, 분말 달걀의 수분 함량이 4%라면, 생란 200kg으로 만들어지는 분말 달걀 중량은?

① 52.8kg   ② 54.3kg

③ 56.8kg   ④ 58.3kg

32 단백질을 분해하는 효소는?

① 아밀라아제(amylase) ② 리파아제(lipase)

③ 프로테아제(protease) ④ 치마아제(zymase)

33 우유에 함유된 질소화합물 중 가장 많은 양을 차지하는 것은?

① 시스테인 ② 글리아딘

③ 카제인 ④ 락토알부민

34 지방은 지방산과 무엇이 결합하여 이루어지는가?

① 아미노산 ② 나트륨

③ 글리세롤 ④ 리보오스

35 강력분의 특성으로 틀린 것은?

① 중력분에 비해 단백질 함량이 많다.

② 박력분에 비해 글루텐 함량이 적다.

③ 박력분에 비해 점탄성이 크다.

④ 경질소맥을 원료로 한다.

36 생이스트(fresh yeast)에 대한 설명으로 틀린 것은?

① 중량의 65~70%가 수분이다.

② 20℃ 정도의 상온에서 보관해야 한다.

③ 자기소화를 일으키기 쉽다.

④ 곰팡이 등의 배지 역할을 할 수 있다.

37 다음 중 찬물에 잘 녹는 것은?

① 한천(agar) ② 씨엠시(CMC)

③ 젤라틴(gelatin) ④ 일반 펙틴(pectin)

38 다음과 같은 조건에서 나타나는 현상과 밑줄 친 물질을 바르게 연결한 것은?

> 초콜릿의 보관 방법이 적절치 않아 공기 중의 수분이 표면에 부착한 뒤 그 수분이 증발해버려 어떤 물질이 결정 형태로 남아 흰색이 나타났다.

① 팻 블룸(fat bloom)- 카카오 메스

② 팻 블룸(fat bloom) - 글리세린

③ 슈가 블룸(sugar bloom) - 카카오 버터

④ 슈가 블룸(sugar bloom) - 설탕

39 패리노그래프(Farinograph)의 기능 및 특징이 아닌 것은?

① 흡수율 측정

② 믹싱 시간 측정

③ 500B.U.를 중심으로 그래프 작성

④ 전분 호화력 측정

40 일반적으로 양질의 빵 속을 만들기 위한 아밀로그래프의 범위는?

① 0~150B.U. ② 200~300B.U.

③ 400~600B.U. ④ 800~1000B.U.

41 다음 중 유지의 경화 공정과 관계가 없는 물질은?

① 불포화 지방산 ② 수소

③ 클레스테롤 ④ 촉매제

42 다음 중 전분당이 아닌 것은?

① 물엿 ② 설탕

③ 포도당 ④ 이성화당

43 영구적 경수(센물)를 사용할 때의 조치로 잘못된 것은?

① 소금 증가   ② 효소 강화

③ 이스트 증가   ④ 광물질 감소

44 다음 중 글레이즈(glaze) 사용 시 가장 적합한 온도는?

① 15℃   ② 25℃

③ 35℃   ④ 45℃

45 다음 중 이당류가 아닌 것은?

① 포도당   ② 맥아당

③ 설탕   ④ 유당

46 비타민과 생체에서의 주요 기능이 잘못 연결된 것은?

① 비타민 B1 - 당질대사의 보조 효소

② 나이아신 - 항펠라그리(Pellagra) 인자

③ 비타민 K - 항혈액응고 인자

④ 비타민 A - 항빈혈 인자

47 유당불내증이 있을 경우 소장 내에서 분해가 되어 생성되지 못하는 단당류는?

① 설탕(sucrose)   ② 맥아당(maltose)

③ 과당(fructose)   ④ 갈락토오스(galactose)

48 한 개의 무게가 50g인 과자가 있다. 이 과자 100g 중에 탄수화물 70g, 단백질 5g, 지방 15g, 무기질 4g, 물 6g이 들어 있다면 이 과자 10개를 먹을 때 얼마의 열량을 낼 수 있는가?

① 1230kcal   ② 2175kcal

③ 2750kcal   ④ 1800kcal

49 다음 중 효소와 활성물질이 잘못 짝지어진 것은?

① 펩신 - 염산

② 트립신 - 트립신활성효소

③ 트립시노겐 - 지방산

④ 키모트립신 - 트립신

50 다음 중 인체 내에서 합성할 수 없으므로 식품으로 섭취해야 하는 지방산이 아닌 것은?

① 리놀레산(linoleic acid)

② 리놀렌산(linolenic acid)

③ 올레산(oleic acid)

④ 아라키돈산(arachidonic acid)

51 다음에서 설명하는 균은?

> • 식품 중에 증식하여 엔테로톡신 생선
> • 잠복기는 평균 3시간, 감염원은 화농소
> • 주요 증상은 구토, 복통, 설사

① 살모넬라균

② 포도상구균

③ 클로스트리듐 보툴리눔

④ 장염비브리오균

52 밀가루 등으로 오인되어 식중독이 유발된 사례가 있으며 습진성 피부 질환 등의 증상을 보이는 것은?

① 수은   ② 비소

③ 납   ④ 아연

53 다음 중 곰팡이 독이 아닌 것은?

① 아플라톡신   ② 시트라닌

③ 삭시톡신   ④ 파툴린

54 단백질 식품이 미생물의 분해 작용에 의하여 형태, 색택, 경도, 맛 등의 본래의 성질을 잃고 악취를 발생하거나 유해물질을 생성하여 먹을 수 없게 되는 현상은?

① 변패
② 산패
③ 부패
④ 발효

55 저장미에 발생한 곰팡이가 원인이 되는 황변미 현상을 방지하기 위한 수분 함량은?

① 13 이하
② 14~15%
③ 15~17%
④ 17% 이상

56 미생물에 의한 부패나 변질을 방지하고 화학적인 변화를 억제하며 보존성을 높이고 영양가 및 신선도를 유지하는 목적으로 첨가하는 것은?

① 감미료
② 보존료
③ 산미료
④ 조미료

57 인수 공통 전염병 중 오염된 우유나 유제품을 통해 사람에게 감염되는 것은?

① 탄저
② 결핵
③ 야토병
④ 구제역

58 다음 중 일반적으로 잠복기가 가장 긴 것은?

① 유행성 간염
② 디프테리아
③ 페스트
④ 세균성 이질

59 다음 중 감염형 식중독을 일으키는 것은?

① 보툴리누스균
② 살모넬라균
③ 포도상구균
④ 고초균

60 빵 및 케이크류에 사용이 허가된 보존료는?

① 탄산수소나트륨
② 포름알데히드
③ 탄산암모늄
④ 프로피온산

1	2	3	4	5	6	7	8	9	10
①	④	④	③	④	④	②	②	①	②
11	12	13	14	15	16	17	18	19	20
④	④	②	①	③	④	②	④	②	②
21	22	23	24	25	26	27	28	29	30
①	①	④	②	④	②	④	②	①	④
31	32	33	34	35	36	37	38	39	40
④	③	③	③	④	②	②	④	④	③
41	42	43	44	45	46	47	48	49	50
③	②	①	④	①	④	④	②	③	③
51	52	53	54	55	56	57	58	59	60
②	②	③	③	①	②	②	①	②	④

Education by Sympathy iCox